河南省典型农村水电站技术读本

河南省农村水电及电气化发展中心　主编

黄河水利出版社

·郑州·

内容提要

本书为小型水电站技术读本，收录了河南省内已建成的23座典型农村水电站。书中介绍了每座电站的建设布局、工程特点和运行管理等内容，一方面可使广大读者了解水电站的基本知识，另一方面为水电工作者提供技术应用范例，同时还起到推广水电新技术、新设备、新材料的作用，具有很强的实用性。

书中电站都配有图片、文字介绍、工程特性表，大部分水电站还附有图纸。其中文字内容分工程概况、工程布置及主要建筑物、工程特点、运行管理四部分；工程特性表反映了水电站的主要技术参数；图纸描绘了电站厂房设施、设备布局，油、气、水系统设计，电气主接线及上网出线等情况，便于读者参考。

本书适用于水电站设计、建设和运行管理技术人员阅读，也适合水电监管部门和研究机构人员使用。

图书在版编目(CIP)数据

河南省典型农村水电站技术读本/河南省农村水电及电气化发展中心主编. —郑州：黄河水利出版社，2020. 10
ISBN 978-7-5509-2830-5

Ⅰ. ①河…　Ⅱ. ①河…　Ⅲ. ①农村-水力发电站-技术-河南　Ⅳ. ①TV737

中国版本图书馆CIP数据核字(2020)第186587号

出 版 社：黄河水利出版社　　网址：www. yrcp. com
地址：河南省郑州市顺河路黄委会综合楼14层　　邮政编码：450003
发行单位：黄河水利出版社
发行部电话：0371-66026940、66020550、66028024、66022620(传真)
E-mail：hhslcbs@ 126. com
承印单位：河南匠心印刷有限公司
开本：787 mm×1 092 mm　1/16
印张：15　　插页：14
字数：400千字　　印数：1—1 000
版次：2020年10月第1版　　印次：2020年10月第1次印刷

定价：98. 00元

水电站风貌

彰武水库电站

盘石头水库电站

潭头水电站

河口村水库电站

引沁河口水电站

峪铁水电站

西沟水电站

陆浑水库电站

前河水电站发电机厂房

前河水电站大坝

拨云岭水电站

金牛岭水库电站

崛山水电站

崇阳水库电站

窄口水库电站

石墙根水电站

中里坪水库电站

库

河南省燕山水库水电站

昭平台水库电站

板桥水库电站

鸭河口水库电站

石门水库电站

南湾水库电站

鲇鱼山水库电站

附图 1-1

河南省典型农村水电站分布图

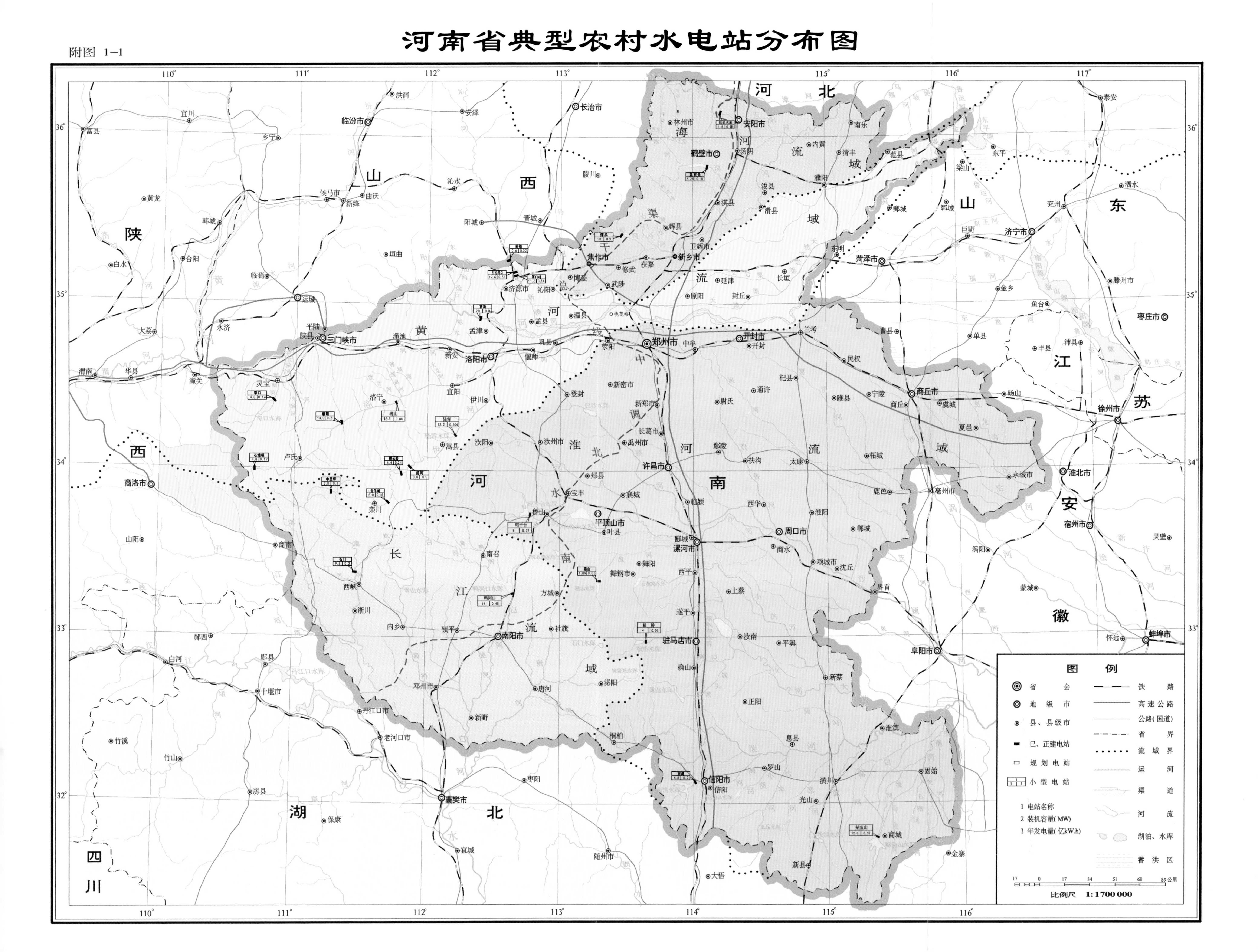

《河南省典型农村水电站技术读本》
编 写 组

组　　长：王守恒

副 组 长：杜　玮

编写人员：杜　玮　赵　蓉　牛文成　夏　青
李忠义　柴文胜　汪文强　张亚强
李　凯　李　冰　滕　飞　李　庆
苗玉霞　邓　柯　彭雅楠　孟春丽
王国强　韩瑞瑞　卢　娜　王新乐

前　言

河南省位于我国中东部，地跨长江、淮河、黄河、海河四大流域。地形呈西高东低趋势，西部、西北部和南部为山区，东部为平原。全省共有河流 1 500 多条，100 km^2 以上的河流有 560 条。根据 2015 年水能资源规划复查成果，水能资源理论蕴藏量 5 045 MW，技术可开发量 3 207 MW，适宜农村水电可开发的资源量达 1 002 MW，主要分布在豫北太行山区、豫西及豫西南伏牛山区、豫南桐柏及大别山区。资源特点：一是总量不丰富且分布不均衡，黄河流域水能资源蕴藏量和技术可开发量分别占全省的 75.6%和 78.5%；二是大中型水电站数量少，装机容量大，为 2 205 MW；三是小型水电站数量多且位置分散。

农村水电是清洁的可再生能源，为山区社会经济发展发挥了重要作用。中华人民共和国成立后，河南省农村水电建设从无到有，由小到大，从单站发电到联网运行逐步发展。20 世纪六七十年代，随着一批大型水库的建成，与之相配套的水库电站应运而生，发电收入成为水库管理单位的主要经济来源。改革开放后，全省各级水利部门在开展江河整治、提高防洪能力、发展农田灌溉的同时，坚持治水办电相结合，积极建设、改造农村水电站，使农村水电事业得到快速发展。1985 年以来，全省农村水电行业积极实施水电电气化、小水电代燃料、水电增效扩容改造三大惠农工程项目，农村水电开发速度明显加快，建设水平不断提升，先后建成了卢氏等 23 个农村水电电气化县，新建电站 41 座，新增装机容量 113 MW，改造电站 107 座，改善装机容量 255 MW，年增加发电量约 3.8 亿 kW·h；实施了 18 个代燃料项目，总装机容量 27.4 MW，建成了卢氏汤河、嵩县白河小水电代燃料乡，另有 25 个村也实现了以电代柴，共惠及农户 1.8 万户 7.3 万人；对 36 座老旧水电站开展了增效扩容改造，装机容量由原来的 131.6 MW 提高到 152.3 MW，年均发电量提高 42.7%。三大工程项目完成后，电站面貌焕燃一新，主要体现在：127 座骨干水电站实现了计算机综合自动化监控和保护；202 座水电站采用了新型高效水轮机和节能型电气设备，水能综合利用率和电站安全生产水平有了显著提高；在伊河上，建成了以金牛岭水库为龙头的五座水电站梯级调度自动化——“无人值班、少人值守”远程控制系统；增设或改造了部分径流式水电站生态基流泄放设施，保护了河流生态。一批生态环境友好、社会和谐、管理规范、经济合理的绿色水电站正在逐步涌现。截至 2019 年底，全省已建成农村水电站 534 座，总装机容量达 509.5 MW。

党的十八大以来，在“节水优先、空间均衡、系统治理、两手发力”新时代治水思路的指引下，按照“水利工程补短板、水利行业强监管”水利发展总基调，尤其是习近平总书记在黄河流域生态保护和高质量发展座谈会上的讲话发表以后，农村水电已步入一个新的发展阶段。为总结经验，进一步推动水电事业发展，河南省农村水电及电气化发展中心组织有关技术人员，精心选取了我省 23 座典型水电站，从规划建设和运行管理上进行分析和总结，编写了《河南省典型农村水电站技术读本》。

本书收录的典型农村水电站，按开发方式分：坝后式水电站 12 座、径流引水式水电站8座、混合式水电站3座；机组布置形式有立式机组和卧式机组；所选用的水轮机有混流式、轴流式、贯流式、斜击式、双击式等；机组单机容量从200 kW至10 000 kW不等，发电水头从3.4 m至280 m。书中还收录了水电站规划建设的一些新技术，如砌石连拱渠首坝、迷宫式溢流堰、虹吸式取水口、带钢板衬有压钢筋混凝土引水隧洞、钢筋混凝土竖井压力引水道、厂区周围高边坡处理、电气发变组接线和扩大单元接线布置方式等，以促进农村水电站建设新技术、新设备、新材料的推广应用。

本书编排上按照水电站的分布由北到南逐站叙述，每座水电站都配有图片、文字介绍、工程特性表、图纸。其中文字介绍分工程概况、工程布置及主要建筑物、工程特点、运行管理四部分；工程特性表收录了水电站的主要技术参数；图纸收录了水电站的厂房发电机层平面布置、水轮机层平面布置、厂房横剖面、厂房纵剖面、油气水系统、电气主接线等，便于读者参考学习。

本书编写得到了23座水电站业主的鼎力相助，也得到了多位支持河南水电事业发展的领导、专家、学者的大力支持，在此，谨向他们表示衷心感谢！

编　者

2020年9月

目　录

1　彰武水库电站

1.1　工程概况

彰武水库位于河南省安阳市西南 25 km 的北彰武村，是海河流域卫河第二大支流安阳河上游的一座以防洪、灌溉、供水为主，结合养殖等多种经营的中型水库。彰武水库电站位于彰武水库大坝右岸，溢洪道与输水洞之间。

彰武水库电站为坝后式，由发电支洞、主副厂房和尾水渠三部分建筑物组成。水电站上游最高水位 128. 7 m，最低水位 118 m，下游正常尾水位 110 m，最低水位 109 m，百年一遇洪水尾水位 113. 2 m。最大发电水头 19. 7 m，最小发电水头 9 m，设计发电水头 18. 5 m，设计流量为 4 m^3/s。安装有两套水轮机 HL295-WJ-84 和发电机 SFW800-14/1430 组成的水力发电机组，装机容量 2×800 kW，设计年发电量 757 万 kW · h，年平均出力 864 kW。

彰武水库电站于 1976 年 7 月开始修建，1979 年 12 月完工，1983 年发电运行至今。该水电站是结合水库向安阳钢铁厂、电厂工业供水和万金灌区农业灌溉供水来发电的。自 1983 年运行以来，多年平均发电量为 340. 8 万 kW · h，年利用小时数为 2 129. 8 h，共发电约 1. 29 亿 kW · h，对安阳市工、农业生产发挥了重要作用。

2013 年 10 月，彰武水库电站增效扩容改造项目启动，2015 年 8 月改造完工。主要建设内容包括：更新两套水轮发电机组及辅助设备；更新两台蝶阀；自动化元件升级；更新微机监控保护系统；更新两台主变压器；更新厂用变压器；更新开关升压站设备；发电支洞、主副厂房、尾水渠整修。工程总投资 487. 15 万元。

1.2　工程布置及主要建筑物

依据《水利水电工程等级划分及洪水标准》（SL 252—2017）的规定，彰武水库电站总装机容量为 1 600 kW，工程等别为Ⅴ等，厂房建筑物级别为 5 级。

1.2.1　发电支洞

发电支洞从水库输水洞下游洞壁上引水，自输水洞轴线桩号 0+116 处向东偏 30°引出，紧靠输水洞消力池东墙，采用圆形压力管道；发电支洞在桩号 0+030 处转弯，转角为 30°向北，之后管线与输水洞下游消力池轴线平行；发电支洞桩号 0+069. 8 以前为圆形钢筋混凝土压力管，直径 2. 6 m，壁厚 0. 6 m；桩号 0+069. 8 至厂房变为钢管；管道在桩号 0+070. 4 处向左右两侧 45°方向分叉成两条支管，曲率半径 3. 6 m，管中心间距 8. 5 m，正向进入厂房，管径由 2. 6 m 渐变为 1. 6 m，接蝴蝶阀。

1.2.2　厂房

水电站厂房由主厂房和副厂房组成，主厂房长 23. 9 m、宽 9. 7 m，分为发电机层和尾水室两层,发电机层地面高程 111.13 m,布置有蝶阀、水轮发电机组、调速器、机旁低压配电盘等;尾水室底板高程 106.63 m,为长方形断面,长 7.9 m、宽 3.4 m,以 1∶3反坡与尾水渠相接。尾水室隔墩宽 2.6 m，为抛石混凝土结构，延伸至距厂房下游墙 13.3 m 处，在厂房下游 11 m 处设有防洪墙一道，以备机组检修和防汛之用，防洪墙顶高程 113.7 m，高于百年一遇洪水尾水位 113.2 m。

副厂房位于主厂房上游侧，长 23.9 m、宽 5.8 m，分上下两层，上层地面高程为 114.73 m，从左到右依次布置有工具间、中央控制室和高压开关室；下层地面高程为 113.13 m，布置有励磁变压器、水泵及集水井。

在副厂房上游平台处设有升压站，面积 63 m^3，配有 2 台升压变压器，水电站发出的电能经升压后并入电网。

1.2.3 尾水渠

尾水渠全长 500 m，渠首渠底高程 108.6 m，渠底未护砌，底宽约 22 m，渠深 3 m，右岸为浆砌石重力式挡土墙，左岸边坡 1∶2，为砌石护坡，发电泄水汇入万金总干渠。

1.3 工程特点

1.3.1 坝后式水电站

彰武水库电站的取水口设置在坝前，水流通过第一道拦污栅，经启闭闸孔进入输水洞，经第二道拦污栅后进入发电支洞、压力钢管、蝴蝶阀、水轮机蜗壳、转轮、尾水管，完成由水能向机械能的转换。通过水库调节放水，使发电用水与工农业用水相结合，达到水资源的二次利用。

1.3.2 发电引水道

在发电支洞内采用钢筋混凝土压力管与压力钢管相连，钢管分叉后与厂房内机组连接，减少了工程投资。

1.3.3 电气主接线

彰武水库电站的电气主接线方案采用发电机变压器扩大单元连接方式，运行灵活，操作简便。两台升压变压器，根据两台水轮发电机组的出力情况，既可以单独运行，又可互为备用，也可以并列运行，减少单台变压器过负荷现象的发生，确保了发电效益的发挥。

1.3.4 水电站的保护与控制

彰武水库电站计算机监控保护系统采用最新的计算机软硬件和网络技术，按全自动监控保护进行总体设计和系统配置，不但能满足水轮发电机组自动控制和安全运行要求，而且达到了“无人值班，少人值守”的运行管理目标。

计算机监控系统的操作控制权分三级，即远方工程师站、中控室运行操作控制台和现场 LCU 控制屏，优先顺序为现场 LCU 控制层、中控室运行操作控制台、远方工程师站；管理权限也分三级，即管理员、维护员、操作员，管理员拥有全部权限，维护和操作员拥有部分权限。权限顺序为管理员、维护员、操作员 。

1.4　运行管理

1.4.1　管理机构

彰武水库电站已运行30多年，隶属安阳市彰武南海水库工程管理局。按照水利部印发的《农村水电站岗位设置定员标准（试行）》（水电〔2004〕212号），彰武水库电站单位负责部设2人、综合事务部设2人、生产部设9人，共计13人。

1.4.2　安全生产运行管理

彰武水库电站于2016年启动安全生产标准化创建工作后，能够按照《农村水电站技术管理规程》相关要求进行管理，制度健全，设备、设施能够定期检测和维护，设备运行按照国家有关规程操作实施，安全管理规范，定期组织职工进行岗位培训，取得了一定成效。2017年9月按照河南省水利厅《关于开展农村水电站管理标准化工作的通知》要求，通过了二级单位安全生产标准化创建。

1.5　彰武水库电站工程特性表

表1-1　彰武水库电站工程特性表

序号	项目	单位	数量	备注
一	水文			
1	水库控制流域面积	km^2	970	
2	多年平均径流量	万 m^3	20 170	
3	校核洪水位	m	137.14	
4	设计洪水位	m	132.12	
5	正常蓄水位	m	128.7	
6	汛限水位	m	127	
7	死水位	m	118	
8	总库容	万 m^3	7 800	
9	兴利库容	万 m^3	2 755	

续表 1-1

序号	项目	单位	数量	备注
10	死库容	万 m^3	345	
二	电站参数			
1	装机容量	kW	1 600	两台 800
2	设计年平均发电量	万 kW·h	779.5	
3	年利用小时数	h	4 871.9	
4	上游最高水位	m	128.7	
5	最低水位	m	118	
6	下游正常尾水位	m	110	
7	最低尾水位	m	109	
8	百年一遇洪水尾水位	m	113.2	
9	最大水头	m	19.7	
10	最小水头	m	9	
11	设计水头	m	18.5	
12	设计保证率 P	%	75	
三	工程主要建筑物			
1	发电支洞长	m	70	
	钢筋混凝土圆管直径	m	2.6	
	管壁厚	m	0.6	
	入厂房钢管根数-直径	根-m	2-1.6	
2	厂房			
	尺寸：长×宽	m×m	24×16	
	主厂房发电机层地面高程	m	111.13	
	主厂房尾水室底板高程	m	106.63	
	副厂房上层地面高程	m	114.73	

续表 1-1

序号	项目	单位	数量	备注
	副厂房下层地面高程	m	111.53	
	水轮机机组安装高程	m	111.13	
3	尾水渠长	m	500	
	底宽	m	22	
	渠深	m	3	
	渠底高程	m	108.6	
四	主要机电设备			
1	水轮机：台数	台	2	HL295-WJ-84
	额定水头	m	18.5	
	额定流量	m^3/s	5.24	
	额定转速	r/min	375	
	额定出力	kW	856	
2	发电机：台数	台	2	SFW800-14/1430
	额定容量	kW	800	
	额定电压	V	6 300	
	额定电流	A	91.64	
	额定转速	r/min	375	
	功率因数		0.8	
3	调速器	台	2	YZFT-600
4	主变压器	台	2	S11-1000kVA
	干式励磁变压器	台	2	SC10-50/10
	厂用变压器	台	1	S11-100kVA

2 盘石头水库电站

2.1 工程概况

盘石头水库位于海河流域卫河支流淇河中游，坝址坐落于鹤壁市淇滨区大河涧乡盘石头村附近，是一座以防洪、供水为主，兼顾灌溉、发电等综合利用的大（2）型水利枢纽工程。

水库始建于2000年4月，2005年12月竣工。大坝控制流域面积1 915 km^2，多年平均径流量2.6亿m^3，坝顶高程275.5 m，正常蓄水位254 m，总库容6.08亿m^3，设计汛限水位248 m，100年一遇设计洪水位270.7 m，调节库容3.63亿m^3，兴利水位252 m，兴利库容2.83亿m^3，死水位207 m，死库容0.202 5亿m^3。

盘石头水库电站为坝后式水电站，位于大坝左肩下游侧，2005年4月开工建设，2007年9月竣工，2008年10月投产发电。电站分为一号、二号两个厂房，总装机容量9 380 kW，其中，一号电站供水发电，设计水头32.7 m，设计流量8.5 m^3/s，装机容量3 130 kW（2×1 250 kW+1×630 kW）；二号电站泄洪、灌溉、河道生态补水发电，设计水头59 m，设计流量12.6 m^3/s，总装机容量6 250 kW（2×2 500 kW+1×1 250 kW）。

2.2 工程布置及主要建筑物

盘石头水库枢纽主要建筑物有大坝枢纽建筑物和电站枢纽建筑物。

2.2.1 大坝枢纽建筑物

大坝枢纽建筑物主要有大坝、输水洞、一号泄洪洞、二号泄洪洞及溢洪道。

大坝坐落在下寒武系页岩和灰岩互层上，地质构造比较简单，页岩强度低，但透水性弱。坝体为钢筋混凝土面板堆石坝，上游混凝土面板厚0.3~0.59 m，坝坡1∶1.5，下游坝坡平均1∶1.7，并在高程243.8 m和211.8 m处设8 m宽马道，马道间坡度为1∶1.62，坝顶长621.32 m，宽8 m。

两条泄洪洞均位于右岸鸡冠山下。一号洞长度为483 m，二号洞长度为553 m。一号洞进口高程215 m，闸孔尺寸7.0 m×6.0 m。二号洞进口高程187.1 m，闸孔尺寸7.0 m×6.0 m。

非常溢洪道位于水库大坝左岸外侧的山脊凹槽处，为开敞式低实用堰，建有4孔泄水闸，单孔净宽12.0 m，包括引水段、闸室及过渡段和陡坡退水段。

输水洞位于水库大坝左岸，进口设拦污栅，接一直径5.7 m的竖井，底板高程206 m，竖井后接圆形压力主洞，洞长310 m，洞径3.5 m。主洞末端分为一号支洞、二号支洞，洞径均为3.0 m，连接一号电站、二号电站。一号电站发电根据鹤壁市山城区工业和生活供水量而定，尾水全部泄入工农渠。二号电站根据水库蓄水调节调度来发电，尾水全部泄入淇河。

2.2.2 电站枢纽建筑物

2.2.2.1 一号电站

一号电站接输水洞一号支洞，利用库水位和工农渠水位间水头发电，电站尾水经消力池消能后入工农渠。电站包括压力管道，主、副厂房，输变电工程等。

一号支洞为压力钢管，直径 3.0 m，一号电站前安装有一个总控制阀，后分为 3 个支管引入厂房经蝶阀进入水轮机蜗壳。

主、副厂房均为钢筋混凝土结构。主厂房长 30.05 m、宽 11.2 m 、高 21 m，内安装两台 HLA551-LJ-80 型水轮机配两台 SF1250-10/2150 型发电机，一台 HL244-LJ-100 型水轮机配一台 SF630-20/2150 型发电机，厂房结构自下而上分为蜗壳层、水轮机层、发电机层、控制室层。副厂房在主厂房的上游侧，长 29.05 m、宽 10.64 m、高 12.65 m，自下而上分为三层，分别布设可控硅励磁变压器、厂变室、空压机室、电缆夹层、电工仪表室、10 kV 高压开关柜室、中控室和交接班室。

35 kV 高压室，单体一层，长 15 m、宽 12.6 m、高 6 m，平面安装 35 kV 高压开关柜 5 面，从左至右第一面主进柜，第二面一号主变控制柜，第三面二号主变控制柜，第四面 PT 柜，第五面厂变控制柜。主变分为一号、二号两台，都是 S7-6 300 kVA。送出线路有两条，主用一条，长 16.8 km，61 级杆塔，35 kV 输电线路连接主网架，另一条 10 kV 线路备用。

2.2.2.2 二号电站

二号电站在输水洞二号支洞，利用库水位和淇河河道水位间水头发电，电站尾水直接入淇河。电站包括压力管道，主、副厂房，尾水渠，升压站等。

二号支洞为压力钢管，直径 3.0 m，到二号电站前分为 3 个支管引入厂房经蝶阀进入水轮机蜗壳。

主、副厂房均为钢筋混凝土结构。主厂房长 30.05 m、宽 11.2 m、高 21 m，为立式结构，分为蜗壳层、水轮机层、发电机层、控制室层。厂房内安装两台 HLA696-LJ-90 型水轮机配两台 SF2500-10/2150 型发电机，一台 HLA339-LJ-84 型水轮机配一台 SF1250-10/2150 型发电机；副厂房在主厂房的上游侧，长 29.05 m、宽 10.64 m、高 12.65 m，自下而上分为三层，分别布设可控硅励磁变压器、空压机室，电缆夹层，电工仪表室、10 kV 高压开关柜室、中控室和交接班室。电站出线电压升压至 10 kV 后，经母线电缆并入一号电站主变压器 10 kV 侧。

2.3 工程特点

水库电站采用现地级、集中控制中心两级控制，可以实现在集中控制中心对一号站、二号站两电站机组启停操作和主要设备的监控，可达到少人值班。

2.4　运行管理

盘石头水库电站隶属鹤壁鹤源电力（集团）有限公司。电站现有员工15人，站长1名，副站长1名。二号电站是利用水库蓄水调节发电，近些年盘石头水库蓄水较少，因此二号电站发电不多，机组利用率偏低。

安全生产运行管理情况。盘石头水库电站自投产以来，按照“高标准、严要求、保安全、促发展”的目标，坚持“安全第一、预防为主、综合治理”的方针，紧紧围绕安全生产、经济运行，不断完善安全生产管理体系，成立以站长为组长的安全生产领导小组，制定各级人员安全生产责任制，认真落实以安全生产责任制为核心的安全生产规章制度，制订和完善三级安全目标及实现安全目标的保证措施，有效形成了安全生产的激励和约束机制。

2.5　盘石头水库电站工程特性表

表2-1　盘石头水库电站工程特性表

序号	名称	单位	数量（一号电站）	数量（二号电站）
一	水文			
1	坝（闸）址以上流域面积	km^2	1 915	
2	多年平均年径流量	亿 m^3	2.6	
二	工程规模			
3. 水库	校核洪水位	m	275	
	设计洪水位	m	270.7	
	正常蓄水位	m	254	
	死水位	m	207	
	正常蓄水位以下库容	亿 m^3	2.83	
	总库容	亿 m^3	6.08	
	调节库容	亿 m^3	3.63	
	死库容	亿 m^3	0.202 5	

续表 2-1

序号	名称	单位	数量（一号电站）	数量（二号电站）
4. 电站	装机容量	kW	3 130	6 250
	多年平均发电量	万 kW·h	300	500
	设计引水位	m	207	207
	发电引水流量	m^3/s	8.5	12.6
	设计水头	m	32.7	59
三	主要建筑物及设备			
5. 挡水泄水建筑物	形式			混凝土面板堆石坝
	坝顶长度	m	621.32	
	最大坝高	m	102.2	
	泄水形式			泄洪洞、溢洪道
	堰顶高程	m	275	
	孔口尺寸	m		
6. 输水建筑物	引水道形式			压力管道
	长度	m	310	363
	断面尺寸	m	Φ3.0	圆形
	设计引水流量	m^3/s	20	20
	调压井（前池）形式		无	无
	压力管道形式	m		钢管
	条数	个	3	3
	单管长度	m	6	6
	内径	m	2	2
7. 电站厂房与开关站	厂房形式			坝后式
	主厂房尺寸（长×宽×高）	m×m×m	30.05×11.2×21	30.05×11.2×21
	水轮机安装高程	m	206	180
	开关的形式			室内柜式
	面积			

续表 2-1

序号	名称	单位	数量（一号电站）	数量（二号电站）
8. 主要机电设备	水轮机型号		HLA551-LJ-80（2 台）	HLA696-LJ-90（2 台）
	台数		HL244-LJ-100（1 台）	HL339-LJ-84（1 台）
	额定出力	kW	1 400×2+700×1	2 600×2+1 400×1
	额定水头	m	32.7	59
	额定流量	m^3/s	8.5	12.6
	发电机型号		SF1250-10/2150（1、2 号机）SF630-20/215（3 号机）	SF2500-10/2150（1、2 号机）SF1250-10/2150（3 号机）
	台数		3	3
	额定容量	kW	3 130	6 250
	额定电压	kV	10	10
	额定转速	r/s	1 号、2 号 600，3 号 300	600
	主变压器型号		S7-6300/35	
	台数		2	
	容量	kVA	12 600	
	二次控制保护设备			微机保护
9. 输电线路	电压	kV	35	
	回路数	回	1	
	输电距离	km	16.8	

盘石头水库电站图纸

❀ 盘石头水库电站发电机层平面布置图

❀ 盘石头水库电站水轮机层平面布置图

❀ 盘石头水库电站厂房Ⅰ—Ⅰ横剖面图

❀ 盘石头水库电站厂房Ⅱ—Ⅱ纵剖面图

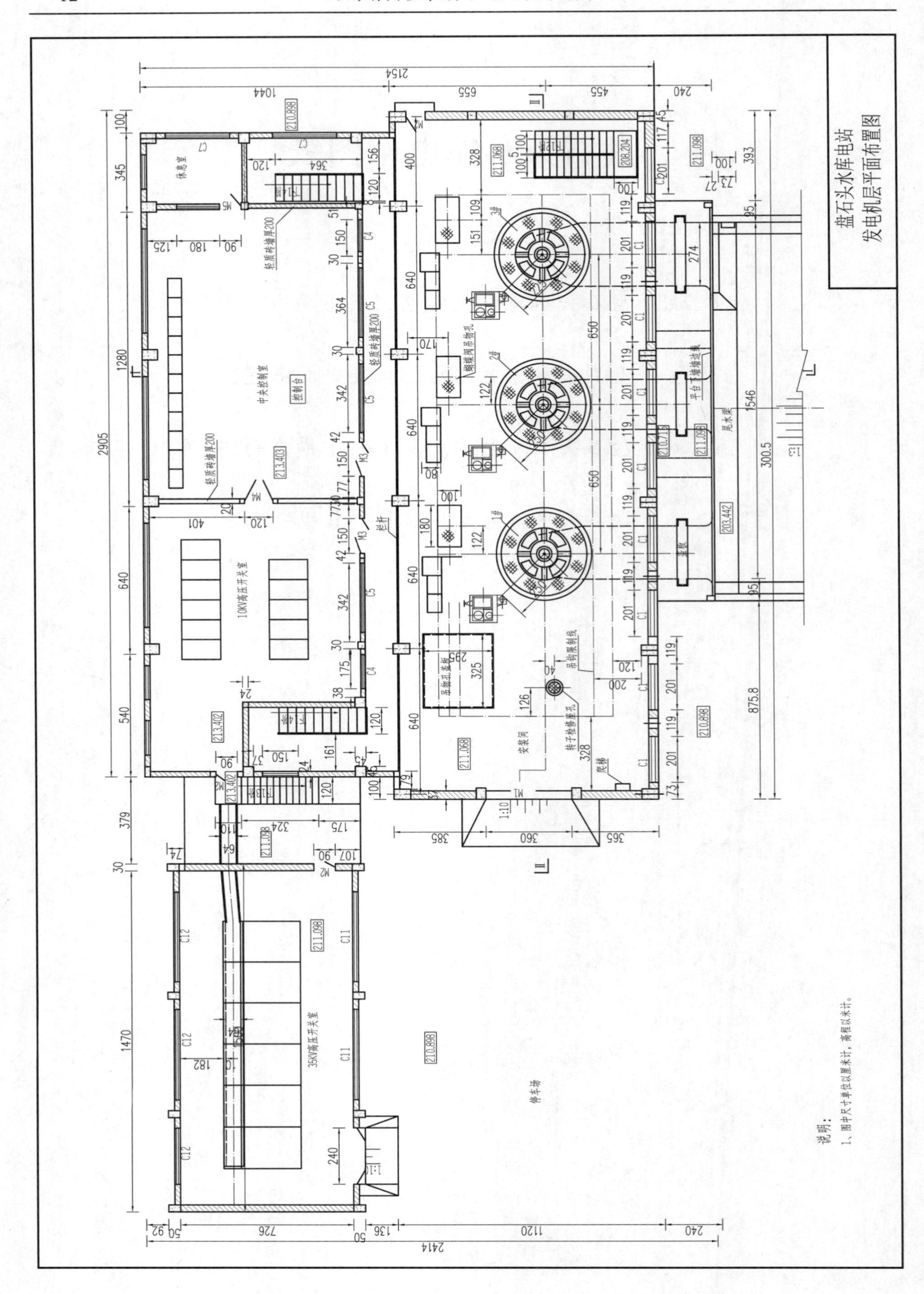
盘石头水库电站
发电机层平面布置图
说明：
1、图中尺寸单位以厘米计，高程以米计。
中央控制室
10KV高压开关室
35KV高压开关室
安装间
停车场
休息室
控制台

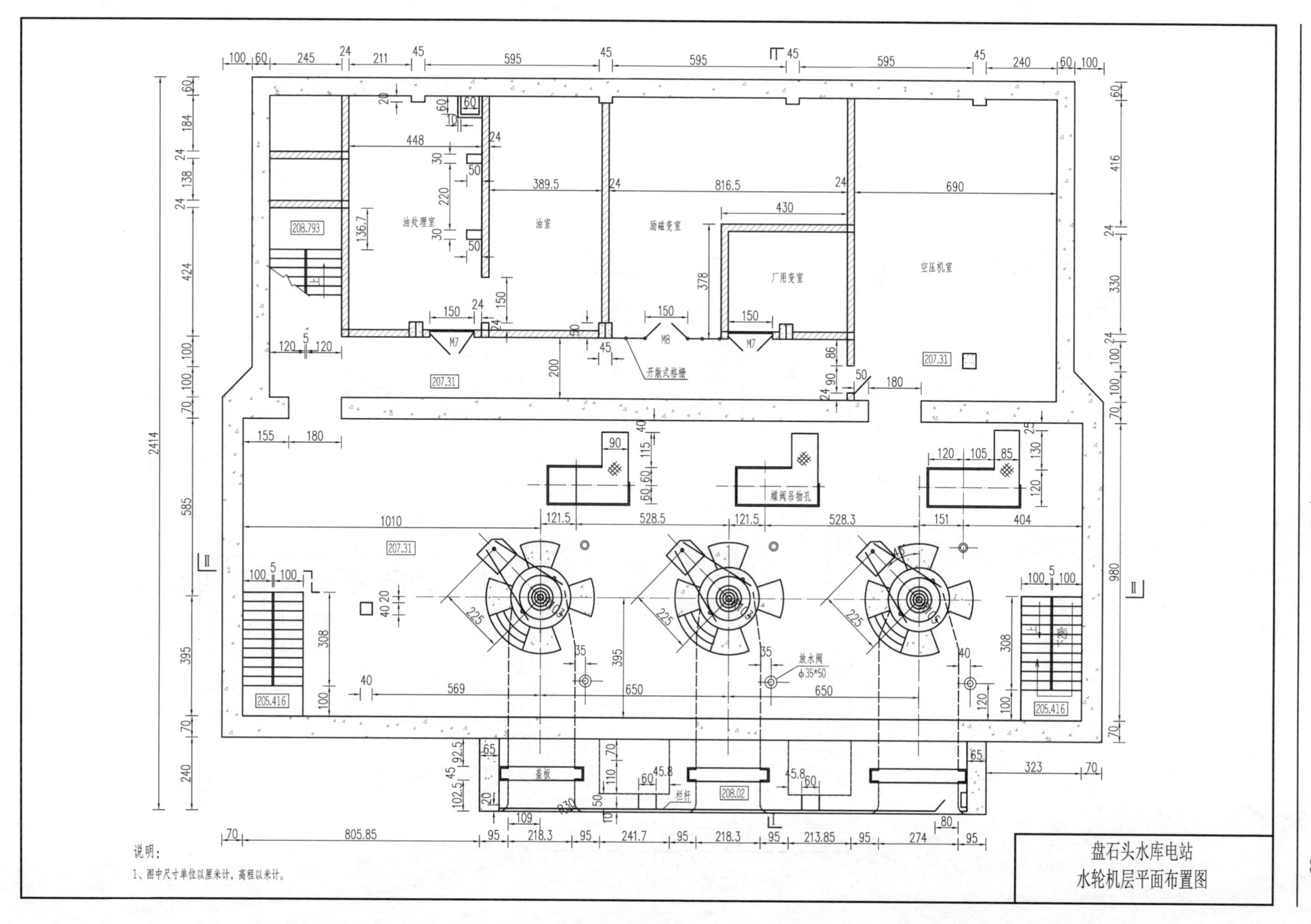
油处理室
油室
励磁变室
厂用变室
空压机室
开敞式格栅
蝶阀吊物孔
放水阀
φ35*50
盖板
栏杆
说明：
1、图中尺寸单位以厘米计，高程以米计。
盘石头水库电站
水轮机层平面布置图

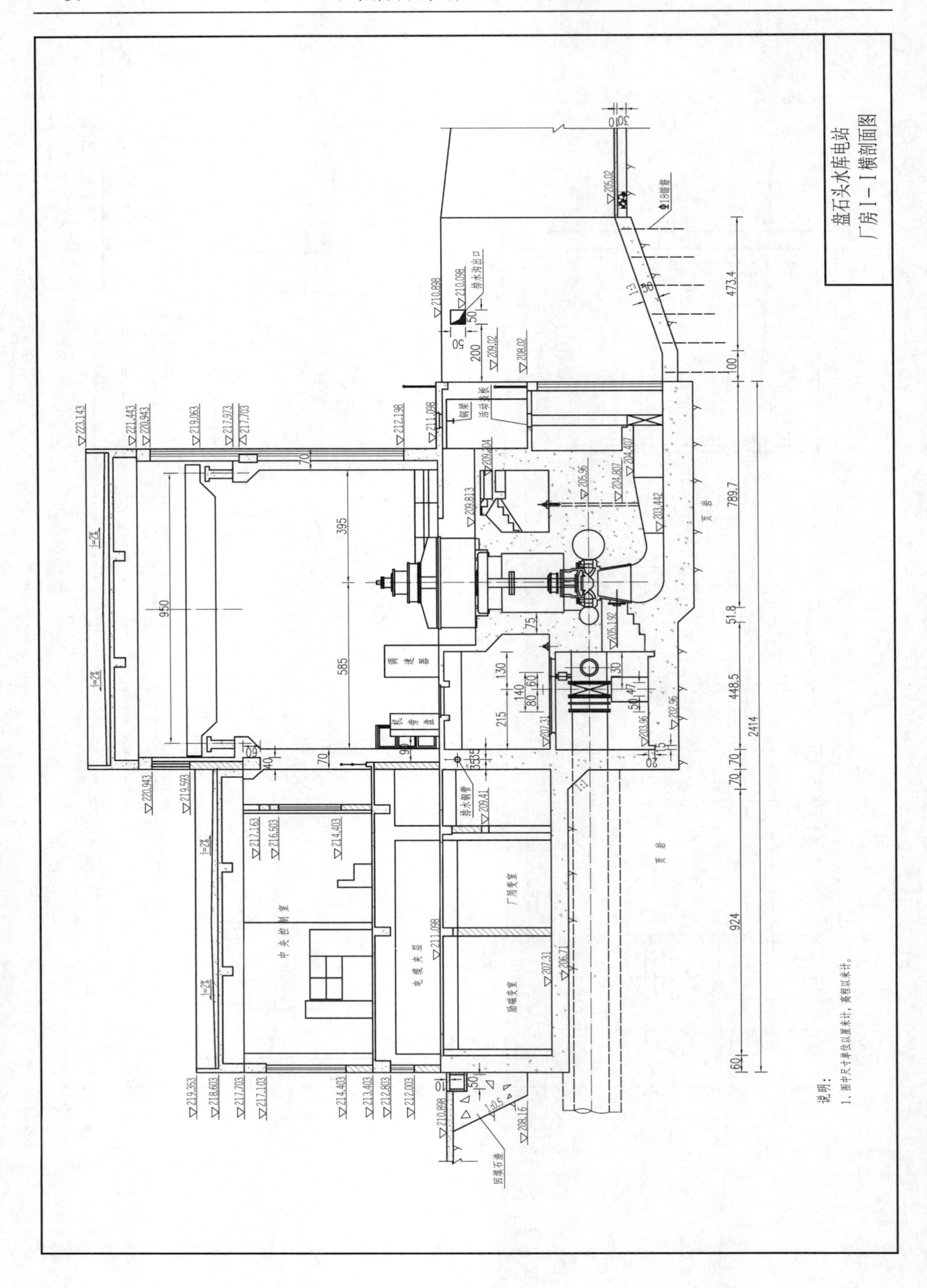
盘石头水库电站
厂房Ⅰ-Ⅰ横剖面图
中央控制室
电缆夹层
厂用变室
励磁变室
调速器
机旁盘
钢梁
活动盖板
排水沟出口
排水钢管
Φ18锚筋
页岩
回填石渣
说明：
1、图中尺寸单位以厘米计，高程以米计。
223.143
221.443
220.943
219.063
217.973
217.703
212.198
211.098
210.888
210.098
209.02
208.02
209.824
209.813
205.96
204.807
204.407
203.442
205.192
207.31
203.96
202.96
205.02
220.943
219.593
217.63
216.503
214.403
209.41
211.098
207.31
206.71
219.353
218.603
217.703
217.103
214.403
213.403
212.803
212.003
210.888
208.16
950
395
585
2414
789.7
473.4
448.5
924
51.8
100
60
1:3
1:1
1:0.5
i=2%

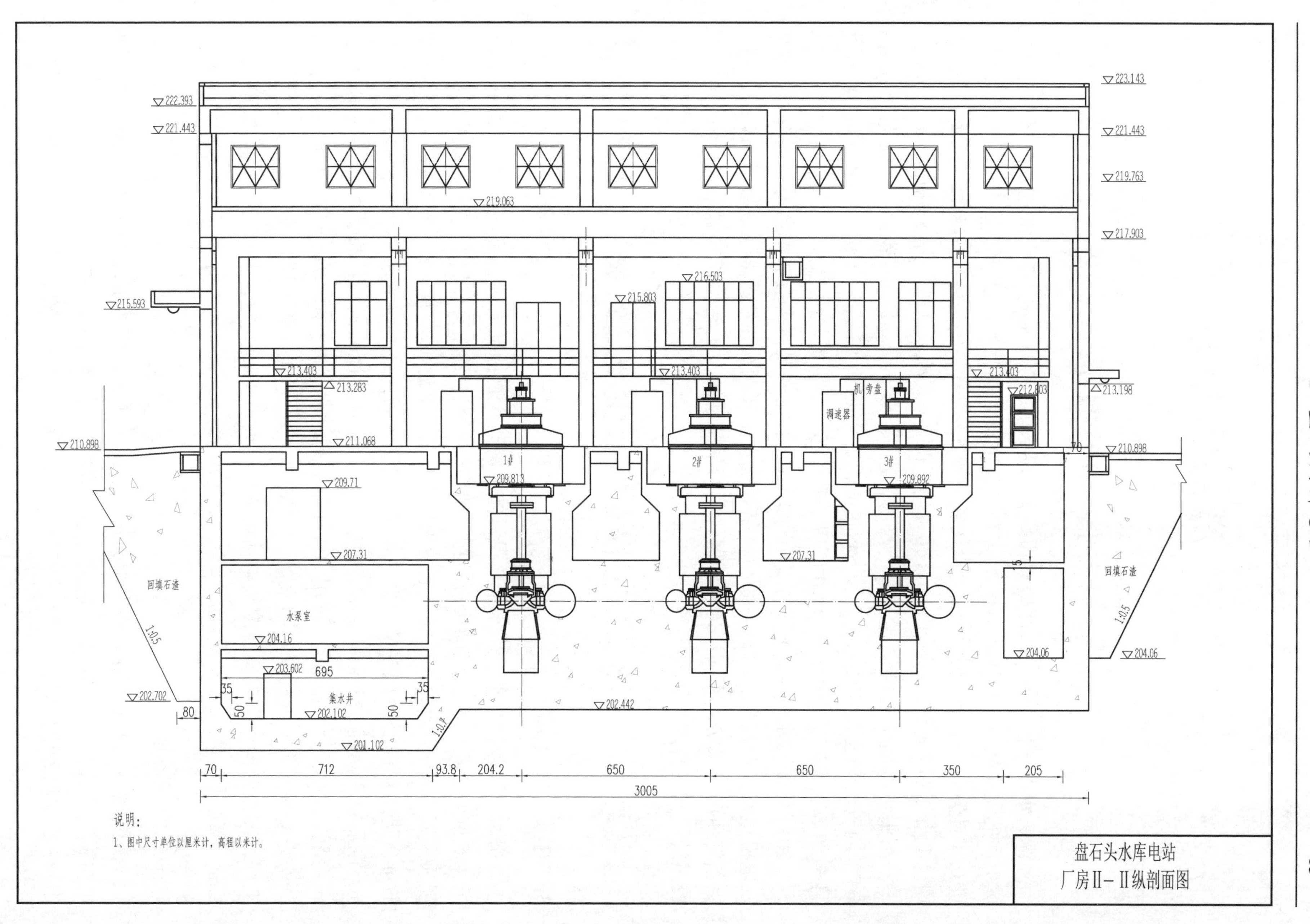
盘石头水库电站
厂房II－II纵剖面图
说明：
1、图中尺寸单位以厘米计，高程以米计。
回填石渣
水泵室
集水井
调速器
机旁盘
1#
2#
3#
223.143
222.393
221.443
219.763
219.063
217.903
216.503
215.803
215.593
213.403
213.283
213.198
212.803
211.068
210.898
209.813
209.892
209.71
207.31
204.16
204.06
203.602
202.702
202.442
202.102
201.102
1:0.5
70
712
93.8
204.2
650
350
205
3005
695
80
35
50

3 潭头水电站

3.1 电站概况

潭头水电站位于辉县市薄壁镇潭头村，距辉县市45 km。潭头水电站坐落在海河流域卫河的支流峪河上，为径流引水式电站，渠首控制流域面积505 km^2，多年平均径流量0.81亿m^3。设计水头287 m，设计流量4.6 m^3/s，总装机容量4×2 500 kW，多年平均发电量2 345万kW·h。电站于1972年11月正式动工，1976年8月投产发电。

潭头水电站主要由渠首工程、西沟引水渠（长4 km）、沉砂池、明流洞（长450 m）、调压池、压力引水洞（总长542.9 m，其中竖井167.3 m、斜洞198.6 m、高压平洞51.8 m、叉管125.2 m）、电站厂房、升压站、防洪堤等组成。

2014年潭头水电站筹集资金进行了增效扩容技术改造，改造内容为：更新四台水轮发电机组及其调速器、励磁系统、控制系统；更新两台主变压器；更新高压开关设备；更新低压配电系统；更新厂用变压器；更新吊车系统；更新直流电源系统；增设微机监控系统；增设自动化元件。

3.2 工程布置及主要建筑物

3.2.1 引水工程

引水工程包括渠首、引水渠。渠首按4级建筑物标准设计，筑坝引水，设计引水流量4.6 m^3/s，溢流坝为浆砌块石结构，建在坚固完整的石英砂岩上，河底高程568.5 m，坝顶高程576 m，坝高7.5 m，上游坝坡1∶0.1，下游坝坡1∶0.8，坝顶宽3.6 m，坝长57 m。进水闸在溢流堰左侧，宽3.1 m、高2.5 m，采用电动启闭机，闸底高程574.2 m，闸后渠底高程573.9 m。在闸口前安装一台自动巡回式清污机，坝体冲沙闸净宽2 m、闸长6.5 m、高3.2 m，选用10 t手摇式螺杆启闭机，闸底高程573.7 m。

为增加潭头水电站发电用水量，在2014年进行电站增效扩容改造时，修建了引水工程，即把西沟水引入峪河潭头电站渠首处，渠长4 km，设计引水流量1 m^3/s，渠底宽1 m、高1.1 m。

3.2.2 沉砂池

在西沟引水渠末端建有沉砂池，把泥沙沉淀排走，使清水进入发电引水道。沉砂池坐在石英砂岩上，基础良好，底板、侧墙等均为砌石结构，按挡土墙计算，侧墙内表面用M7.5水泥砂浆抹面，正常水位575.5 m，侧墙墙顶高程575.9 m。安装DN800闸阀一台。

3.2.3　明流隧洞

发电引水明流洞长 450 m，底部为 C8 混凝土铺底，边墙为浆砌石衬砌。按一般矩形明渠设计，设计流量 4.6 m^3/s，纵坡 1/2 000，底宽 2.8 m，水深 1.3 m，边墙高 2.2 m，底板距洞顶 2.85 m，洞顶不做衬砌，糙率取 0.02，流速为 0.91 m/s。

3.2.4　压力前池

调压池主要为满足机组突然开启补充水量及突然丢弃负荷时降低水锤压力的要求而设计，设计容量为 197 m^3，设计水位 575.25 m，最高水位 575.95 m。

3.2.5　压力引水洞

压力引水洞由竖井、斜洞、平洞三部分组成，总长 542.9 m，洞径 1.5 m。其中，竖井长 167.3 m，斜洞长 198.6 m（斜洞与水平面夹角 37°），平洞长 51.8 m，洞内有混凝土衬砌。引水洞末端分为四条叉管进入厂房，叉管总长 125.2 m，内径由 1.5 m 渐变为 1.0 m 及 0.85 m，管道进厂房轴线高程为 285.45 m。

3.2.6　电站厂房

主厂房长 43.9 m，宽 11.4 m，屋梁底离地面 8.5 m，地面高程 285.43 m，安装 4 台冲击式水轮发电机组，机组安装高程 286.08 m。副厂房布置在主厂房上游侧，长 43.9 m、宽 6.4 m、高 5.2 m，梁底距地面 4.53 m。

3.2.7　升压站

升压站在主厂房右端，位置分高低两部分，主变区低，高程 285.69 m，宽 24.09 m，长 17.2 m；开关侧高，高程 286.69 m，长 22.56 m，最宽处 21.9 m，最窄处 18.6 m。

3.2.8　防洪堤

厂房和升压站的临河侧布置防洪堤，堤长 235 m，按 50 年一遇洪水设计（洪水位 288.4 m），500 年一遇洪水校核（洪水位 290 m），堤顶高程 290.5 m。

3.3　工程特点

潭头水电站是河南省为数不多的高水头电站，为径流引水式，具有高水头、小流量发电的特点，工程投资较小。

潭头水电站建设选点、工程布置巧妙。它是引峪河水，利用峪河上的巨大跌水水头来建站发电的。渠首坝位置峪河河面较窄，建坝长度短，节省工程投资；引水渠道沿山体裁弯取直布置，长度很短且采用无压隧洞方式，沿途无树枝、树叶等漂浮物进入，减少运行维护量，节省投资；电站引水道利用山体走势，依靠围岩（花岗岩）承压特性采用混凝土或加钢板衬砌的有压隧洞设计，极好地解决了承压水头大、工程开挖难度大的技术问题，节省了工程建设投资，为电站安全运行打下了良好的基础。

2014 年电站进行增效扩容改造时，新修建了西沟提水站补充水源；在一山之隔的薄壁镇西沟村修建一座提水站，将琵琶河水抽至 30 m 高处后通过水渠自流到电站前池内，以 30 m 落差换来 287 m 水头，补充水源增加发电量。

电站控制保护采用微机自动化监控系统，实现了无人值班、少人值守，节省了运行成本，提高了电站运行可靠性。

机组设备：2014 年电站进行增效扩容改造时，更换了原来的冲击式水轮发电机组，新转轮优势一：为双喷嘴，材质为 VOD 精炼不锈钢整体铸造，全数控加工，制造精细，提高了水轮机运行效率；优势二：解决了焊接水斗强度不高的问题，确保安全运行；优势三：取消了原机组水斗后增加的钢环，解决了机组出力下降问题；优势四：水轮机机座、机盖为双层钢板焊接结构，中间设有吸音材料，发电机两端为双层隔音端罩，噪声大大降低；优势五：水轮发电机组为两支点结构，轴承为自润滑内循环水冷方式，取消了油站系统，维修方便。

6 kV 母线采用单母线分段接线方式，运行灵活，节省投资，在一台变压器出现故障情况下不影响另一台机组发电。

3.4 运行管理

潭头水电站 2012 年改制为民营企业，所属公司全称为辉县市潭头水力发电有限公司。现有员工 15 人，其中站长 1 人、办公室主任 1 人、生产办主任 1 人、值班员 6 人、西沟引水 2 人、水工 2 人、后勤 2 人。岗位不固定，互相兼顾。财务委托代管，重大维修工程邀请专业施工队伍完成。

安全生产运行管理。潭头水电站于 2016 年初启动了安全生产标准化创建工作，按照《农村水电站技术管理规程》相关要求进行管理，制度健全，设备、设施能够定期检测和维护，设备运行按照国家有关规程操作实施，安全管理规范，能定期组织职工进行岗位培训，管理较好。2016 年 12 月通过河南省水利厅组织的专家组安全生产标准化达标现场评定，完成了安全生产标准化创建工作，被评定为农村水电安全生产标准化二级达标单位。

3.5 潭头水电站工程特性表

表 3-1 潭头水电站工程特性表

项目		内容	备注
拦河坝	总长（m）	57	
挡水坝段	形式	滚水坝	
	坝顶高程（m）	573.4	
	最大坝高（m）	7.5	
	挡水坝段长（m）	57	

续表 3-1

项目		内容	备注
冲沙闸	设计最大流量（m^3/s）	22.4	
	进口底高程（m）	570.4	
	长×宽（m×m）	2×3.2	
引水隧洞	长度（m）	400	
	断面形式	矩形，无压	
	断面尺寸（m×m）	2.8×2.2	
西沟引水渠道	长度（m）	4 000	
	主要断面形式	矩形	
	断面尺寸（m×m）	1.1×1	
	设计流量（m^3/s）	1	
压力前池	容积（m^3）	197	
	正常水位（m）	575.25	
	最高水位（m）	575.95	
	最低水位		
压力管道	形式	混凝土、钢管	竖井全部采用混凝土衬砌，斜井、平洞采用钢板混凝土衬砌
	总长（m）	542.9	
	直径（m）	1.5	
厂房	水轮机组的布置方式	卧式	
	水轮机安装高程（m）	286.08	
尾水渠道	正常尾水位（m）	283.2	
	形式	矩形	
	长×宽（m×m）	430×2.2	

续表 3-1

项目		内容	备注
发电机组	水轮机型号	CJC601-W-115/2×10.2	4 台均同
	额定出力（kW）	2 500	
	发电机型号	SFW2500-10/1730	
主变	型号	S11 - 8000/35，Y/D11，38.5±2×2.5%/6.3 kV	2 台
	容量（kVA）	8 000	
出线电压	kV	38.5	
主接线方式		扩大单元接线	6 kV 母线采用分段式

潭头水电站相关图纸

❀ 潭头水电站发电机层平面布置图

❀ 潭头水电站厂房纵剖面图

❀ 潭头水电站厂房横剖面图

❀ 潭头水电站电气主接线图

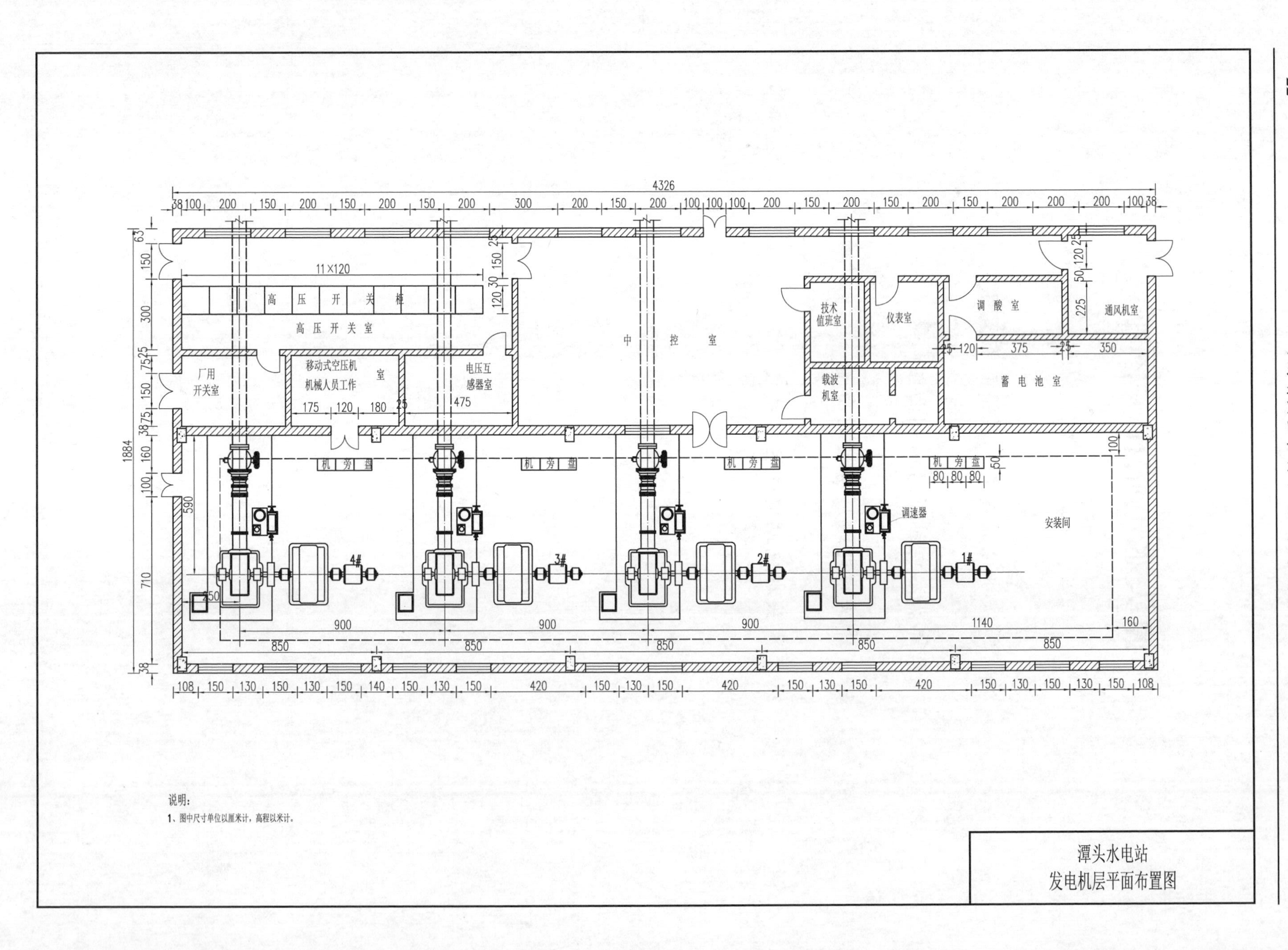

潭头水电站
发电机层平面布置图

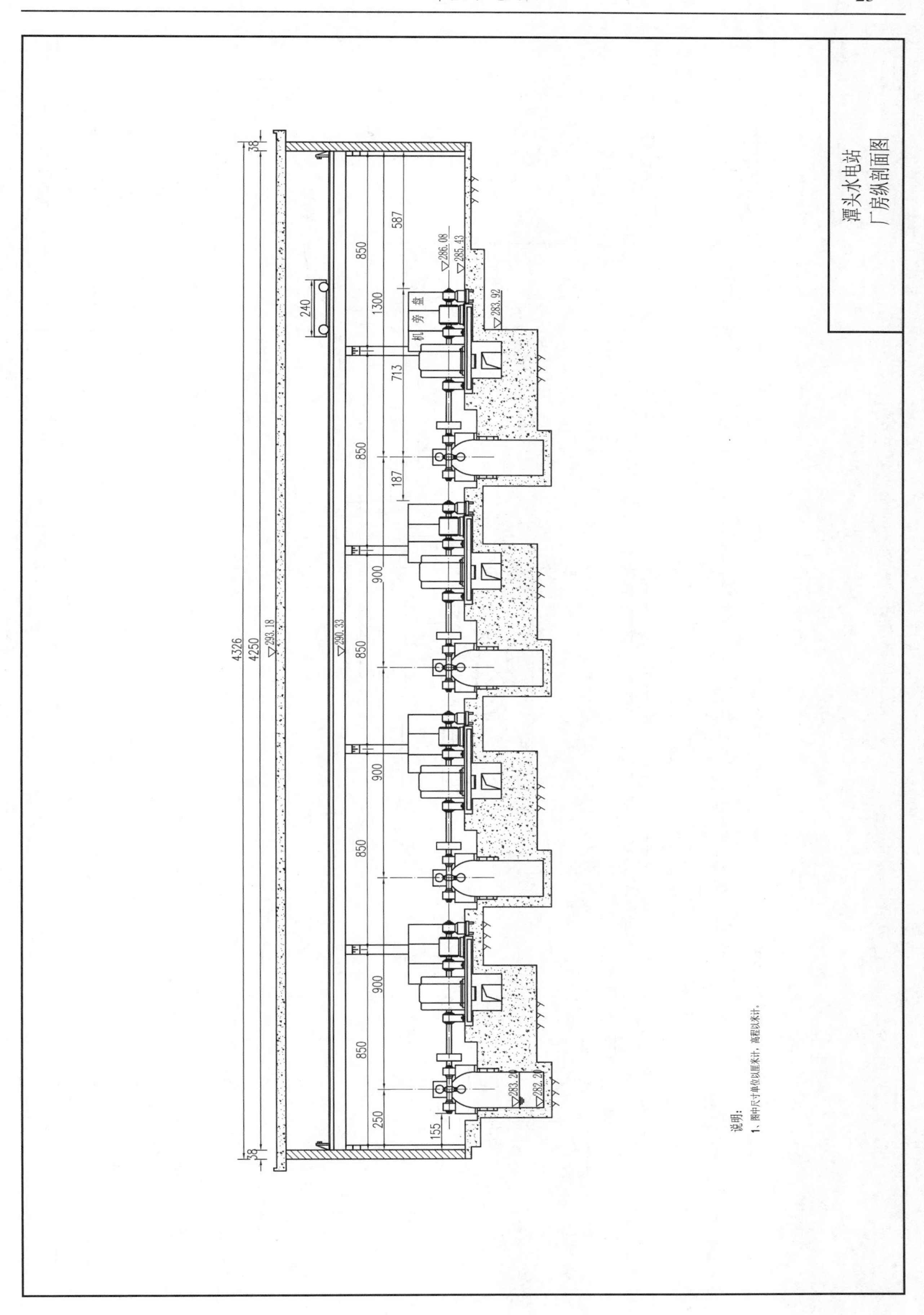
潭头水电站
厂房纵剖面图
4326
4250
38
38
▽293.18
▽290.33
240
850
1300
713
850
187
900
850
900
850
900
850
250
155
587
▽286.08
▽285.43
▽283.92
机旁盘
说明:
1、图中尺寸单位以厘米计，高程以米计。

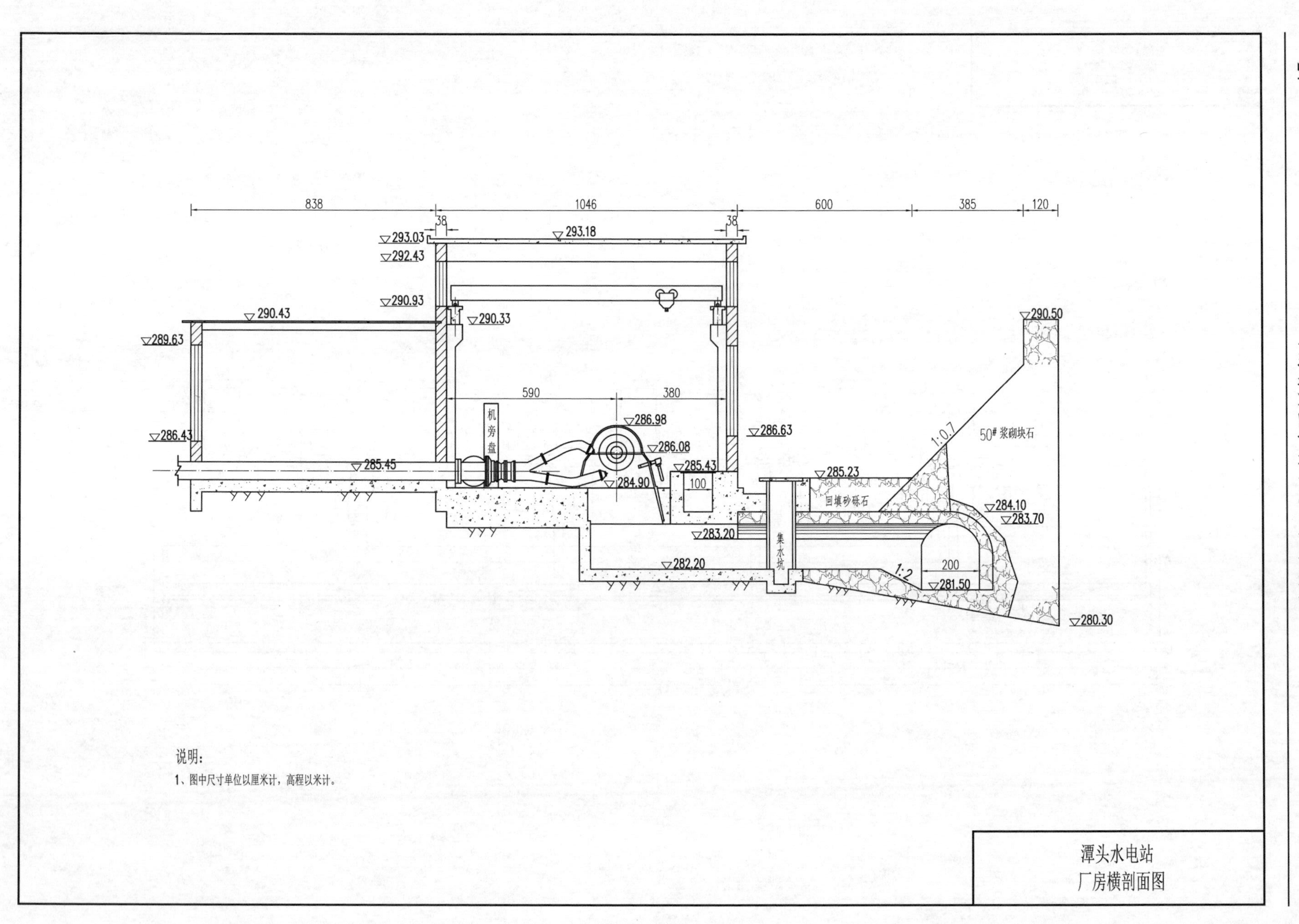
838
1046
600
385
120
38
38
▽293.03
▽292.43
▽293.18
▽290.93
▽290.43
▽290.33
▽289.63
▽290.50
590
380
机旁盘
▽286.98
▽286.08
▽286.63
▽286.43
▽285.45
▽285.43
▽284.90
100
▽285.23
1:0.7
50# 浆砌块石
回填砂砾石
▽284.10
▽283.70
▽283.20
集水坑
▽282.20
1:2
200
▽281.50
▽280.30
说明：
1、图中尺寸单位以厘米计，高程以米计。
潭头水电站
厂房横剖面图

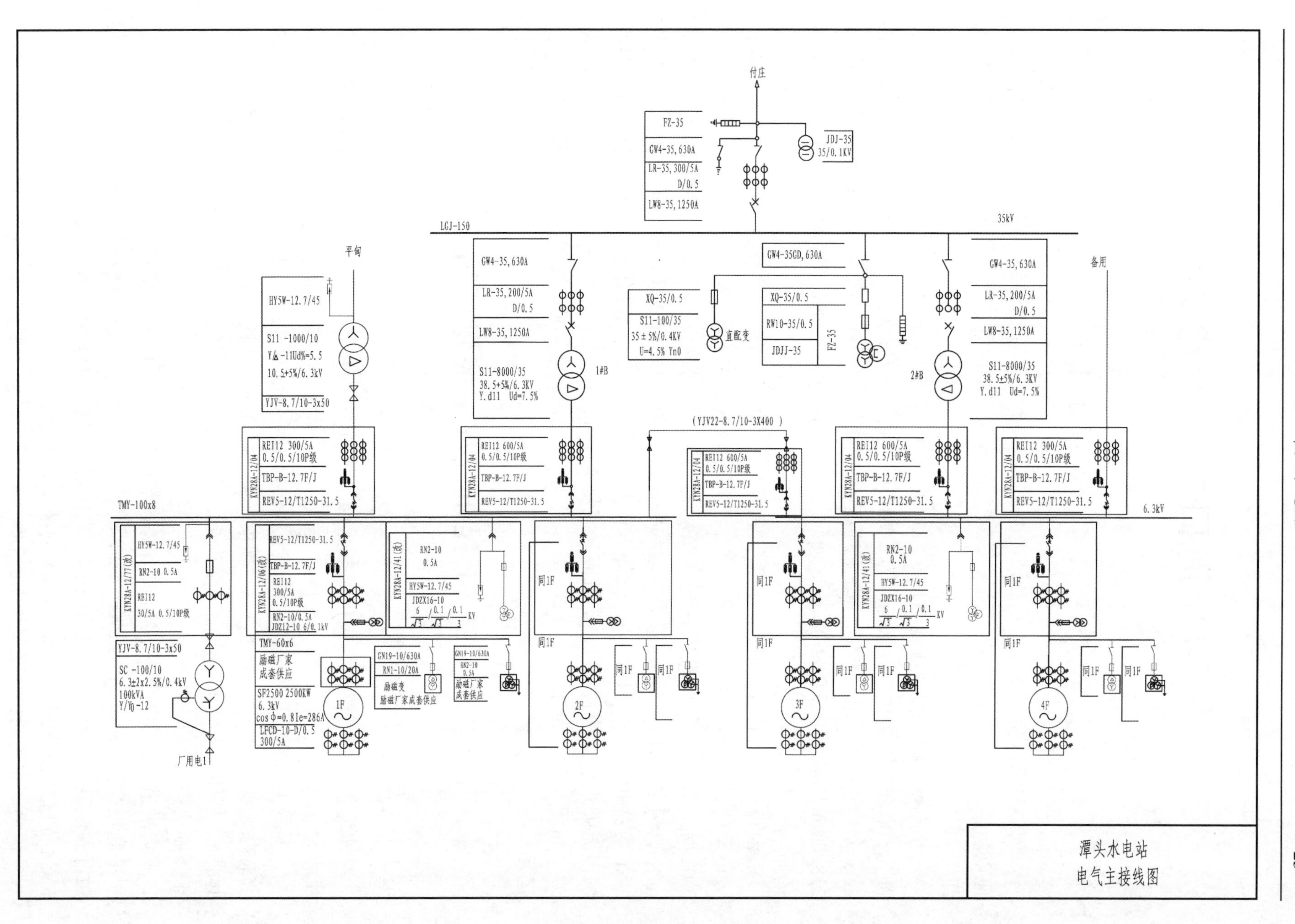
付庄
FZ-35
GW4-35, 630A
LR-35, 300/5A D/0.5
LW8-35, 1250A
JDJ-35 35/0.1KV
LGJ-150
35kV
平甸
HY5W-12.7/45
S11 -1000/10
10.5±5%/6.3kV
YJV-8.7/10-3x50
GW4-35, 630A
LR-35, 200/5A D/0.5
LW8-35, 1250A
S11-8000/35
38.5+5%/6.3KV
Y.d11 Ud=7.5%
1#B
GW4-35GD, 630A
XQ-35/0.5
S11-100/35
35±5%/0.4KV
U=4.5% Yn0
直配变
XQ-35/0.5
RW10-35/0.5
JDJJ-35
FZ-35
GW4-35, 630A
LR-35, 200/5A D/0.5
LW8-35, 1250A
S11-8000/35
38.5±5%/6.3KV
Y.d11 Ud=7.5%
2#B
备用
(YJV22-8.7/10-3X400)
REI12 300/5A
0.5/0.5/10P级
TBP-B-12.7F/J
REV5-12/T1250-31.5
KYN28A-12/04
REI12 600/5A
0.5/0.5/10P级
TBP-B-12.7F/J
REV5-12/T1250-31.5
KYN28A-12/04
TMY-100x8
6.3kV
HY5W-12.7/45
RN2-10 0.5A
REI12
30/5A 0.5/10P级
KYN28A-12/77(改)
REV5-12/T1250-31.5
TBP-B-12.7F/J
REI12
300/5A
0.5/10P级
RN2-10/0.5A
JDZ12-10 6/0.1kV
KYN28A-12/06(改)
RN2-10
0.5A
HY5W-12.7/45
JDZX16-10
KYN28A-12/41(改)
同1F
YJV-8.7/10-3x50
SC -100/10
6.3±2x2.5%/0.4kV
100kVA
Y/Y0-12
厂用电1
TMY-60x6
励磁厂家
成套供应
SF2500 2500KW
6.3kV
LFCD-10-D/0.5
300/5A
GN19-10/630A
RN1-10/20A
励磁变
励磁厂家成套供应
1F
2F
3F
4F
潭头水电站
电气主接线图

4　河口村水库电站

4.1　工程概况

河口村水库位于济源市克井镇境内，黄河一级支流沁河最后一段峡谷出口处，是一座以防洪、供水为主，兼顾灌溉、发电、改善河道基流等综合利用的大（2）型水利枢纽工程。

水库坝址以上控制流域面积 9 223 km^2，多年平均年径流量 5.0 亿 m^3，设计洪水标准为 500 年一遇，校核洪水标准为 2 000 年一遇，相应洪水位 287.30 m，总库容 3.17 亿 m^3；水库正常蓄水位 275.00 m，相应库容 2.50 亿 m^3，有效库容 1.98 亿 m^3；汛限水位 238.00 m，相应库容 0.86 亿 m^3，防洪库容 2.3 亿 m^3；死水位 225.0 m，相应库容 0.51 亿 m^3。

河口村水库电站位于大坝左岸，分为大、小电站工程，总装机容量 11.6 MW，其中大电站装机容量为 10 MW，设计多年平均发电量 3 029 万 kW · h，设备年利用小时数 3 029 h。装有 2 台单机容量为 5 MW 的混流立式水轮发电机组，单机额定流量 7.8 m^3/s，额定水头 76.0 m，最大发电水头 102.9 m。小电站装机容量为 1.6 MW，设计多年平均发电量 406 万 kW · h，设备年利用小时数 2 536 h。装有 2 台单机容量为 0.8 MW 的混流卧式水轮发电机组，单机额定流量 2.31 m^3/s，额定水头 41.0 m，最大发电水头 57.5 m。水库枢纽工程于 2008 年 6 月开工，2016 年 10 月竣工，工程总投资 27.75 亿元。

4.2　工程布置及主要建筑物

4.2.1　大坝枢纽建筑物

水库枢纽主要建筑物包括混凝土面板堆石坝、溢洪道、泄洪洞、引水发电系统等工程。

混凝土面板堆石坝坝轴线位于余铁沟口上游约 350 m 处，最大坝高 122.5 m，坝顶高程 288.5 m，防浪墙高 1.2 m，坝顶长度 530.0 m，坝顶宽 9.0 m，上、下游坝坡均为 1:1.5。坝体从上游依次由混凝土面板、垫层料、过渡料、主堆石、次堆石，下游混凝土预制块护坡等结构组成。

溢洪道布置在左岸坝肩龟头山南鞍部地带，为开敞式溢洪道。溢洪道长 174.0 m，引渠底板高程 259.7 m，最大下泄流量为 6 794 m^3/s。溢洪道闸室为 3 孔净宽 15.0 m 的敞开式溢洪道，闸门采用弧形闸门，启闭机采用液压启闭机，闸门尺寸为 15 m×17.93 m（宽×高），启闭机选用 2×2 500 kN 的液压启闭机启闭。

泄洪洞布置两条，两洞均布置在左岸。1#泄洪洞为低位洞，进口高程 195 m，出口高程 176.23 m，洞身长 600.0 m，最大泄洪为 1 961.6 m^3/s；2#泄洪洞为高位洞，由导流洞改建形成，进口高程 210.0 m，出口高程 169.8 m，洞身长 616.0 m，最大泄量 1 956.7 m^3/s。

引水发电洞进口高程 220.0 m，出口高程 168.4 m，进口为岸塔式进水口，布置在 1#泄洪洞进水口右侧，与 1#泄洪洞一起组成联合进水口。进水口分三层布置，高程分别为 220.0 m、230.0 m 与 250.0 m。

4.2.2 电站枢纽建筑物

引水发电洞主洞洞径 3.5 m，全长 711.0 m；岔洞洞径 1.70 m，长 70 m。结合工业供水需求，分别设大、小电站。大电站发电洞主洞长 622.22 m，小电站岔洞长 18.0 m。

大电站厂房布置在大坝下游左岸、泄洪洞右侧，采用岸边式地面厂房设计。主厂房总长 28.92 m，其中机组段长 17.9 m、安装间长 11.0 m，位于主厂房右端。机组段与安装间之间设 0.02 m 宽的伸缩缝，机组中心间距为 7.0 m，厂房跨度 13 m，高 25.81 m，内装两台 HLA153－LJ－100 水轮机配 SF5000－12/2600 发电机，分上下两层布置，上层（发电机层）布置有两台发电机、调速器、机旁控制盘，厂房内设一台 300/50 kN 电动双梁桥式起重机一台，轨距为 11.0 m，轨顶高程为 187.3 m；下层（水轮机层）布置有两台水轮机、励磁变、10 kV 开关柜、低压开关柜等，水轮机安装高程 171.2 m。副厂房布置在安装间左侧端部及主厂房上游侧，共分四层，底层（水轮机层）主要布置低压开关柜、35 kV 开关柜及 1#、2#厂变，二层为电缆层夹层，三层、四层分别布置中控室和交接班室、通信室等。尾水渠全长约 80 m，采用 U 形槽混凝土挡土墙形式，渠顶高程 180.0 m，渠底高程 169.8 m，大电站发电泄水经尾水渠流入沁河。

小电站位于大电站上游，溢洪道右侧岸坡上。主厂房总长 27.02 m，其中机组段长 21.0 m，安装间长 6.0 m，机组段与安装间之间设 0.02 m 宽的伸缩缝，机组中心间距为 7.5 m，厂房跨度 9.6 m，高 14.24 m，设有两台 HLD74－WJ－55 水轮机配 SFW800－6/1180 发电机，水轮机安装高程 217.17 m，厂房内设一台 16 t LD 电动单梁桥式起重机，用于机组检修。副厂房布置在主厂房上游侧，长 21.0 m、宽 4.85 m，主要布置励磁变、移动式空压机室及厂用开关柜等设备。小电站发电泄水进入尾水池，通过尾水渠，分别向济源市、华能沁北电厂和沁阳工业区供水，多余尾水经渠道流入沁河。

大、小电站之间直线距离约为 120 m，发电机电压测接线方式为 1 台 5 MW 和 1 台 0.8 MW 发电机组成一个单母线接线，另外 1 台 5 MW 和 1 台 0.8 MW 发电机也组成一个单母线接线，两段单母线之间通过装设分段断路器进行连接。35 kV 电压侧有 2 回主变进线、1 回出线，采用单母线连接。

主变压器与中控室布置在大电站主厂房的上游侧，主变压器及中控室大电站与小电站共用，小电站出线采用电缆沟与大电站相连。

电站出线电压等级为 35 kV，出线规模 1 回，架空接入 110 kV 工业变电站 35 kV 母线段，线路长度约为 7 km。

4.3 工程特点

大、小电站运行均采用自动化控制，可以实现在集中控制室对大、小电站机组启停操作和主要设备的监控。

小电站发电尾水向华能沁北电厂和济源市供水，发电引水量大小根据供水量大小进行调节；大电站发电情况主要根据年度水库调度运用计划进行安排。

4.4　运行管理

河口村水库电站隶属河口村水库管理局，主管单位为河南省水利厅。电站现设经理1人，技术员2人，运行人员20人，分为5个运行班，三八制轮班。

安全生产运行管理。河口村水库电站按照《农村水电站安全生产标准化达标评级》的要求，制定了《安全生产岗位职责》、《安全生产奖惩规定》、《安全教育培训管理办法》等规章制度，并根据当年的安全生产状况，制定下一年的安全生产目标，并以文件形式下发。每月由经理主持召开安全生产分析会，通过建立职责明确的安全生产保证体系和监督体系，做到凡事有章可循、有人负责，从而增强各级从业人员对安全工作的认识，使电站的安全生产始终处于可控状态。

4.5　河口村水库电站工程特性表

表4-1　河口村水库电站工程特性表

序号及名称	单位	数量	备注
一、水文			
1. 工程坝址以上流域面积	km^2	9 223	
2. 多年平均年径流量	亿 m^3	5.0	
二、水库			
1. 水库水位			
校核洪水位	m	287.30	
设计洪水位	m	285.43	
防洪高水位	m	285.43	
正常蓄水位	m	275.00	
汛期限制水位	m	238/275	前汛期/后汛期
死水位	m	225.0	
2. 库容			
总库容（校核洪水位以下库容）	亿 m^3	3.17	

续表 4-1

序号及名称	单位	数量	备注
死库容	亿 m^3	0.51	
调洪库容（校核洪水位至汛期限制水位）	亿 m^3	2.30	
防洪库容（防洪高水位至汛期限制水位）	亿 m^3	2.30	
调节库容（正常蓄水位至死水位）	亿 m^3	1.96	
3. 发电效益			
设计引水位	m	254.18/256	大电站/小电站
设计水头	m	76/41	
设计引水流量	m^3/s	7.80/2.31	
装机容量	MW	10/1.6	大电站/小电站
多年平均发电量	万 kW·h	3 029/406	
年利用小时数	h	3 029/2 536	
三、主要建筑物及设备			
1. 大坝			
坝顶高程	m	288.5	
最大坝高	m	122.5	
坝顶长度	m	530.0	
2. 1#泄洪洞			
进口底坎高程	m	195	
设计流量	m^3/s	1 961.60	
3. 2#泄洪洞			
进口底坎高程	m	210	
设计流量	m^3/s	1 956.77	

续表 4-1

序号及名称	单位	数量	备注
4. 溢洪道			
堰顶高程	m	267. 50	
设计流量	m^3/s	6 924. 0	
5. 引水发电洞			
设计引用流量	m^3/s	19. 80	
洞形			圆形压力洞
主洞洞径	m	3. 5	
进水口底坎高程	m	220. 0/230. 0/250. 0	分层取水进水口
分层进水口尺寸	m×m	3. 5×4. 0	
分层进水口门型			平面滑动闸门
拦污栅	m×m	3. 5×34. 5	
衬砌形式			钢筋混凝土
6. 厂房		大电站	小电站
形式		地面式	地面式
地基特性		岩基	岩基
主厂房尺寸	m×m×m	28. 92×13×25. 81	27. 02×9. 6 ×14. 24
机组安装高程	m	171. 20	217. 17
7. 主要机电设备		大电站	小电站
水轮机台数	台	2	2
型号		HLA153-LJ-100	HLD74-WJ-55
额定出力	MW	10	1. 6
单机容量	MW	5. 0	0. 8
发电机台数	台	2	2
型号		SF5000-12/2600	SFW800-6/1180

续表 4-1

序号及名称	单位	数量	备注
主变压器数量及规格		2 台 S_{10}-8000/35	
8. 输电线			
电压	kV	35	
回路数	回路	1	
输电距离	km	11	

河口村水库电站图纸

- 河口村水库电站发电机层平面布置图
- 河口村水库电站水轮机平面布置图
- 河口村水库电站厂房纵剖面图
- 河口村水库电站厂房横剖面图
- 河口村水库电站低压压缩空气系统图
- 河口村水库电站透平油系统图
- 河口村水库电站电气主接线图

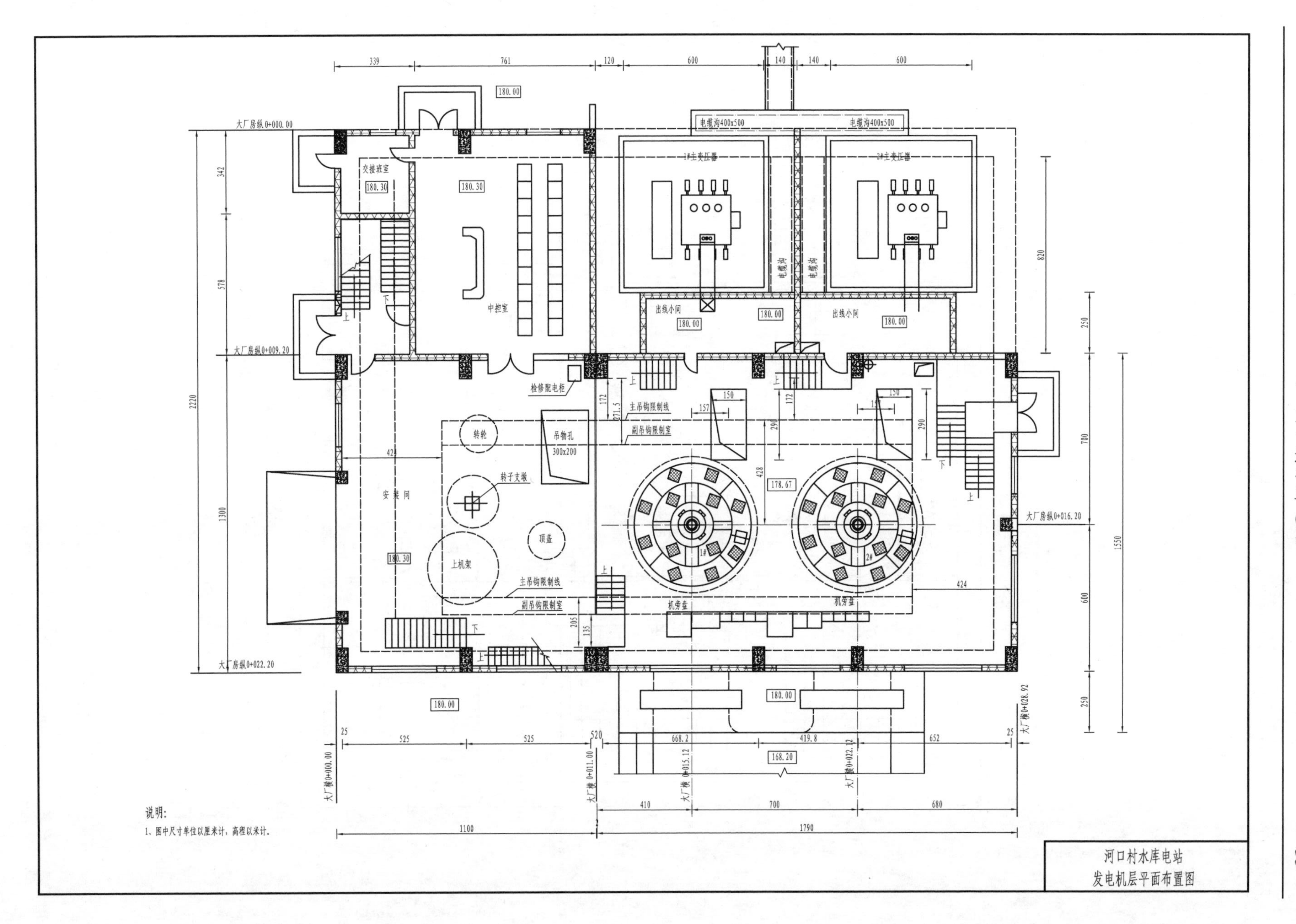
交接班室
中控室
1#主变压器
2#主变压器
电缆沟400x500
电缆沟400x500
电缆沟
电缆沟
出线小间
出线小间
检修配电柜
主吊钩限制线
副吊钩限制室
转轮
吊物孔
300x200
转子支墩
安装间
顶盖
上机架
机旁盘
机旁盘
大厂房纵0+000.00
大厂房纵0+009.20
大厂房纵0+022.20
大厂房纵0+016.20
大厂横0+000.00
大厂横0+011.00
大厂横0+015.12
大厂横0+022.12
大厂横0+028.92
说明:
1、图中尺寸单位以厘米计，高程以米计。
河口村水库电站
发电机层平面布置图

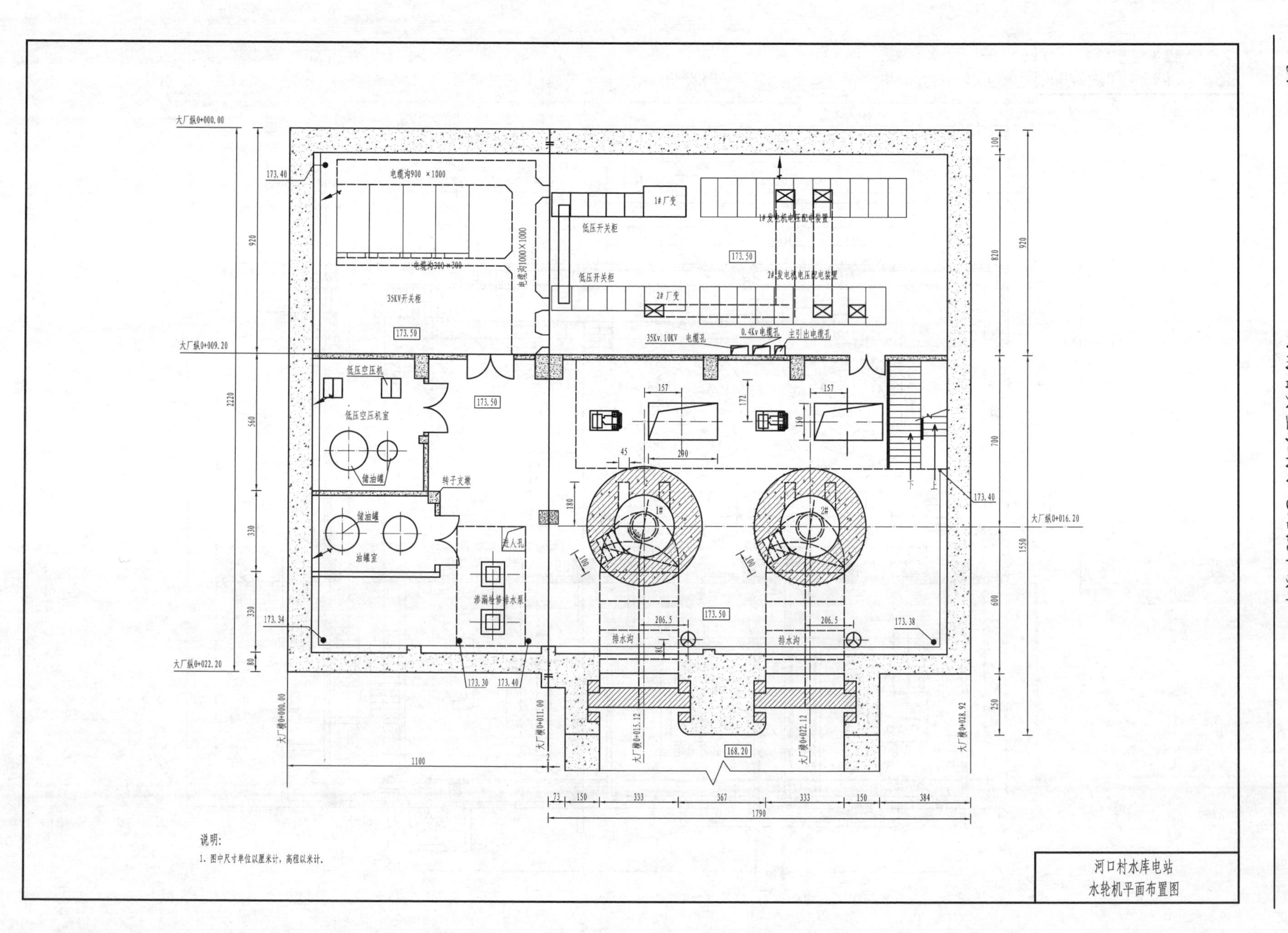
电缆沟900×1000
电缆沟300×300
电缆沟1000×1000
35KV开关柜
低压开关柜
1#厂变
2#厂变
1#发电机电压配电装置
2#发电机电压配电装置
35Kv.10KV 电缆孔
0.4Kv电缆孔
主引出电缆孔
低压空压机
低压空压机室
储油罐
油罐室
转子支墩
进人孔
渗漏检修排水泵
排水沟
173.40
173.50
173.34
173.30
173.38
168.20
大厂纵0+000.00
大厂纵0+009.20
大厂纵0+016.20
大厂纵0+022.20
大厂横0+000.00
大厂横0+011.00
大厂横0+015.12
大厂横0+022.12
大厂横0+028.92
说明:
1. 图中尺寸单位以厘米计，高程以米计。
河口村水库电站
水轮机平面布置图

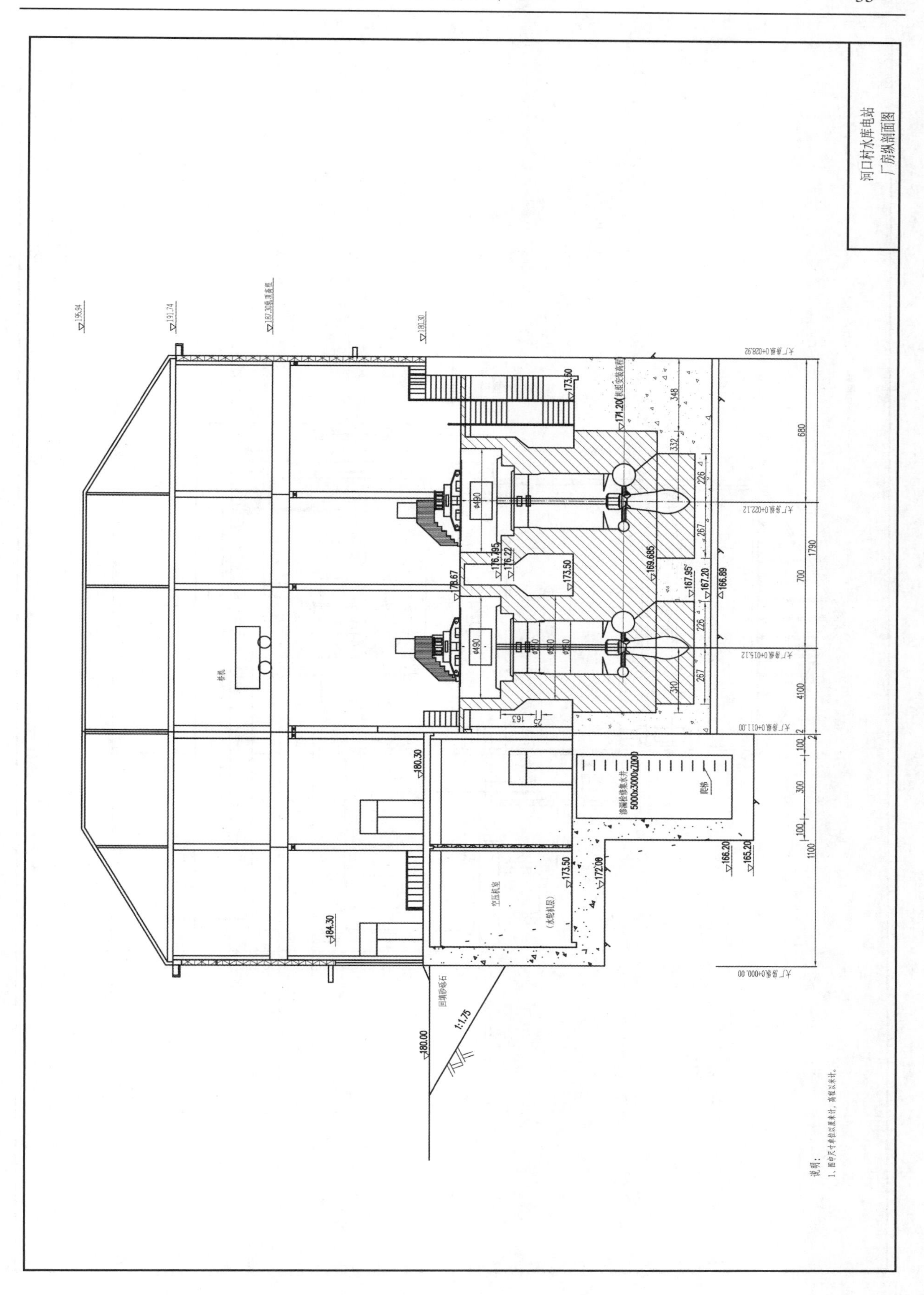
河口村水库电站
厂房纵剖面图
173.50
171.20
169.685
167.95
167.20
166.89
166.20
165.20
172.00
180.30
184.30
180.00
1:1.75
φ490
680
1790
700
4100
1100
300
100
5000x3000x2000

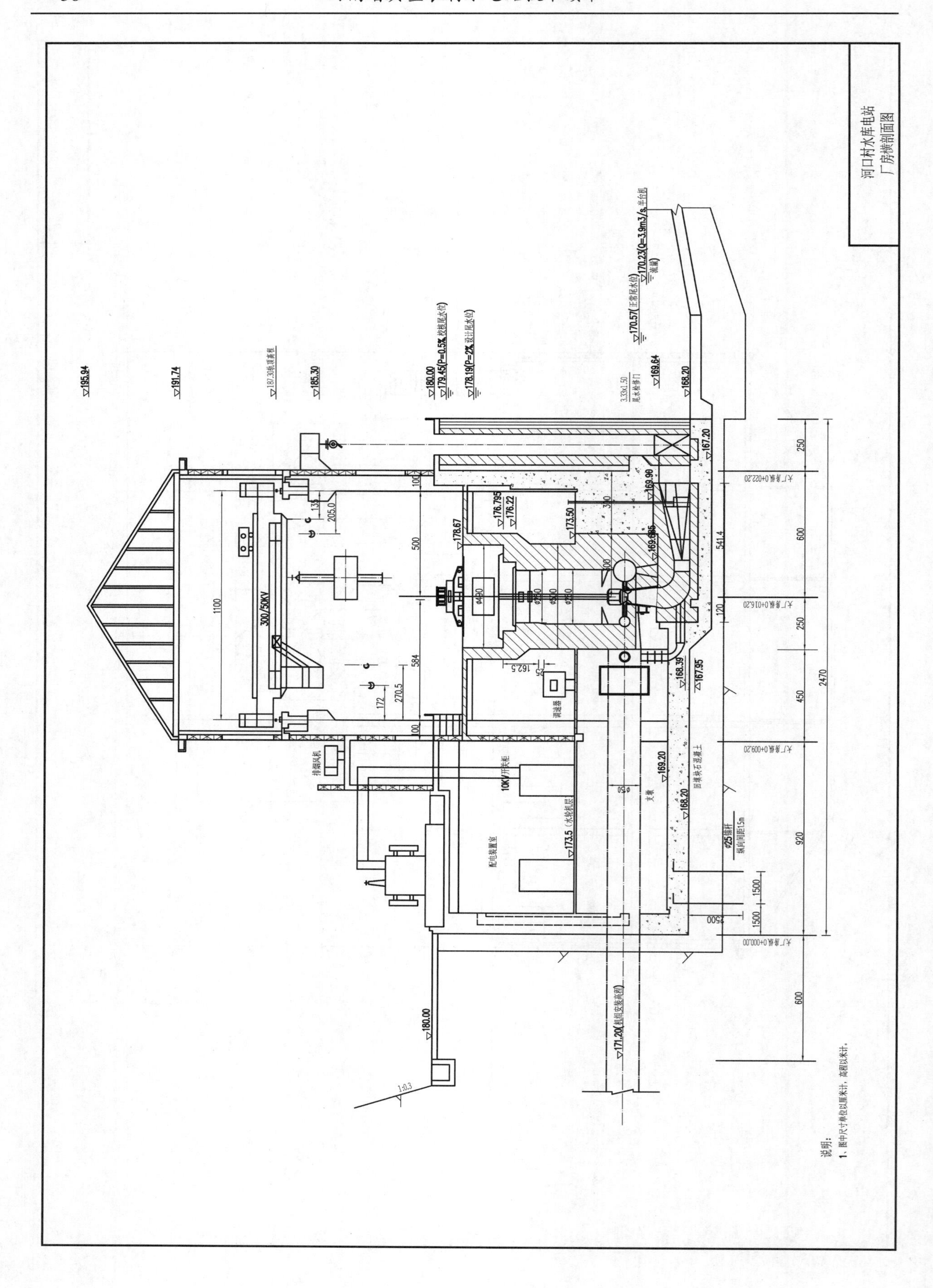
河口村水库电站
厂房横剖面图
300/50KV
10KV开关柜
配电装置室
调速器
排烟风机
▽195.94
▽191.74
▽185.30
▽180.00
▽179.45(P=0.5% 校核尾水位)
▽178.19(P=2% 设计尾水位)
▽170.57(正常尾水位)
▽170.23(Q=3.9m3/s,单台机流量)
▽169.64
▽168.20
▽167.20
▽176.795
▽176.22
▽173.50
▽178.67
▽173.5（水轮机层）
▽169.20
▽167.95
▽180.00
▽171.20(机组安装高程)
1:0.3
2470
说明：
1. 图中尺寸单位以厘米计，高程以米计。

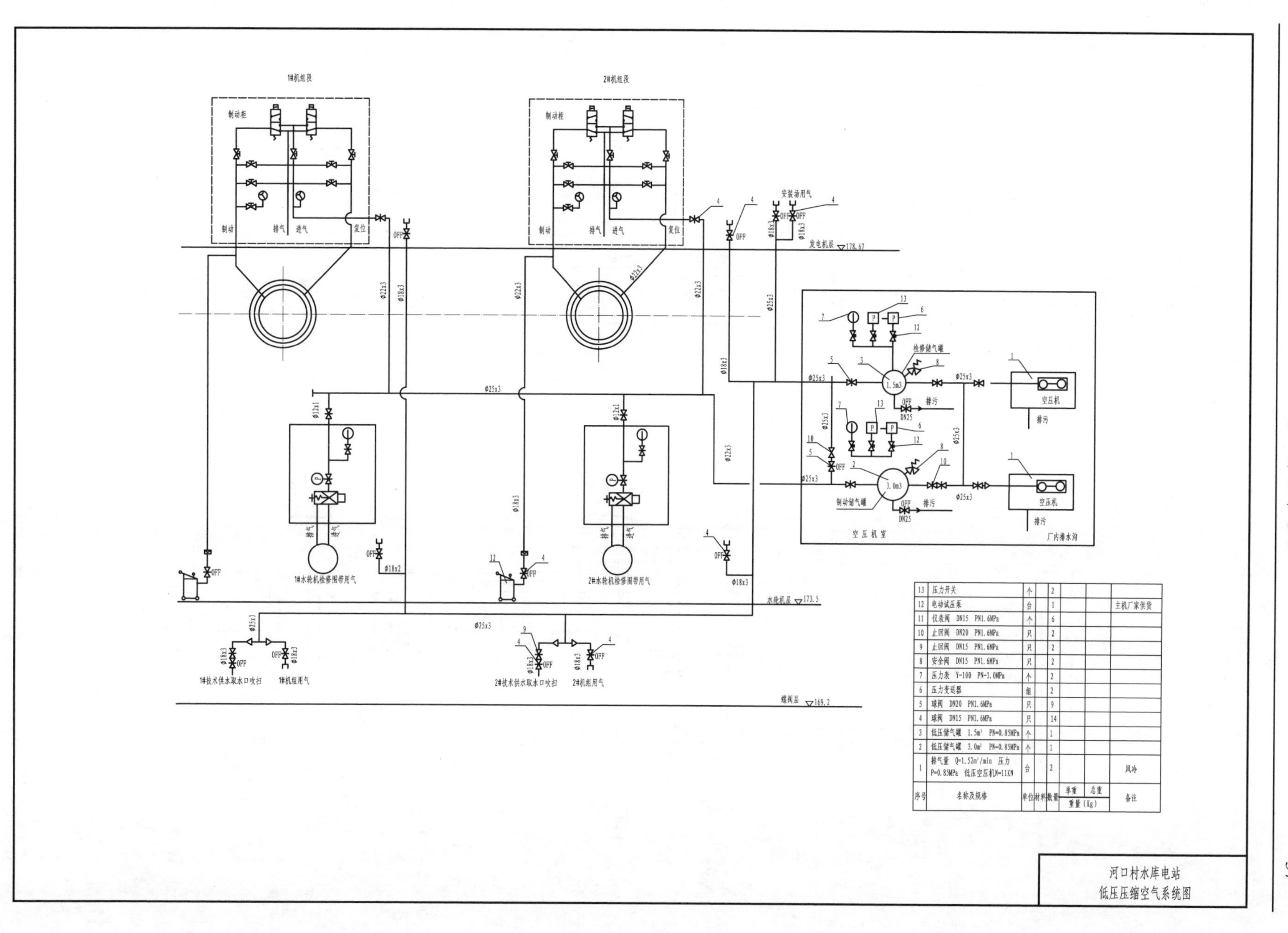

序号	名称及规格	单位	材料	数量	单重 重量（Kg）	总重 重量（Kg）	备注
13	压力开关	个		2			
12	电动试压泵	台		1			主机厂家供货
11	仪表阀 DN15 PN1.6MPa	个		6			
10	止回阀 DN20 PN1.6MPa	只		2			
9	止回阀 DN15 PN1.6MPa	只		2			
8	安全阀 DN15 PN1.6MPa	只		2			
7	压力表 Y-100 PN-1.0MPa	个		2			
6	压力变送器	组		2			
5	球阀 DN20 PN1.6MPa	只		9			
4	球阀 DN15 PN1.6MPa	只		14			
3	低压储气罐 1.5m³ PN=0.85MPa	个		1			
2	低压储气罐 3.0m³ PN=0.85MPa	个		1			
1	排气量 Q=1.52m³/min 压力 P=0.85MPa 低压空压机N=11KN	台		2			风冷

河口村水库电站
低压压缩空气系统图

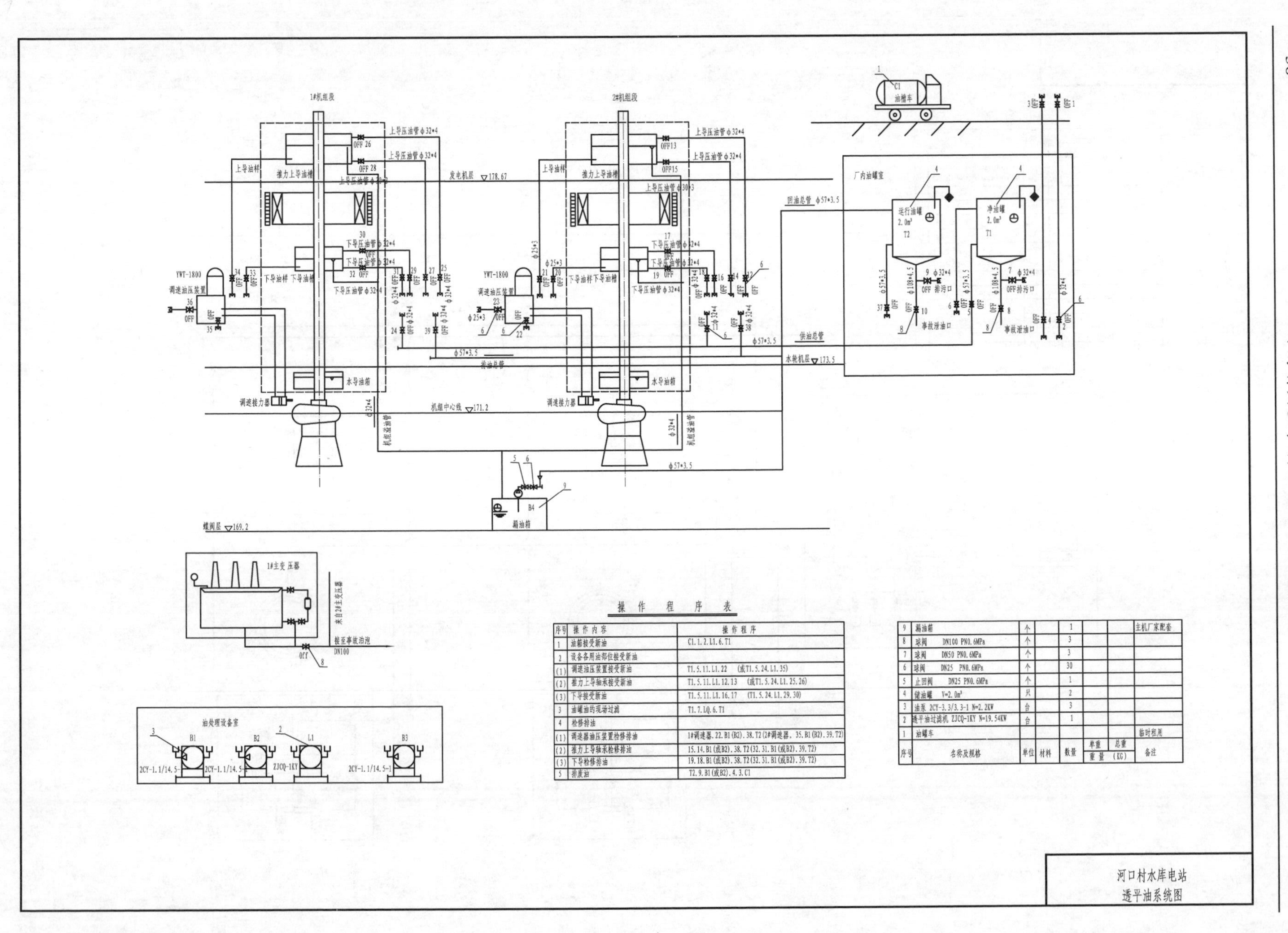

操　作　程　序　表

序号	操作内容	操作程序
1	油箱接受新油	C1.1.2.L1.6.T1
2	设备各用油部位接受新油	
(1)	调速油压装置接受新油	T1.5.11.L1.22　(或T1.5.24.L1.35)
(2)	推力上导轴承接受新油	T1.5.11.L1.12.13　(或T1.5.24.L1.25.26)
(3)	下导接受新油	T1.5.11.L1.16.17　(T1.5.24.L1.29.30)
3	油罐油的现场过滤	T1.7.LQ.6.T1
4	检修排油	
(1)	调速器油压装置检修排油	1#调速器.22.B1(B2).38.T2(2#调速器.35.B1(B2).39.T2)
(2)	推力上导轴承检修排油	15.14.B1(或B2).38.T2(32.31.B1(或B2).39.T2)
(3)	下导检修排油	19.18.B1(或B2).38.T2(32.31.B1(或B2).39.T2)
5	排废油	T2.9.B1(或B2).4.3.C1

序号	名称及规格	单位	材料	数量	单重 重量(KG)	总重 重量(KG)	备注
9	漏油箱	个		1			主机厂家配套
8	球阀　DN100 PN0.6MPa	个		3			
7	球阀　DN50 PN0.6MPa	个		3			
6	球阀　DN25 PN0.6MPa	个		30			
5	止回阀　DN25 PN0.6MPa	个		1			
4	储油罐　V=2.0m³	只		2			
3	油泵 2CY-3.3/3.3-1 N=2.2KW	台		3			
2	透平油过滤机 ZJCQ-1KY N=19.54KW	台		1			
1	油罐车						临时租用

河口村水库电站
透平油系统图

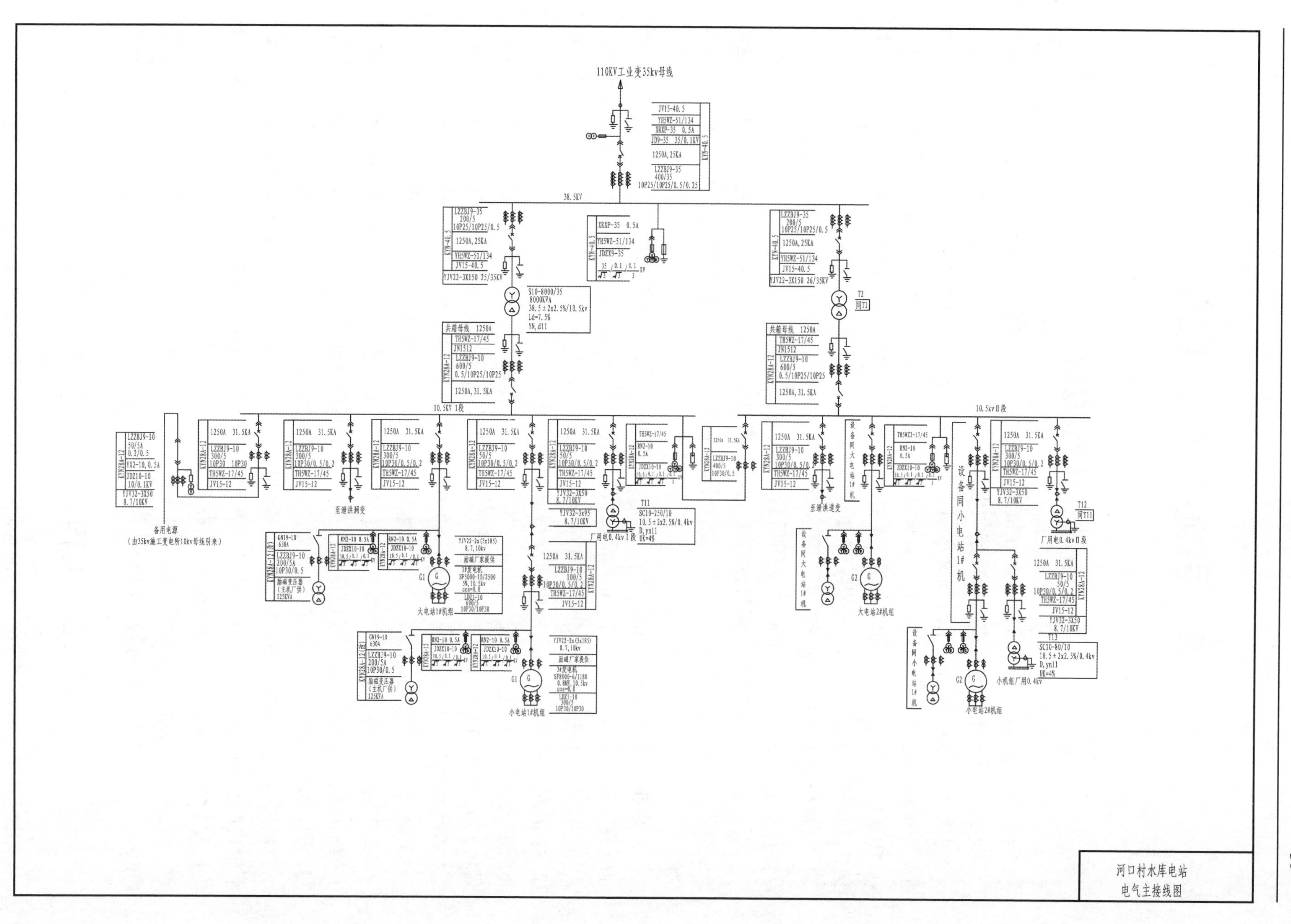
110KV工业变35kv母线
38.5KV
10.5KV Ⅰ段
10.5kvⅡ段
S10-8000/35
8000KVA
38.5±2x2.5%/10.5kv
Ud=7.5%
YN,d11
T2
同T1
共箱母线 1250A
至泄洪洞变
至溢洪道变
备用电源
(由35kv施工变电所10kv母线引来)
T11
SC10-250/10
10.5±2x2.5%/0.4kv
D,yn11
UK=4%
厂用电0.4kvⅠ段
T12
同T11
厂用电0.4kvⅡ段
T13
SC10-80/10
10.5±2x2.5%/0.4kv
D,yn11
UK=4%
小机组厂用0.4kv
大电站1#机组
大电站2#机组
小电站1#机组
小电站2#机组
设备同大电站1#机
设备同小电站1#机
河口村水库电站
电气主接线图

5　引沁河口水电站

5.1　工程概况

引沁河口水电站位于济源市克井镇河口村北，河口村水库二坝线下 400 m 处，是利用引沁总干渠修建的无坝式引水径流式电站。

引沁河口水电站由分水节制进水闸、引水渠道、厂区枢纽等三部分组成。电站设计水头 101 m，设计流量 11. 34 m³/s，设计总装机容量 3×3 200 kW，设计多年平均发电量 4 680 万 kW · h，设计年利用小时数 4 875 h。电站于 1992 年 5 月动工兴建，1994 年 7 月竣工，同年 9 月并网运行，总投资 2 200 万元。

电站分水节制进水闸设在引沁灌区总干渠（桩号 9+765）处，设计过水深度 2. 5 m，设计过水流量 23 m³/s。节制进水闸后紧接电站引水渠道。

引水渠总长约 300 m，设计水深 2. 15 m，设计过水流量 18 m³/s，其间经过两座隧洞长度分别为 120 m、92 m。为控制电站引水流量，在总干渠与电站引水渠各设一座节制闸。

厂区枢纽由前池、压力隧洞、厂房、升压站、尾水渠及进场道路、办公生活区等部分组成。前池长 47 m（含 10 m 长渐变段），底宽 12. 5 m，总容积 3 138 m³；压力隧洞由竖井、转弯段和平洞组成，总长 194. 37 m，直径 2. 5 m，其中竖井 75. 16 m，转弯段 22. 81 m 和平洞 96. 40 m，采用现浇钢筋混凝土衬砌。平洞末端与钢岔管相连，分岔渐变后进入各机组；主厂房长 47. 1 m、宽 12. 6 m，地面以上高 9. 7 m，副厂房长 36. 4 m，宽 8. 5 m，总高 11. 01 m；3 台水轮发电机组型号为 HL160-WJ-84 水轮机配套 SF3200-8/1730 发电机，升压站为一台 SF7-8000/38. 5 和一台 S7-4000/38. 5 的主变压器，升压至 35 kV 后并入电网；电站尾水由尾水渠泄入河道，全长约 83 m，采用浆砌石衬砌。

2012~2016 年在国家“十二五”新农村电气化县项目支持下，引沁河口水电站实施了技术改造，主要建设内容包括：更新改造了三台水轮发电机组、三台主阀和调速器、四台微机励磁和电力电缆及控制电缆，安装计算机监控系统及视频监控系统，新增一台小容量机组，总投资 2 580. 18 万元。改造后原三台水轮发电机组型号为 HL160-WJ-84，水轮机配套 SF3200-8/1730 发电机，新增一台水轮发电机组型号为 HLA253-WJ-60，水轮机配套 SFW1600-6/1430 发电机，设计水头为 97. 28 m。

改造后，电站总装机容量 3×3 600 kW+1×1 600 kW，设计多年平均发电量 5 020 万 kW · h，设计年利用小时数 4 875 h。

5.2　工程布置及主要建筑物

引沁河口水电站主要由节制进水闸、引水渠、厂房枢纽组成。

5.2.1　节制进水闸

电站分水节制进水闸设在引沁灌区总干渠（桩号9+765）处，该处总干渠断面为梯形，底宽6.6 m，顶宽7.2 m，渠深3 m，设计过水深度2.5 m，设计过水流量23 m^3/s。为控制电站引水流量，在总干渠与电站引水渠各设一座节制闸，由10 t启闭机操作。

5.2.2　引水渠

引水渠总长约300 m，其间有两座隧洞分别长120 m、92 m，设计水深2.15 m，设计过水流量18 m^3/s。为保证发电用水清洁，闸前安装一台自动捞草机，同时减轻了水工值班人员的劳动强度。

5.2.3　厂房枢纽

前池为正向进水，左侧向溢流。新建单孔进水闸长8.0 m、宽8.3 m，闸孔尺寸为2.5 m×2.5 m，闸门采用3.0 m×3.0 m平面钢板闸门，由10 t电动葫芦操作。闸后设3 m长渐变段经弯管进入竖井。前池长47 m，宽12.5 m，容积3 138 m^3。前池底部高程271.82 m，进水闸底板高程272.92 m，前池最高水位279.11 m，最低水位276.96 m，正常水位278.51 m。冲沙闸采用进水闸底廊道冲沙，闸孔尺寸1.0 m×0.8 m，闸门为1.2 m×0.8 m平面钢闸门，溢流堰依地形布置成曲线形，堰长15 m，最大溢流水深0.6 m，最大溢流量为15.47 m^3/s，堰后设槽汇入泄水道入沁河。由于总干渠首系接栓驴泉电站尾水，加上峪铁电站和分水闸拦污，水中污物不多，因此只在前池进口设置一道拦污栅。进水闸采用钢筋混凝土结构，溢流堰为浆砌石外层包以50 cm厚钢筋混凝土，侧槽及泄水道以浆砌石砌筑。

压力隧洞洞径2.5 m，总长194.37 m，由竖井75.16 m、转弯段22.81 m和平洞96.4 m三段组成。采用40 cm钢筋混凝土衬砌，出洞接钢管，分岔渐变后进入各机组。钢管分岔、渐变、转弯处均设置镇墩。

厂房方位基本上沿南北向布置，坐西向东。主厂房外墙长47.1 m、宽12.6 m，其中安装间长7.5 m。厂房机组轴线与管道中心采用垂直的布置方式，机组间距10 m，地面高程173.87 m。安装间段布置在厂房右端（南面）与厂房大门相接，安装间地面高程176.87 m，比机组段地面高3 m，在其靠下游墙处设有1.5 m宽楼梯通向机组段地面，泵室及集水井布置在安装间下部。副厂房布置在主厂房上游侧，外墙长36.4 m、宽8.5 m（其中包括一条1.2 m宽的走廊）。副厂房上层地面与安装间同高程，从右至左依次布置有35 kV配电室、10 kV配电室，中央控制室。副厂房下层布置有励磁变压器及电缆廊道，地面高程与主厂房机组段173.87 m同高程。从安装间上游墙有一通道进入走廊，可进入副厂房上层各室，中控室左端有一副楼梯通向主厂房机组段。

厂房下游外墙布置有尾水闸墩，墩长6.5 m，整个平台长25 m，为混凝土结构。尾水经一薄壁堰涌出，下泄入河道。

受地形限制，主变与开关站分开布置，两台主变压器分别布置在厂房右端即上游侧，与安装间地板同高程，为176.87 m。35 kV开关设备采用室内柜式于副厂房内。两台主变型号分别为S11-6500/38.5、S11-10000/38.5，35 kV输电线路从升压站开始至玉川变电站并网，长约 6. 46 km。

5. 3　工程特点

5. 3. 1　电气主接线

电气主接线方案采用发电机变压器组扩大单元接线方式，运行灵活，节省投资，在一台变压器出现故障情况下不影响其他台机组发电，确保了发电效益的发挥。

5. 3. 2　电站控制保护

电站控制保护采用微机自动化监控系统，实现了少人值守，节省了运行成本，提高了电站运行可靠性。

5. 4　运行管理

5. 4. 1　隶属关系与发电情况

2003 年在引沁局主持下，对引沁河口水电站进行了股份制改革，遂更名为河南引沁水电有限责任公司。总注册资本 2 000 万元，其中焦作市引沁灌区管理局占 58. 12%，河南省水利水电实业有限公司占 20%，济源市水利水电建设管理中心占 10%，自然人股占 11. 88%。现有员工 93 人，其中公司管理层及职能科室人员 42 人，生产系统职工 49 人，兼职安全管理人员 2 人。截至 2016 年底，电站已累计发电 11. 04 亿 kW · h，多年平均发电量达 5 020 万 kW · h。

5. 4. 2　改造情况

引沁河口水电站建于 20 世纪 90 年代初期，经过 20 多年，设备陈旧、老化严重，机械、电气故障频发，厂内主要机电设备型号现多数已被淘汰，运行期间针对出现故障的设备多次进行局部改造，但也不能从根本上解决问题。

2012~2016 年在国家“十二五”新农村电气化县项目支持下，引沁河口水电站实施了技术改造，主要建设内容包括：更新改造了三台水轮发电机组、三台主阀和调速器、四台微机励磁和电力电缆及控制电缆，安装计算机监控系统及视频监控系统，新增一台小容量机组，电站总装机容量为 3×3 600 kW+1×1 600 kW，设计多年平均发电量 5 020 万 kW · h，设计年利用小时数 4 875 h，总投资 2 580. 18 万元。

5. 4. 3　安全生产运行管理

2015 年在济源市水利局的指导下，通过安全现状评价，经过完善各种安全生产规章制度、规程、应急预案及相关安全设施安装配备，顺利完成安全生产标准化达标，2016 年 1 月被评为“农村水电站安全生产标准化三级单位”。

5.5 引沁河口水电站工程特性表

表 5-1 引沁河口水电站工程特性表

序号及名称	单位	数量	备注
一、水文			
1. 流域面积	km^2	9 223	河口村水库坝址以上
2. 多年平均降雨量	mm	600. 3	
3. 多年平均径流量	亿 m^3	10. 52	
4. 设计洪水位	m	180. 6	30 年一遇
5. 校核洪水位	m	182. 2	100 年一遇
二、电站枢纽			
1. 引水闸			
进水闸	孔	1	
宽×高	m×m	3×3	
2. 引水渠			
引水方式			无压
设计引水流量	m^3/s	18	
长度	m	300	
断面形式			长方形
渠宽	m	3	
3. 前池			
长×宽×深	m×m×m	47×12. 5×5. 34	
进水闸			
宽×高	m×m	3×3	
容积	m^3	3 138	
溢流堰泄水能力	m^3/s	15. 47	

续表 5-1

序号及名称	单位	数量	备注
4. 主厂房			
长×宽×高	m×m×m	47.1×12.6×9.7	
5. 压力隧洞			
长度	m	194.37	
洞径	m	2.5	
4 号机组支管长度	m	33.83	
4 号机组支管管径	m	0.71	
6. 水轮机型号		1 号、2 号、3 号 HL160-WJ-84； 4 号 HLA253-WJ-60	
设计水头		1 号、2 号、3 号/4 号	101 m/97.28 m
设计流量		1 号、2 号、 3 号/4 号	4.3 m^3/s/2.0 m^3/s
7. 发电机型号		1 号、2 号、3 号 SFW3600-8/1730； 4 号 SFW1600-6/1430	
8. 主变压器型号		1 号 S11-10000/38.55，10 000 kVA， 38.5±2×2.5%/6.3 kV 2 号 S11-6500/38.55，6 500 kVA， 38.5±2×2.5%/6.3 kV	
变压器台数	台	2	
三、工程效益指标			
装机容量	kW	3×3 600+1×1 600	
多年平均发电量（设计）	万 kW · h	5 020	

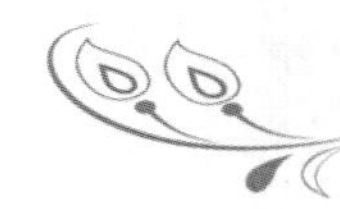

引沁河口水电站图纸

- 引沁河口水电站发电机层平面布置图
- 引沁河口水电站厂房纵剖面图
- 引沁河口水电站厂房横剖面图（1/2）、（2/2）
- 引沁河口水电站油、水系统图
- 引沁河口水电站电气主接线图

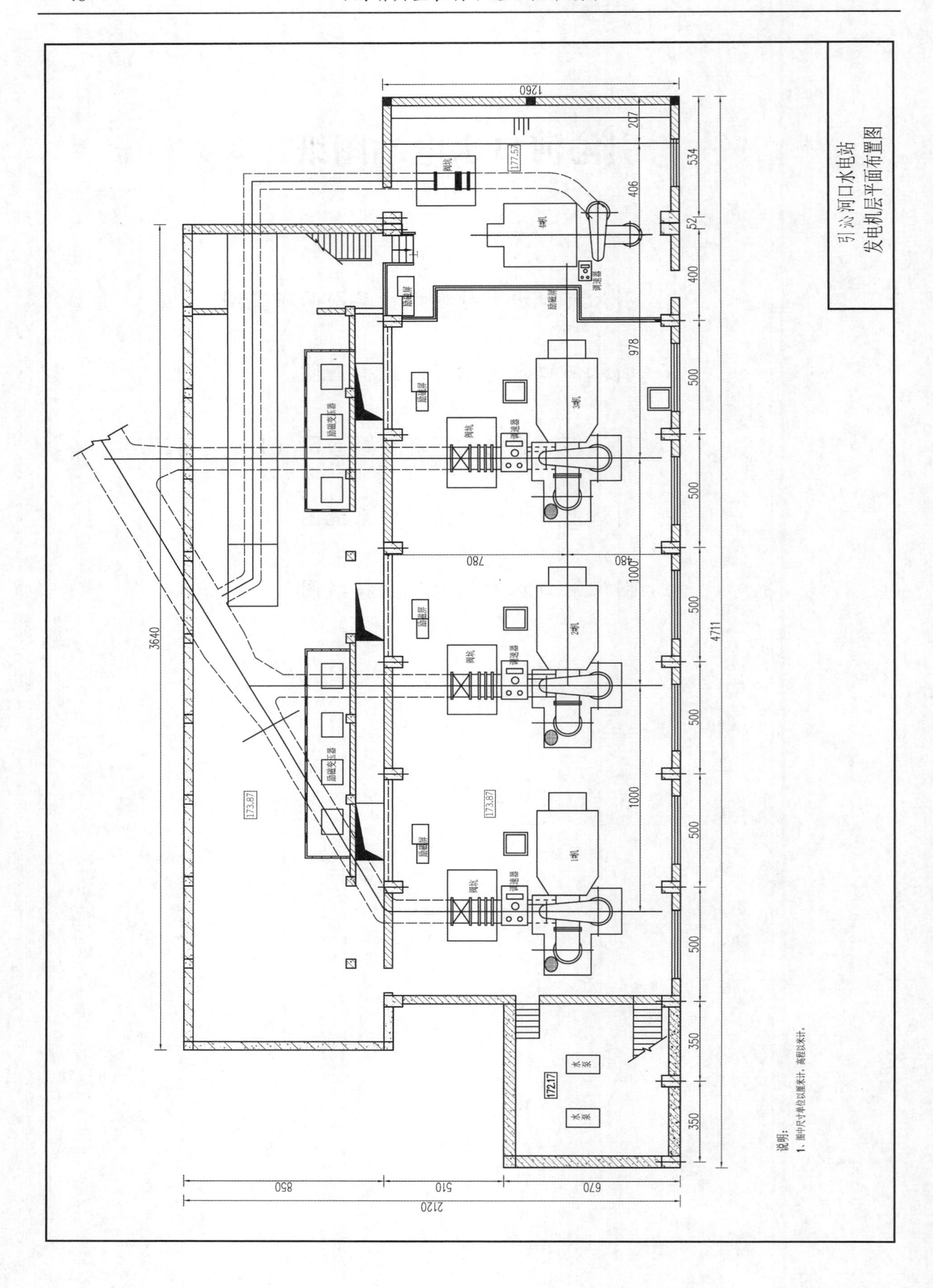
引沁河口水电站
发电机层平面布置图
说明：
1. 图中尺寸单位以厘米计，高程以米计。
阀坑
励磁屏
调速器
励磁变压器
水泵
1#机
2#机
3#机
4#机
173.87
177.57
172.17
1260
207
534
406
52
400
978
500
780
480
1000
4711
3640
350
850
510
670
2120

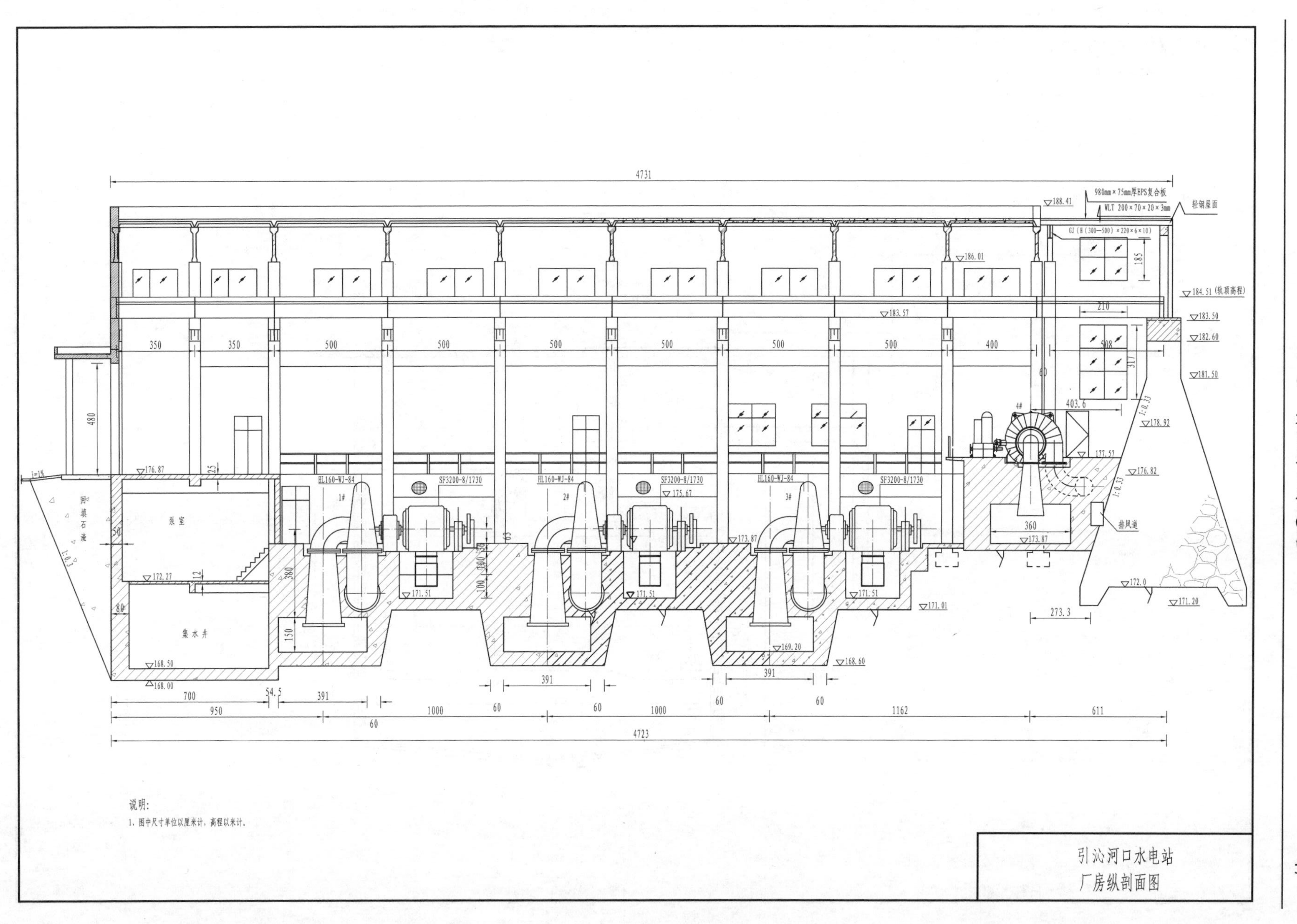
980mm×75mm厚EPS复合板
WLT 200×70×20×3mm
轻钢屋面
GJ（H（300—500）×220×6×10）
184.51（轨顶高程）
HL160-WJ-84
SF3200-8/1730
泵室
集水井
排风道
回填石渣
说明：
1. 图中尺寸单位以厘米计，高程以米计。
引沁河口水电站
厂房纵剖面图

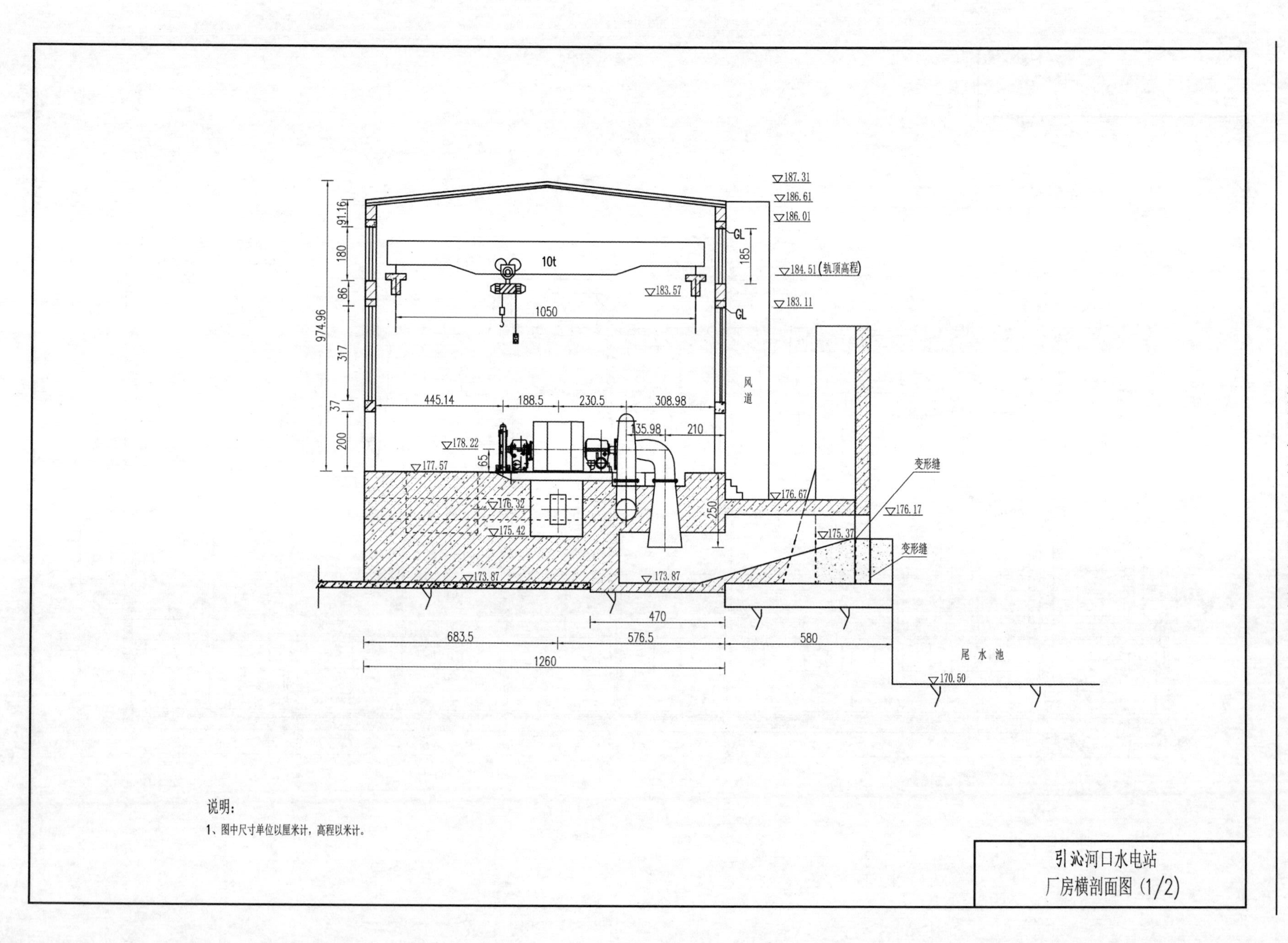
▽187.31
▽186.61
▽186.01
▽184.51(轨顶高程)
▽183.11
▽183.57
GL
GL
10t
185
1050
91.16
180
86
317
37
200
974.96
风道
445.14
188.5
230.5
308.98
135.98
210
▽178.22
65
▽177.57
▽176.32
▽175.42
▽173.87
▽173.87
250
▽176.67
变形缝
▽176.17
▽175.37
变形缝
470
683.5
576.5
580
1260
尾水池
▽170.50
说明：
1、图中尺寸单位以厘米计，高程以米计。
引沁河口水电站
厂房横剖面图(1/2)

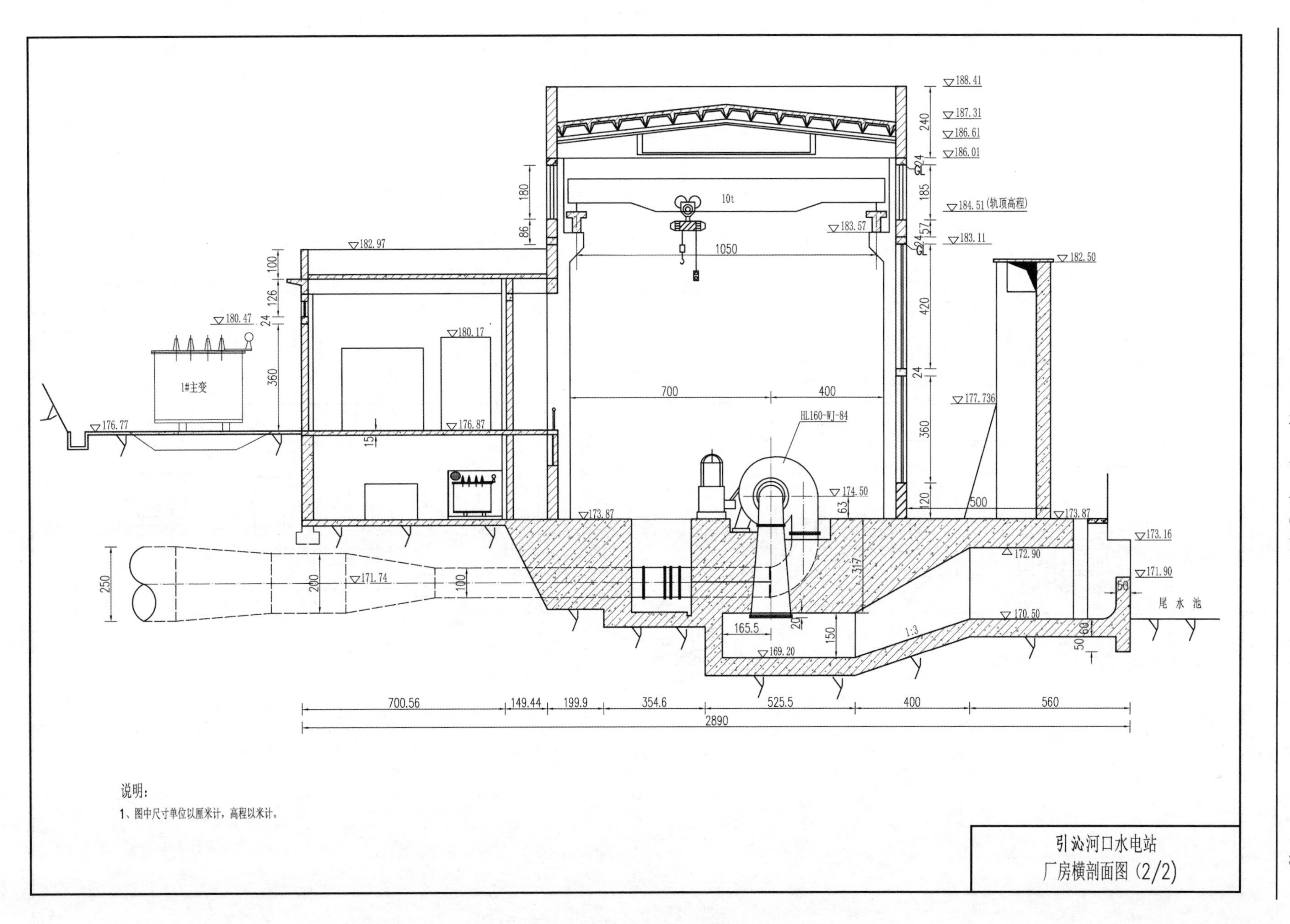
188.41
187.31
186.61
186.01
184.51(轨顶高程)
183.57
183.11
182.97
182.50
180.47
180.17
177.736
176.87
176.77
174.50
173.87
173.16
172.90
171.90
171.74
170.50
169.20
10t
1#主变
HL160-WJ-84
尾水池
1:3
700.56
149.44
199.9
354.6
525.5
400
560
2890
说明：
1、图中尺寸单位以厘米计，高程以米计。
引沁河口水电站
厂房横剖面图（2/2）

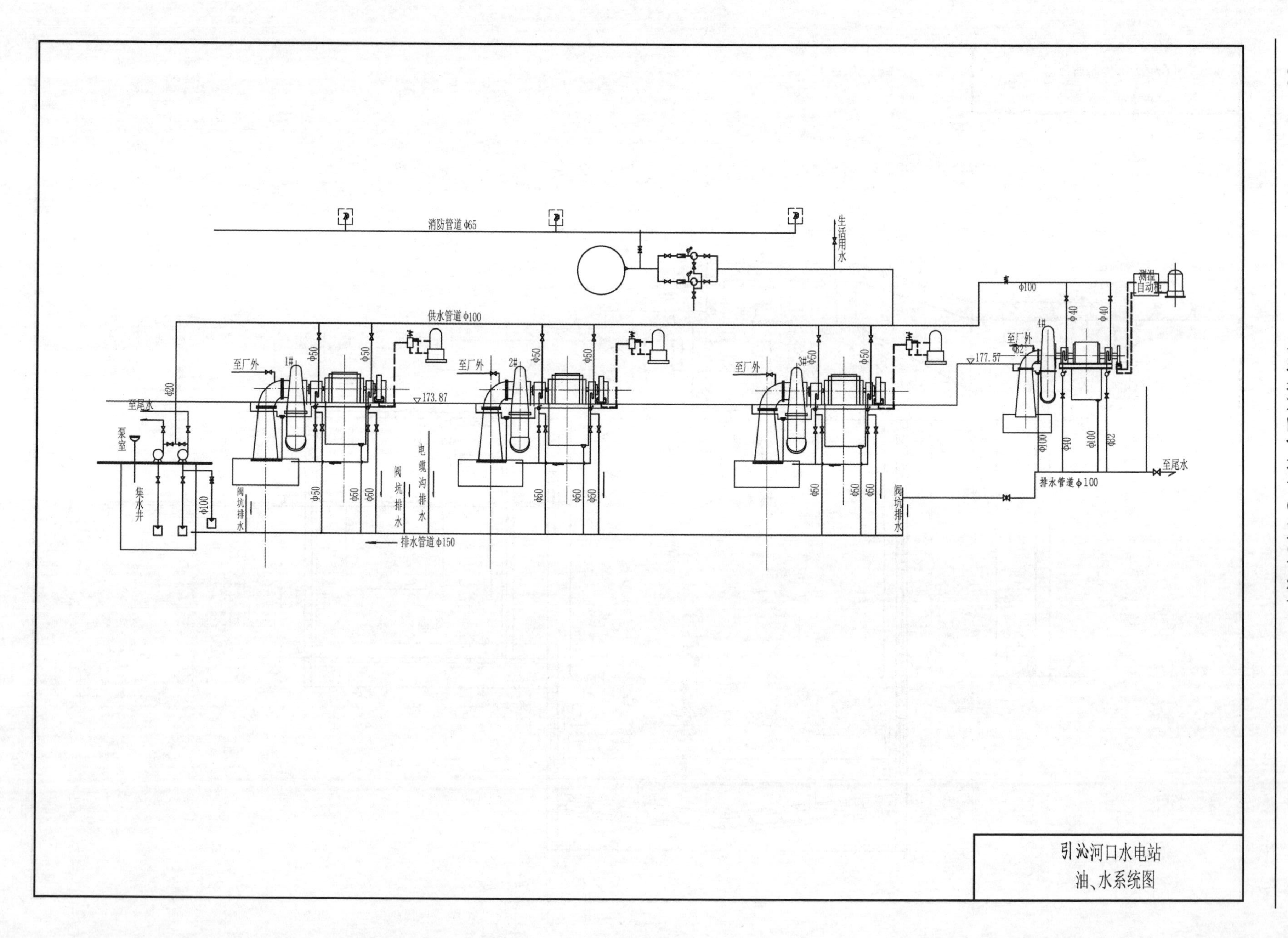
消防管道φ65
生活用水
供水管道φ100
φ100
φ40
测温自动化
至厂外
1#
2#
3#
4#
φ50
φ60
φ62
φ20
至尾水
泵室
集水井
▽173.87
▽177.57
阀坑排水
电缆沟排水
排水管道φ150
排水管道φ100
引沁河口水电站
油、水系统图

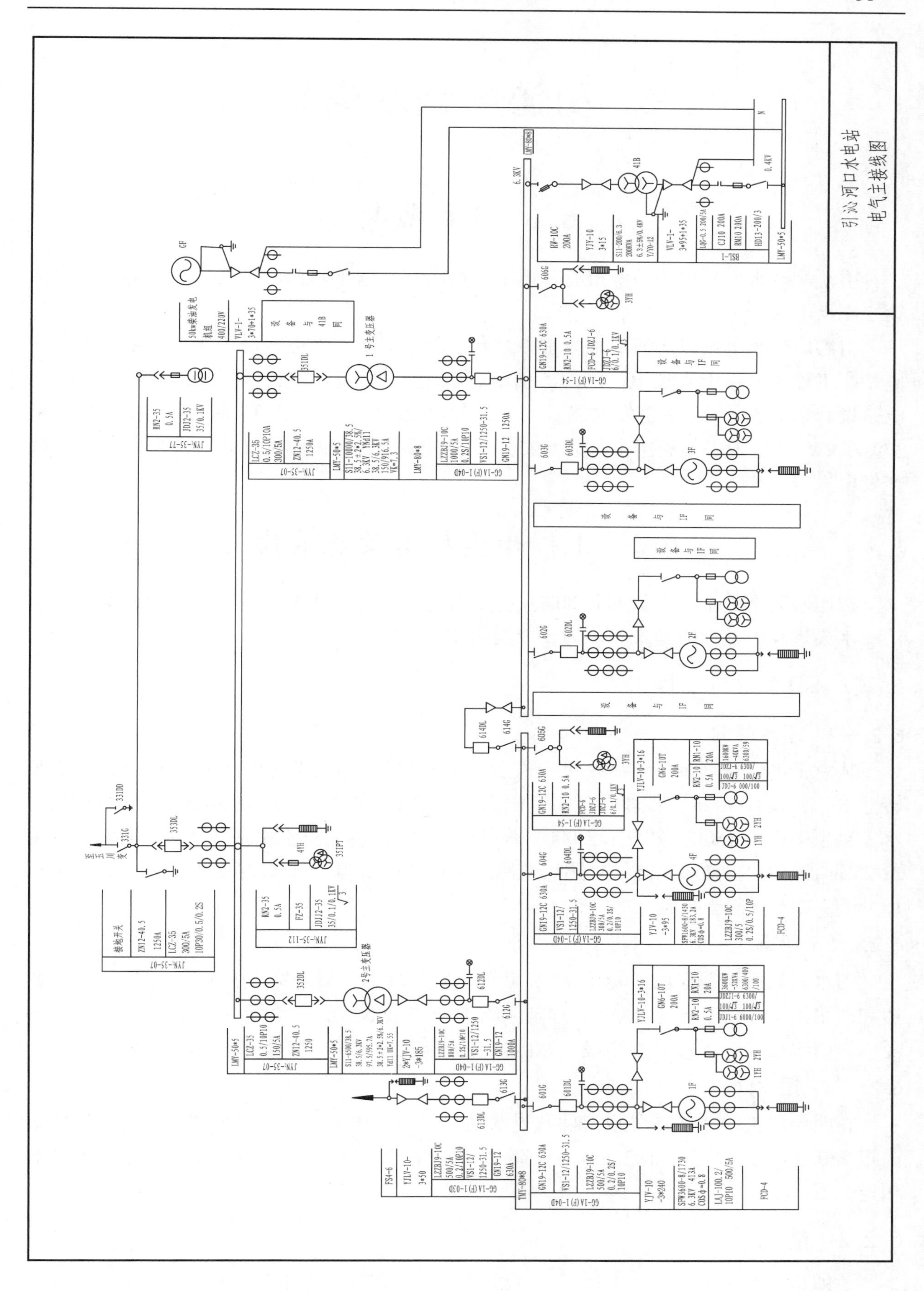
引沁河口水电站
电气主接线图

6　引沁峪铁水电站

6.1　工程概况

引沁峪铁水电站位于济源市克井镇沁西村南峪铁洼千米洞出口处，为引沁总干渠上第二座水电站。

引沁峪铁水电站以沁河引水为水源，利用总干渠落差发电，是一座建在渠道上的水电站。工程主要由引水渠道、闸房、前池、主副厂房、升压站、办公区等建筑物组成。电站设计水头 3.4 m，单机发电流量 11.5 m^3/s，装机容量 2×300 kW，多年平均发电量 379 万 kW · h，设备年利用小时数 6 236 h。水电站于 1999 年 4 月开工，2000 年 6 月投产发电。

6.2　工程布置及主要建筑物

按照水利水电工程等级划分和防洪标准规定，引沁峪铁水电站工程等别为 V 等，引沁引水渠道及电站枢纽建筑物均为 5 级建筑物。

6.2.1　引水渠道工程

6.2.1.1　引水隧洞

从总干渠峪铁洞桩号 8+382 处沿左边打引水隧洞，与峪铁洞成 60°交角，经 23 m 长转弯段，后接长 90 m 直线段。隧洞断面为城门洞形，净尺寸为 4.5 m×5.2 m，直墙段过水，拱顶中心角 150°，纵坡 1/2 000。设计流量 23 m^3/s，正常水深 3.2 m，加大设计流量 25 m^3/s，相应水深 3.35 m。隧洞两侧墙采用 25 cm 厚 C15 素混凝土衬砌，洞底采用 15 cm 厚 C15 混凝土衬砌。

6.2.1.2　明渠

引水隧洞后接明渠段，转角 33°，断面形式为梯形，渠底宽 4.5 m，边坡 1∶0.3，侧边和底采用 15 cm C15 素混凝土衬砌，纵坡 1∶3 000，正常水深 3.2 m，设计流量 23 m^3/s。引水渠末有 4 m 长渐变段，宽由 4.5 m 渐变至 6 m、与前池进水闸相连。

6.2.1.3　退水闸

在明渠段桩号 8+503 处设有两孔退水闸，位于峪铁洞出口上游与明渠垂直，闸底板高程 280.50 m，净宽 2 m×2.5 m，闸高 3.6 m、后接宽 6 m、长 10 m 的泄水洞与峪铁洞相连。

6.2.2　前池

前池位于总干渠左侧的山坡上，紧接明渠段，采用侧向进水、侧向溢流方式，前池为混凝土及砌石混合结构。前池长 32.5 m（含 20 m 长渐变段）、宽 13 m，池底高程 277.855 m，池顶边墙顶高程为 284.70 m，正常水位 283.70 m，最高水位 284.30 m，最大溢流水深 0.6 m，总容积 2 100 m^3；右侧依次布置有迷宫式溢流堰、冲沙闸和取水口，溢流堰长 15.45 m、宽 5.8 m，堰顶高程 283.75 m，泄水沿山坡泄水槽送到总干渠；冲沙闸闸孔尺寸 1 m×1.8 m，闸底板面层和前池底板高程同为 277.855 m，钢闸门采用 5 t 螺杆式启闭机控制；取水口与冲沙闸成 12°夹角布置，取水方向与前池中心线垂直，闸长 8.0 m、宽 14.00 m，两孔取水，进水室底板面层高程为 278.455 m，比前池底板高 0.6 m，闸孔尺寸 2.49 m×2.49 m，经过 4 m 长渐变段由方形变成圆形，闸孔前设有拦污栅一道。

6.2.3 主副厂房及尾水渠

主副厂房与前池取水口紧连，采取“L”形布置形式。安装间位于主厂房的右侧，长 6.95 m，宽 13.20 m，地板高程 281.72 m。主厂房长 21.40 m，与安装间同宽，厂房内布置有两台 GT-008-WZ-160 水轮发电机组，机组间距 5.5 m。水轮机安装高程 279.70 m，吊车跨度 11.8 m，厂房总高 16.2 m，其中安装间地面以上高 10.0 m，发电机层以下为钢筋混凝土结构，上部及副厂房为砖混结构。副厂房位于安装间上游侧，与安装间同高，长 6.80 m、宽 5.00 m。厂房端部布置有升压站和开关站。

由于本电站是利用引沁灌渠跌水发电，站址远离河床，所以没有防洪要求。尾水平台长 10.5 m、宽 2 m，高程 280.6 m，为浆砌石和混凝土混合结构。尾水池宽 3 m，后接 1∶2坡度与尾水渠相连。池底板高程 276.10 m，尾水渠采用矩形断面，底宽 8 m，纵坡 1∶1 000，设计水深 1.4 m，渠墙为浆砌石体。电站正常尾水位 280.10 m，尾水渠长约 15 m，依地形泄入引沁总干渠。

6.2.4 升压站

升压站位于副厂房左侧，长 8 m，宽 5 m，与安装间层同高，安装一台主变压器 S9-800/38.5，电压为 6.3 kV/0.4 kV。

6.2.5 办公生活和对外交通

峪铁电站厂区及办公室生活区位于主厂房的左侧，长 40.00 m，宽 30.0 m，地面高程 281.72 m，采用 10 cm 素混凝土铺面，其中内建有 200 m^2 的办公室生活房。本电站距河口电站 1.5 km，依地形把原小路整修加宽铺成混凝土碎石路面，作为电站施工及对外永久交通道路。

6.3 工程特点

6.3.1 引水渠道

根据地形地貌与地质条件，引水渠道采用引水隧洞和明渠相互结合方式，在保障水头的前提下，缩短了引水渠道的长度，减少了占地和土石方开挖量，节省了工程投资，同时利于运行期渠道维护。

6.3.2　压力前池

电站前池采用混凝土砌石混合结构，采取侧向进水，侧向溢流布置形式，由于电站是低水头、大流量发电，在前池溢流方式上采取迷宫堰泄流形式，在满足泄流量的基础上缩短了溢流堰长度，减少了石方开挖量，节省了工程投资，运行效果显著。

6.3.3　电气主接线

电站装机两台，容量为 2×300 kW，由于主变故障概率较小，检修周期长，因此电气主接线方案采用两机一台主变压器组接线方式，运行灵活，节省投资，其特点是，电源的进出线都在同一条母线上，每条进出线上均设有空气开关和负荷开关，母线起着汇集和分配电能的作用，接线简单清晰，操作维护方便。

6.3.4　电站控制保护

电站控制保护采用微机自动化监控智能系统，在市调度中心远程控制，实现了无人值班、少人值守，节省了运行成本，提高了水电站运行可靠性。

6.4　运行管理

6.4.1　隶属关系和发电量

引沁峪铁水电站隶属于济源峪铁水电有限公司，属股份制企业，现有员工 12 人，设正副站长各 1 名、财务人员 2 名、值班长 3 名、值班员 5 名。多年平均发电量 200 万 kW · h，截至目前已累计完成发电量 2 866 万 kW · h。

6.4.2　技术改造情况

2010 年济源市被列入国家新农村电气化县，为进一步提高水能利用率，确保电站安全运行，在济源市水利局的大力支持下，峪铁水电站技改项目被列入国家计划，根据水电站实际情况，技改项目先后完成了可研和初设。2013 年 9 月经济源市发展和改革委员会批准进行技术改造。工程批准建设投资 684. 22 万元，其中中央预算内投资 155 万元，企业自筹资金 529. 22 万元，初步设计批复的改造项目全部完成。投资情况为：建筑工程投资 100. 7 万元，机电设备改造投资 424. 5 万元，金属结构投资 59. 8 万元，临建工程 8. 72 万元，独立费用 51. 77 万元，其他项目投资 38. 73 万元。

6.4.3　安全生产运行管理

引沁峪铁水电站于 2015 年年初启动了安全生产标准化创建工作。峪铁水电站能够按照《农村水电站技术管理规程》（SL 529—2011）相关要求进行管理，制度健全，设备、设施能够定期检测和维护，设备运行按照国家有关规程来操作实施，安全管理规范，能定期组织职工进行岗位培训，管理较好。2015 年 10 月按照河南省水利厅《关于开展农村水电站管理标准化工作的通知》文件要求，完成了安全生产标准化创建工作，被评定为农村水电安全生产标准化三级达标单位。

6.5　引沁峪铁水电站工程特性表

表 6-1　引沁峪铁水电站工程特性表

序号	名称	单位	数量	备注
一	水文			
1	全流域面积	km^2	13 532	
2	渠首以上	km^2	8 750	
3	多年平均流量	亿 m^3/s	11. 72	
二	工程规模			
1	装机容量	kW	600	
2	多年平均发电量	万 kW · h	352	
3	设计引水流量	m^3/s	11. 5	
4	设计水头	m	3. 4	
三	主要建筑物及设备			
1	引水隧洞			
(1)	洞长	m	113	
(2)	断面	m×m	4. 5×4. 5	
(3)	比降	m	1/2 000	
2	明渠长	m	26	
3	节制退水闸			
(1)	节制闸		2 孔	开敞式
(2)	闸底板高程	m	280. 5	
(3)	闸孔尺寸	m×m	2. 5×3. 6	
4	压力前池			
(1)	长×宽×高	m×m×m	32×13×8	
(2)	溢流堰长	m	15. 12	

续表 6-1

序号	名称	单位	数量	备注
(3)	冲沙闸	m	1×1. 8	
(4)	前池底板高程	m	277. 65	
(5)	前池正常水位	m	284. 2	
(6)	容积	m^3	2 100	
(7)	进水闸底板高程	m	278. 455	
(8)	进水闸闸孔尺寸	m×m	2. 49×2. 49	
(9)	前池边墙顶高程	m	284. 7	
5	厂房			
(1)	主厂房（长×宽×高）	m×m×m	21. 4×13. 2×16. 2	
(2)	副厂房（长×宽×高）	m×m×m	6. 8×5. 0×5. 0	
(3)	机组安装高程	m	279. 70	
(4)	正常尾水位	m	280. 56	
6	主要机电设备			
(1)	水轮机			
	型号 GD006-WZ-160	台	2	
	出力	kW	350	
	设计引水流量	m^3/s	11. 5	
	设计水头	m	3. 4	
	额定转速	r/min	214. 3	
(2)	发电机			
	型号 SF320-28/1730	台	2	
	容量	kW	300	
	额定电压	kV	0. 4	
(3)	调速器			
	型号 YWST-1800	台	2	
(4)	变压器			
	主变 S9-800/35 kW	台	1	

引沁峪铁水电站图纸

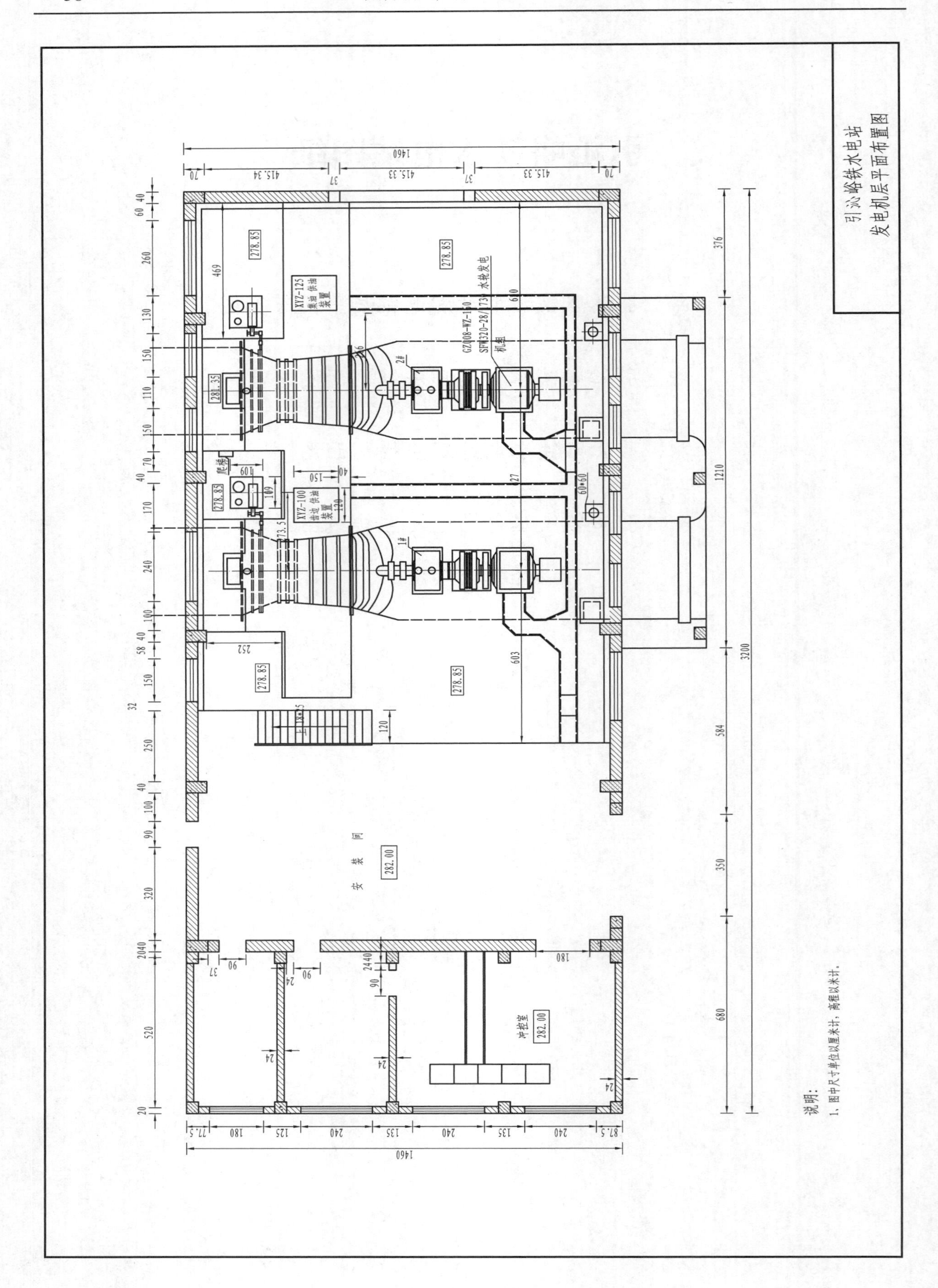
引沁峪铁水电站
发电机层平面布置图
说明：
1. 图中尺寸单位以厘米计，高程以米计。
XYZ-125
XYZ-100
GZ008-WZ-160
SFW320-28/1730
安　装　间
282.00
278.85
281.35
中控室
1460
3200

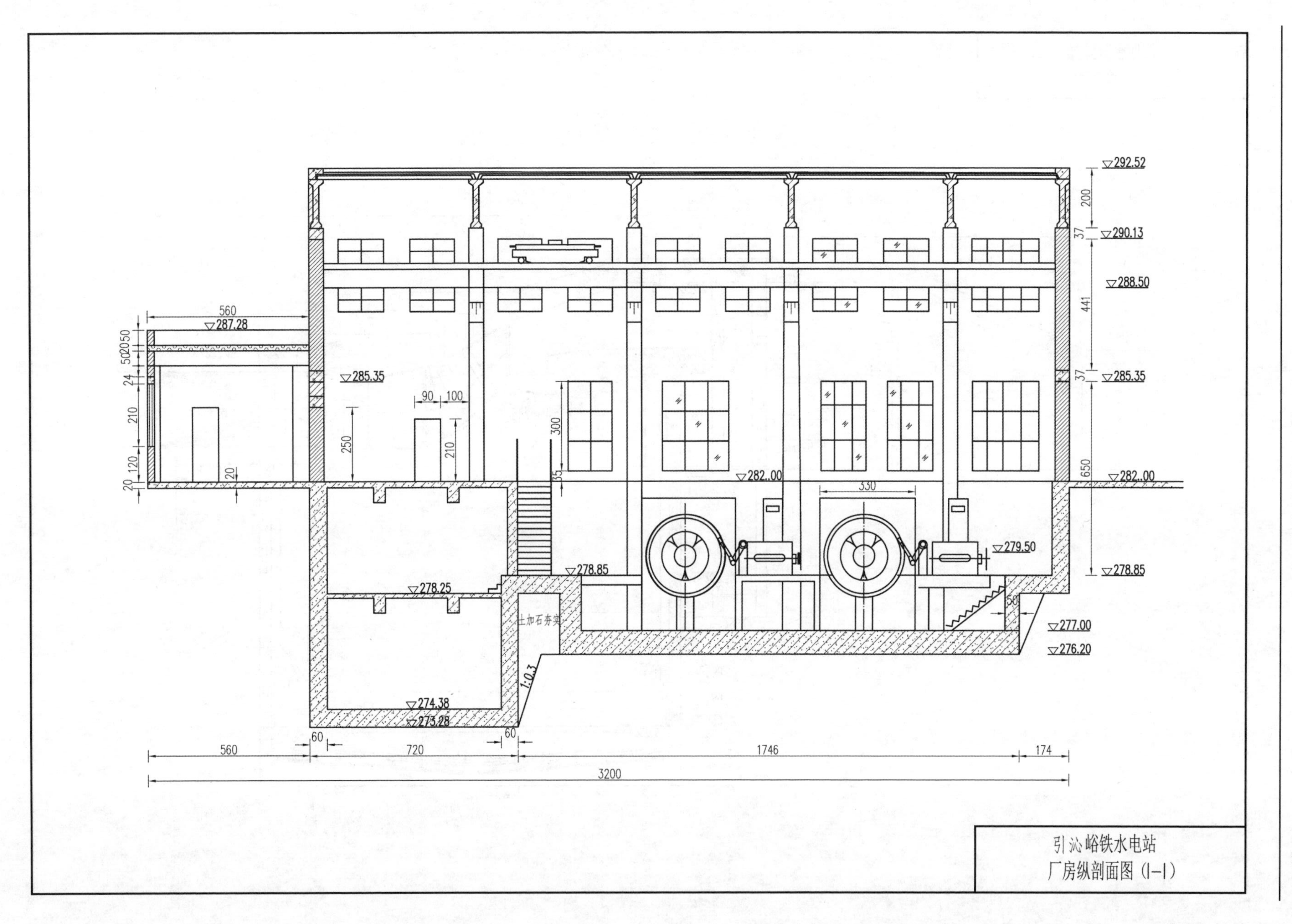
▽292.52
200
37
▽290.13
▽288.50
441
37
▽285.35
650
▽282.00
▽278.85
▽279.50
330
▽277.00
▽276.20
50
560
▽287.28
▽285.35
90
100
250
210
300
35
20
120
210
24
50
20
50
▽278.25
▽274.38
▽273.28
1:0.3
土加石夯实
60
60
560
720
1746
174
3200
引沁峪铁水电站
厂房纵剖面图（I—I）

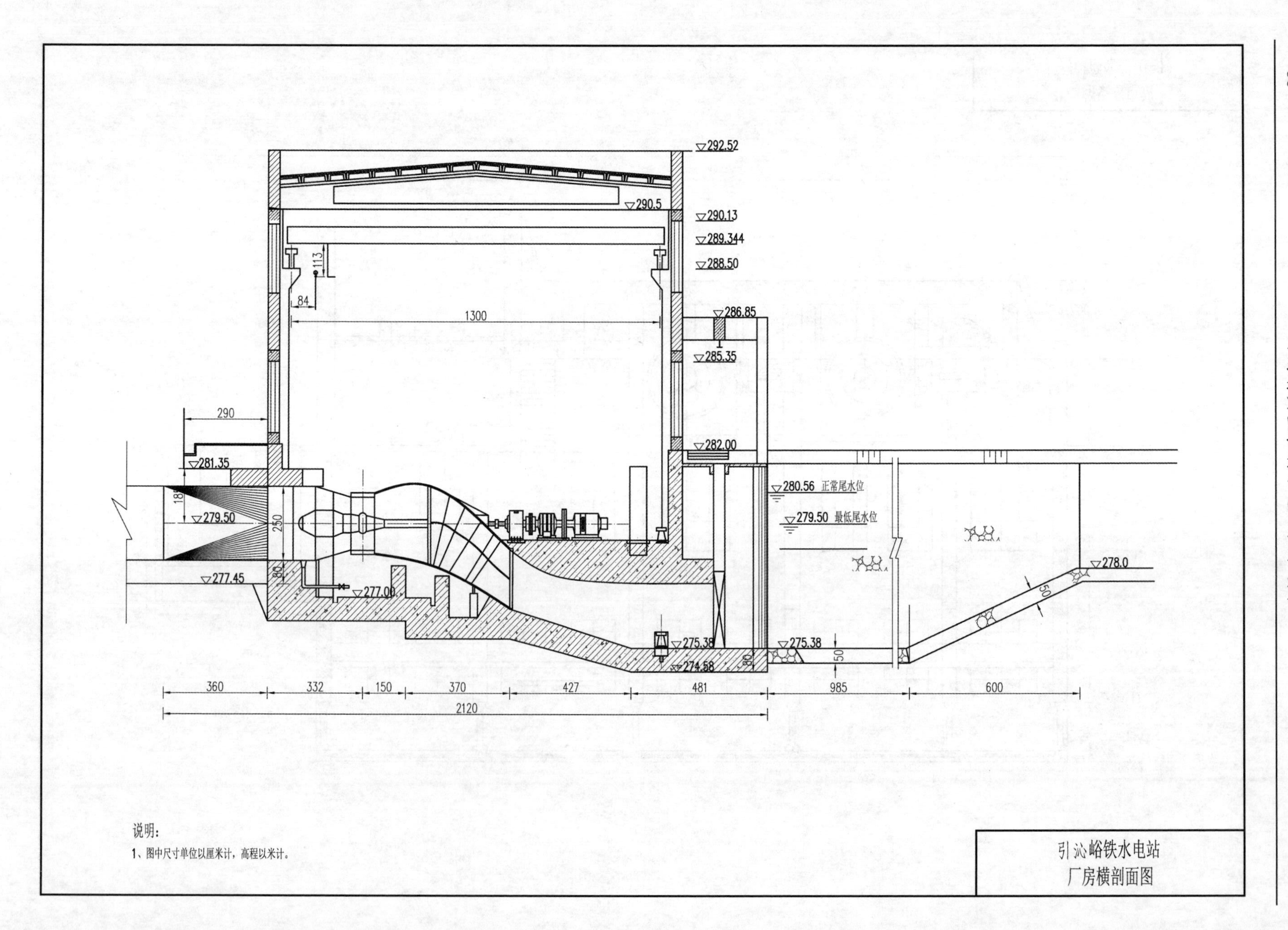

▽292.52
▽290.5
▽290.13
▽289.344
▽288.50
113
84
1300
▽286.85
▽285.35
290
▽282.00
▽281.35
▽280.56 正常尾水位
▽279.50 最低尾水位
▽279.50
250
▽277.45
80
▽277.00
▽278.0
50
▽275.38
▽275.38
▽274.58
80
50
360
332
150
370
427
481
985
600
2120
说明：
1、图中尺寸单位以厘米计，高程以米计。
引沁峪铁水电站
厂房横剖面图

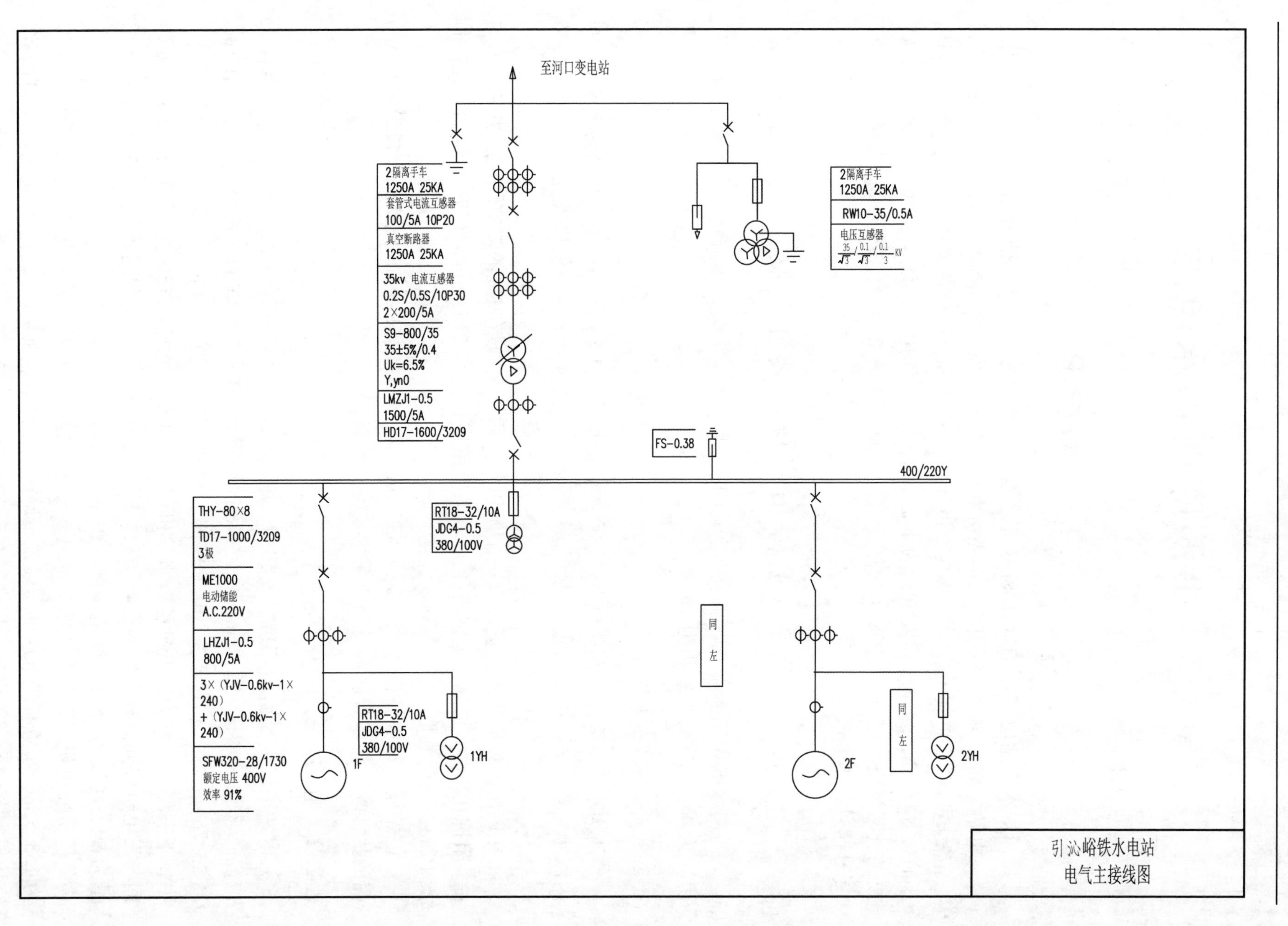

至河口变电站
2隔离手车
1250A 25KA
套管式电流互感器
100/5A 10P20
真空断路器
1250A 25KA
35kv 电流互感器
0.2S/0.5S/10P30
2×200/5A
S9-800/35
35±5%/0.4
Uk=6.5%
Y,yn0
LMZJ1-0.5
1500/5A
HD17-1600/3209
2隔离手车
1250A 25KA
RW10-35/0.5A
电压互感器
FS-0.38
400/220Y
RT18-32/10A
JDG4-0.5
380/100V
THY-80×8
TD17-1000/3209
3极
ME1000
电动储能
A.C.220V
LHZJ1-0.5
800/5A
3×(YJV-0.6kv-1×240)
+(YJV-0.6kv-1×240)
SFW320-28/1730
额定电压 400V
效率 91%
1F
RT18-32/10A
JDG4-0.5
380/100V
1YH
同 左
2F
同 左
2YH
引沁峪铁水电站
电气主接线图

7 小浪底西沟水电站

7.1 工程概况

西沟水电站位于小浪底水利枢纽北侧，以发电为主，是小浪底水利枢纽的备用电源。电站主要建筑物包括引水发电系统和电站厂房，安装2台单机容量10 MW的混流式水轮发电机组，总装机容量20 MW，设计水头84.5 m，设计流量27 m^3/s，设备年利用小时数5 000 h，多年平均发电量为1亿kW·h。西沟电站出线由35 kV升压至110 kV接入电网线路。工程于2008年3月开工，2009年1月2台机组分别投产发电，2009年12月通过竣工验收。

7.2 工程布置及主要建筑物

西沟水电站工程等别属Ⅳ等、小（1）型，永久性水工建筑物（如引水流道、厂房）为4级，次要建筑物为5级。

7.2.1 引水发电系统

西沟水电站采用一洞两机形式，引水管道总长为1 881.7 m；主洞直径为2.8 m，洞内流速为4.4 m/s；支洞直径为2 m，洞内流速为4.3 m/s；单机额定引水流量13.5 m^3/s。

在厂房内设调压阀，场外设一个调压井。调压室为带阻抗的双室结构，井筒内径3 m，阻抗孔口内径2 m，上室内径10 m。上室底板高程274.0 m。下室底部高程225 m，长15 m，城门洞形。

电站尾水渠底高程为153.24~153.1 m，宽20 m、长175 m。尾水渠出口设置0.5 m高的拦沙坎，尾水渠底板及侧墙采用浆砌石护面。

7.2.2 电站厂房

电站厂房主要由主厂房、安装间、副厂房、尾水平台等组成。主厂房房顶高程为171 m，长23.94 m、宽17 m、高23.76 m；安装间在主厂房右侧，长15.24 m、宽15 m、高23.76 m；副厂房位于主厂房上游侧，长39.18 m、宽8.24 m、高14 m。主厂房分上、中、下三层，分别为发电机层、水轮机层、蜗壳层，水轮机安装高程为151.5 m，安装间与发电机层同高程。厂内设电动双梁桥式起重机一台，主钩起重量为32 t、副钩起重量为5 t，跨度为15 m，轨道顶部高程为165.6 m。

厂房发电机层高程为158.2 m，布置有发电机、机旁盘等机电设备；水轮机层高程为153.5 m，布置有进水阀油压装置、调速器、机墩、机坑进人门、发电机转子检修墩、空压机室及油泵室等设备；蜗壳层高程为148.7 m，布置有尾水管进人孔、集水井排水泵、进水阀等设备。

副厂房分为上、中、下三层，上层底板高程为 158.2 m，布置有配电装置室、继保室、通讯室、值班室；二层高程为 153.5 m，布置有励磁变压器、PT 柜、电缆夹层、蓄电池室等设备；底层高程为 149.9 m，主要布置有两台滤水器。

尾水平台长 15.3 m、宽 3 m，为检修及交通方便，平台高程与发电机层同高。尾水平台上设悬挑梁、横向轨道及电动葫芦。尾水管为弯肘式，出口尺寸为高 1.57 m、宽 3.29 m。尾水底板高程为 148.24 m。

7.2.3　水轮发电机组及电气设备

电站安装两台混流立式水轮机，额定出力 10.36 MW，额定水头 84.5 m，最大水头 113.5 m，最小水头 65.5 m，额定转速 500 r/min，额定流量 13.456 m^3/s 。

电站采用两台立式发电机组，额定容量为 11 764 kVA，额定定子电压 10.5 kV，额定定子电流 647 A，额定转速 500 r/min，额定功率因数 0.85 ，出力 10 000 kW，冷却方式为全密闭循环空冷。额定励磁电压 94 V，额定励磁电流 679 A，励磁方式为静止晶闸管励磁。

电站 35 kV 主变压器为 SZ10-31500 kVA/35 kV 型有载调压变压器，额定容量 31 500 kVA。

7.3　工程特点

西沟水电站的开发任务主要是作为小浪底水利枢纽的备用电源，保证枢纽和电网的安全运行，目前是河南省装机容量最大的小水电站。

7.4　运行管理

河南西沟电力有限责任公司是西沟水电站的运行管理单位，下设综合部、财务资产部和生产技术部 3 个部门，负责西沟电站的各项工作管理。

西沟水电站于 2013 年年初开展电力系统安全生产标准化创建工作，2013 年 12 月被评定为电力企业安全生产标准化二级达标单位；2015 年初启动水利系统安全生产标准化创建工作，2015 年 12 月被评定为水利企业安全生产标准化一级达标单位。

7.5　小浪底西沟水电站工程特性表

表 7-1　小浪底西沟水电站工程特性表

序号及名称	单位	数量	备注
一、水文			
1. 西沟坝址以上流域面积	km^2	0.532	
2. 多年平均年径流量	万 m^3	5.85	

续表 7-1

<table>
<tr><th colspan="3">序号及名称</th><th>单位</th><th>数量</th><th>备注</th></tr>
<tr><td colspan="3">3. 代表性流量</td><td></td><td></td><td></td></tr>
<tr><td colspan="3">100 年一遇流量</td><td>m³/s</td><td>28</td><td></td></tr>
<tr><td colspan="3">2 000 年一遇流量</td><td>m³/s</td><td>47.2</td><td></td></tr>
<tr><td colspan="6">二、电站尾水位</td></tr>
<tr><td colspan="3">1. 最高尾水位（P=1%）</td><td>m</td><td>155.64</td><td></td></tr>
<tr><td colspan="3">2. 正常尾水位（两台机运行）</td><td>m</td><td>154.64</td><td></td></tr>
<tr><td colspan="3">3. 最低尾水位（两台机运行）</td><td>m</td><td>154.42</td><td></td></tr>
<tr><td colspan="3">4. 发电引用流量</td><td>m³/s</td><td>27.0</td><td></td></tr>
<tr><td colspan="6">三、工程效益指标</td></tr>
<tr><td colspan="3">1. 装机容量</td><td>MW</td><td>20.0</td><td></td></tr>
<tr><td colspan="3">2. 保证出力（P=80%）</td><td>MW</td><td>19</td><td></td></tr>
<tr><td colspan="3">3. 多年平均发电量</td><td>亿 kW·h</td><td>1.0</td><td></td></tr>
<tr><td colspan="3">4. 年利用小时数</td><td>h</td><td>5 000</td><td></td></tr>
<tr><td colspan="6">四、主要建筑物及设备</td></tr>
<tr><td rowspan="7">1. 引水发电洞</td><td colspan="2">断面形式</td><td></td><td></td><td>圆形断面</td></tr>
<tr><td colspan="2">断面尺寸</td><td>m</td><td>φ2.8/φ2.0</td><td></td></tr>
<tr><td rowspan="3">电站尾水闸门</td><td>形式</td><td></td><td></td><td>平面滑动闸门</td></tr>
<tr><td>尺寸</td><td>m×m</td><td>3.3×(1.6~6.67)</td><td>1 扇</td></tr>
<tr><td>门重</td><td>t</td><td>12</td><td>包括埋件</td></tr>
<tr><td rowspan="2">电站尾水启闭机</td><td>形式</td><td></td><td></td><td>单轨移动式启闭机</td></tr>
<tr><td>容量</td><td>kN</td><td>2×50</td><td></td></tr>
<tr><td rowspan="3">2. 厂房</td><td colspan="2">形式</td><td></td><td></td><td>地面厂房</td></tr>
<tr><td colspan="2">厂房尺寸（长×宽×高）</td><td>m×m×m</td><td>39×14.5×21.2</td><td></td></tr>
<tr><td colspan="2">机组安装高程</td><td>m</td><td>151.50</td><td></td></tr>
</table>

续表 7-1

序号及名称			单位	数量	备注
3. 主要机电设备	水轮机	台数	台	2	
		型号			HL239-LJ-122
		额定出力	MW	10.363	
		转速	r/min	500	
		吸出高度	m	-2.9	
		最大工作水头	m	116.5	
		最小工作水头	m	65.5	
		设计水头	m	84.5	
		每台机组过水能力	m^3/s	13.5	
4. 主要机电设备	发电机	台数	台	2	
		型号			SF10-10/260
		单机容量	MW	10	
		电压	kV	10.5	
	桥式吊车	台数	台	1	
		吨位	t	32/5	
	主变压器	台数	台	1	
		型号			SFZ10-25000/35
5. 35 kV 输电线	电压		kV	35	
	回路数		回	1	
	输电目的地电压		kV	35	
	输电距离		km	2	

小浪底西沟水电站图纸

❊ 小浪底西沟水电站主厂房纵剖面图

❊ 小浪底西沟水电站机组横剖面图

❊ 小浪底西沟水电站技术供水简图

❊ 小浪底西沟水电站低压气系统简图

❊ 小浪底西沟水电站透平油系统简图

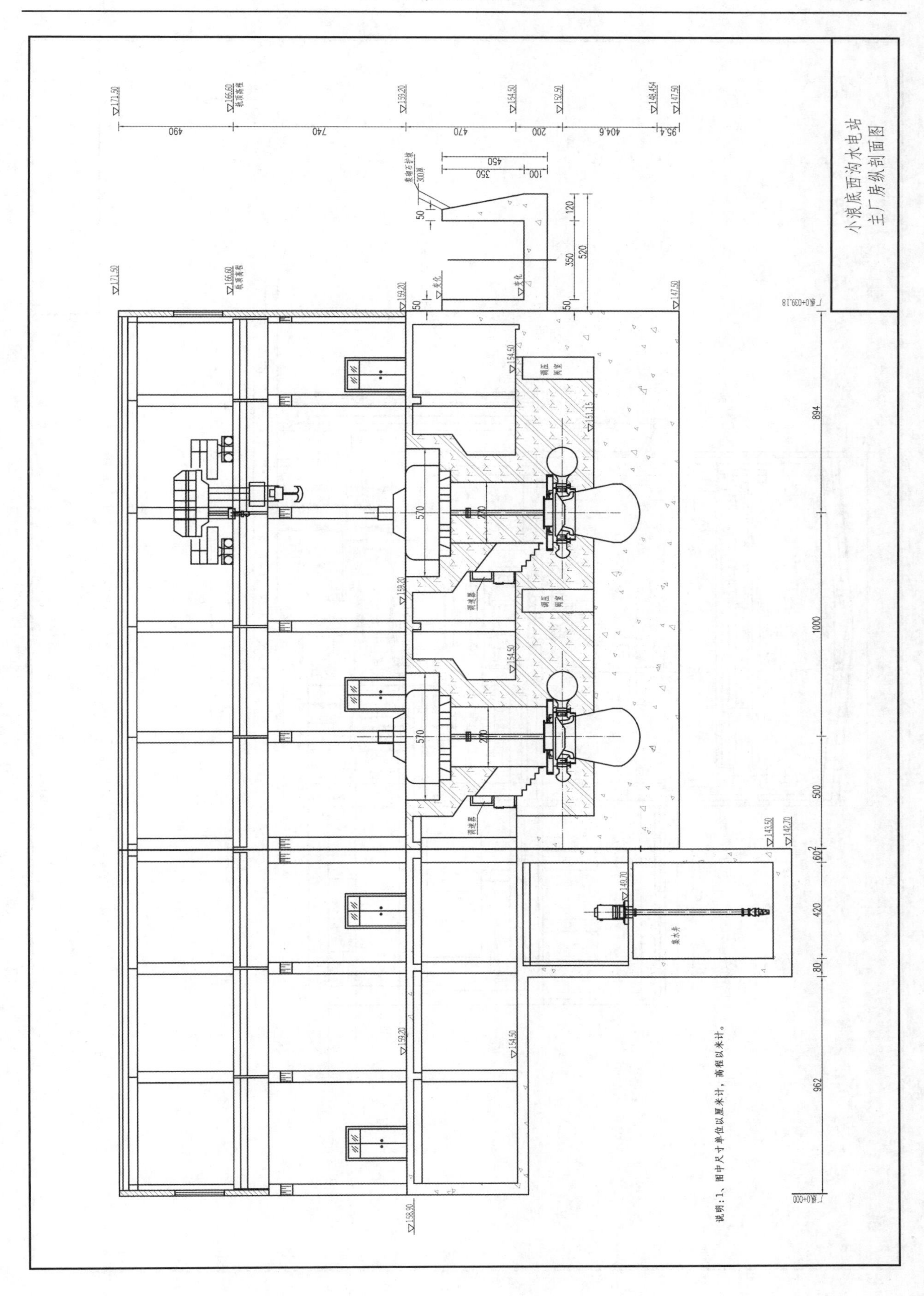
小浪底西沟水电站
主厂房纵剖面图
说明：1、图中尺寸单位以厘米计，高程以米计。
▽171.50
▽166.60
▽159.20
▽154.50
▽152.50
▽148.454
▽147.50
▽151.15
▽143.50
▽142.70
▽149.70
▽158.90
490
740
470
200
404.6
95.4
450
350
100
120
520
350
50
570
270
894
1000
500
60
420
80
962

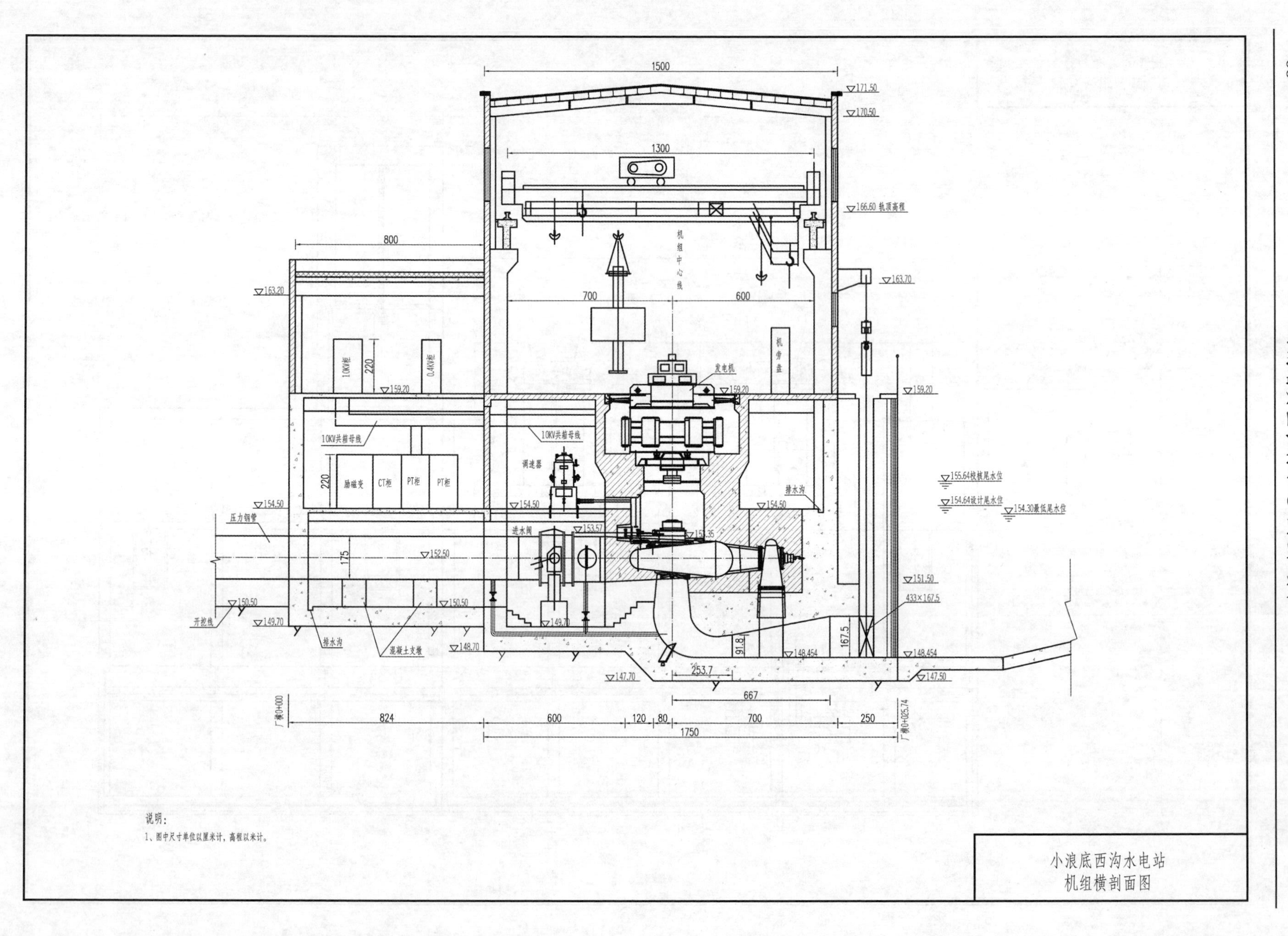
小浪底西沟水电站
机组横剖面图
说明：
1.图中尺寸单位以厘米计，高程以米计。
PT柜
CT柜
0.4KV端
10KV端
压力钢管
排水沟
混凝土槽
1500
1300
600
700
800
1750
824
667
250

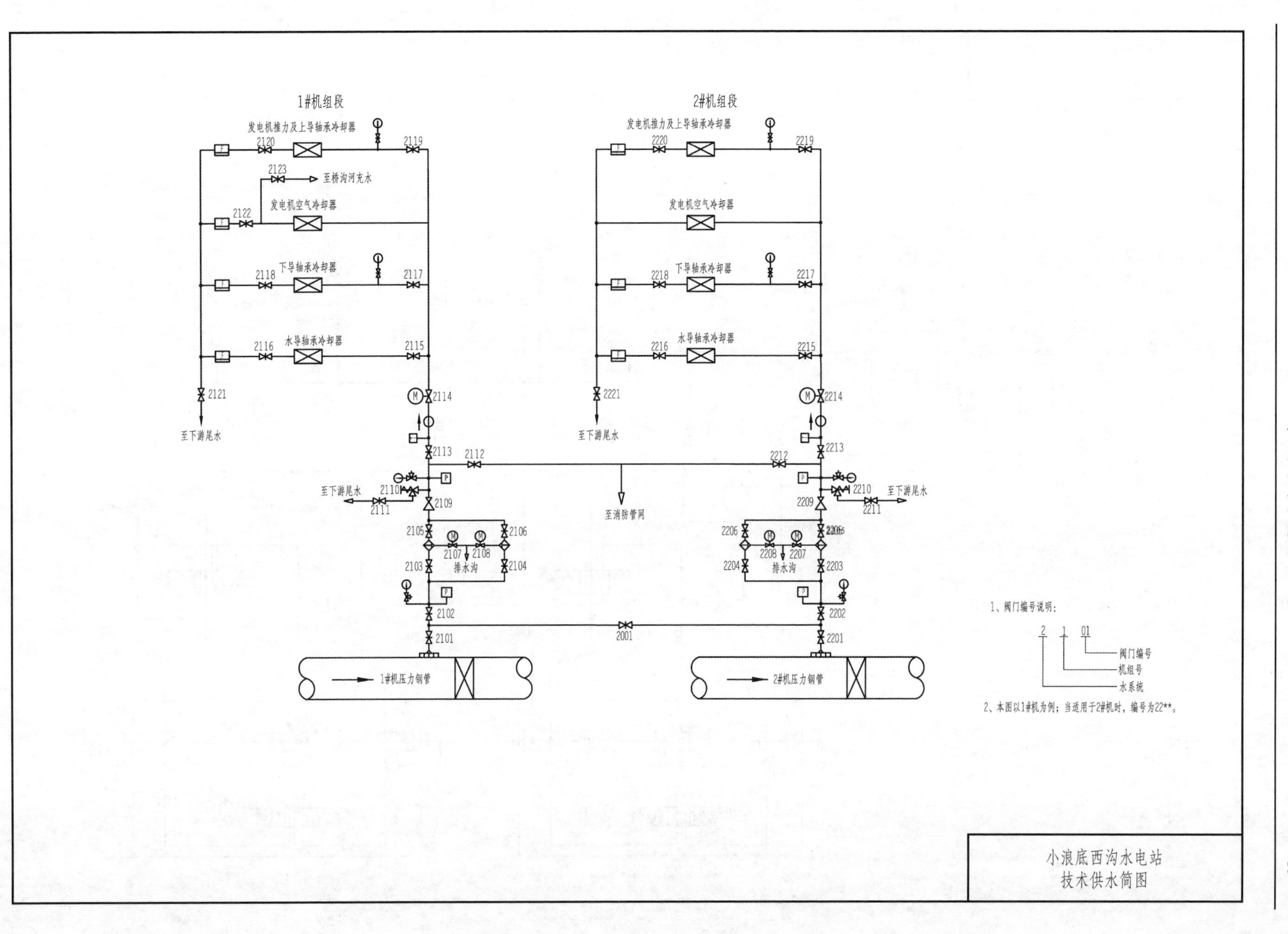
1#机组段
2#机组段
发电机推力及上导轴承冷却器
发电机空气冷却器
下导轴承冷却器
水导轴承冷却器
至桥沟河充水
至下游尾水
至消防管网
排水沟
1#机压力钢管
2#机压力钢管
1、阀门编号说明：
2 1 01
阀门编号
机组号
水系统
2、本图以1#机为例；当适用于2#机时，编号为22**。
小浪底西沟水电站
技术供水简图

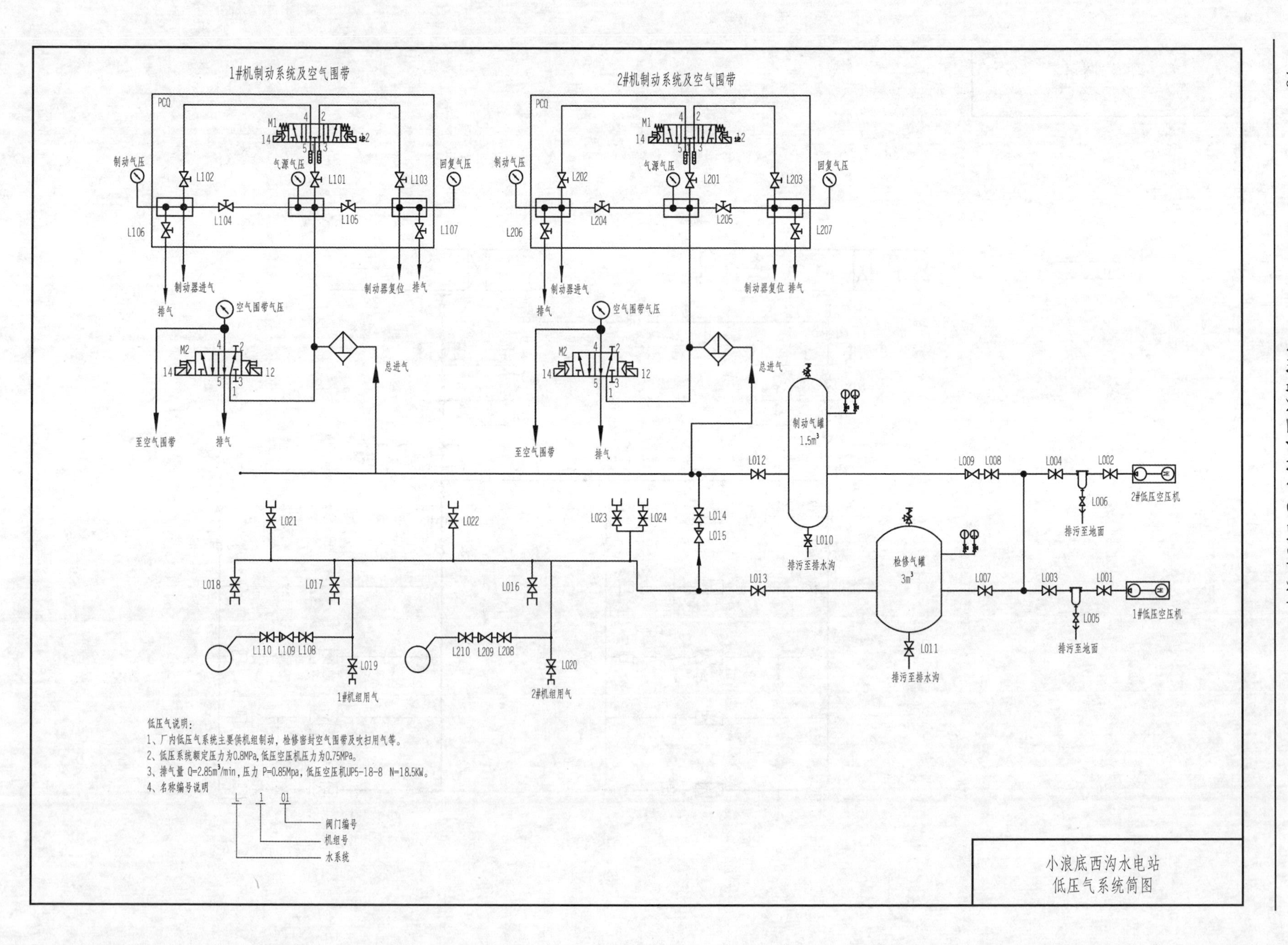
1#机制动系统及空气围带
2#机制动系统及空气围带
PCQ
制动气压
气源气压
回复气压
制动器进气
制动器复位
排气
空气围带气压
至空气围带
总进气
制动气罐
1.5m³
检修气罐
3m³
排污至排水沟
排污至地面
2#低压空压机
1#低压空压机
1#机组用气
2#机组用气
低压气说明：
1、厂内低压气系统主要供机组制动，检修密封空气围带及吹扫用气等。
2、低压系统额定压力为0.8MPa,低压空压机压力为0.75MPa。
3、排气量 Q=2.85m³/min,压力 P=0.85Mpa,低压空压机UP5-18-8 N=18.5KW。
4、名称编号说明
L 1 01
阀门编号
机组号
水系统
小浪底西沟水电站
低压气系统简图

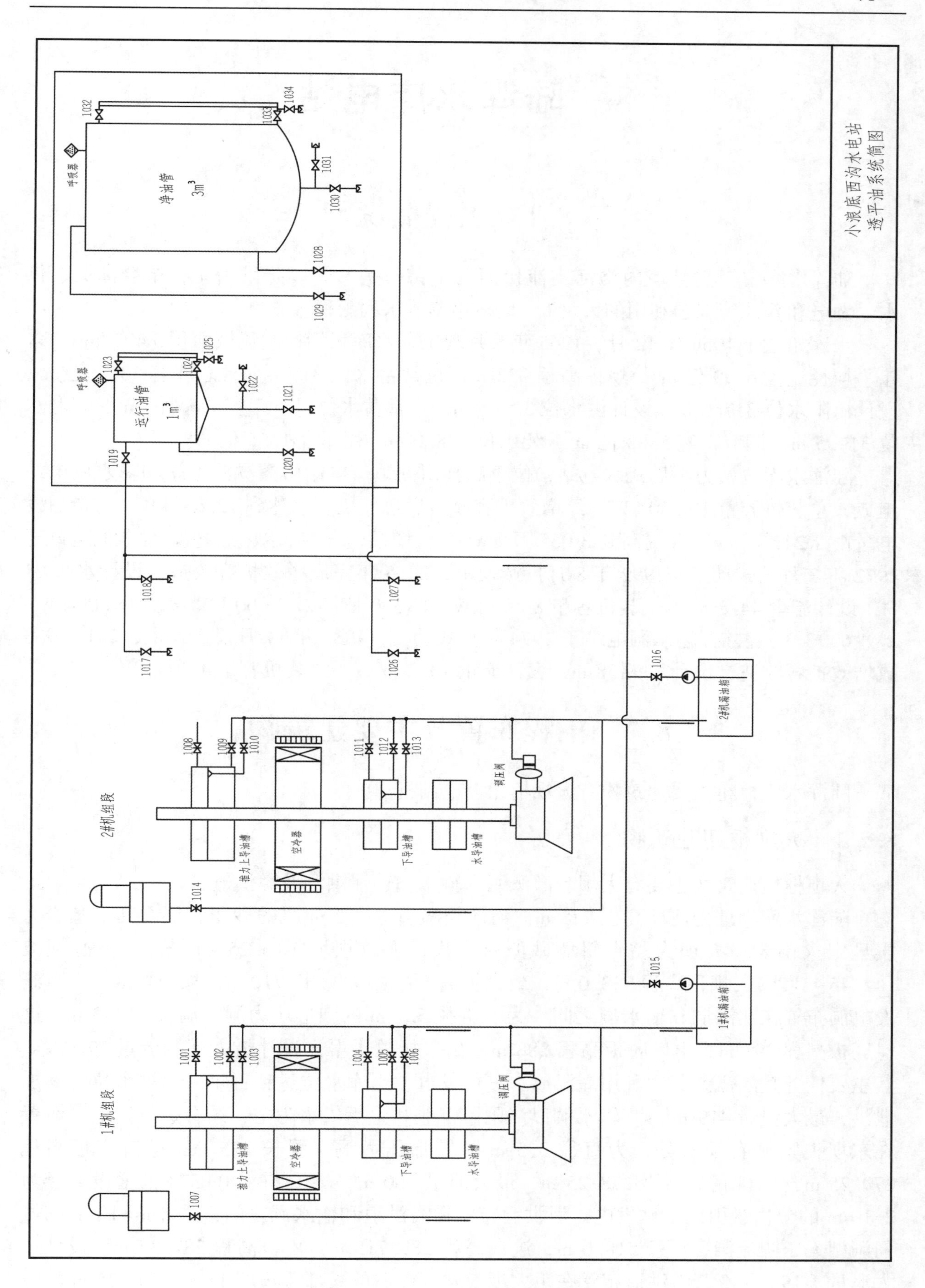
小浪底西沟水电站
透平油系统简图
净油箱
3m³
运行油箱
1m³
呼吸器
呼吸器
2#机组段
1#机组段
推力上导油槽
空冷器
下导油槽
水导油槽
调压阀
调压阀
2#机漏油箱
1#机漏油箱
1001
1002
1003
1004
1005
1006
1007
1008
1009
1010
1011
1012
1013
1014
1015
1016
1017
1018
1019
1020
1021
1022
1023
1024
1025
1026
1027
1028
1029
1030
1031
1032
1033
1034

8　陆浑水库电站

8.1　工程概况

陆浑水库位于嵩县境内洛河支流伊河的中游，是一座以防洪为主，结合灌溉、供水、发电和养殖等综合利用的大（1）型多年调节水利工程。

水库始建于1959年12月，1965年8月竣工。水库大坝控制流域面积3 492 km^2，多年平均径流量6.99亿m^3，坝顶高程333 m，正常蓄水位319.5 m，总库容13.2亿m^3，设计汛限水位317.0 m，设计洪水位327.5 m，正常蓄水位以下库容7.38亿m^3，兴利水位319.5 m，调节库容5.83亿m^3，死水位298.0 m，死库容1.55亿m^3。

陆浑水库电站为坝后式水电站，位于嵩县田湖镇。电站由灌溉洞电站和输水洞电站组成，总装机容量10 250 kW，经增效扩容改造后总装机容量达到12 200 kW，改造后发电量由2 242万kW·h提高到3 035万kW·h，增幅达35%，效益显著。灌溉洞电站于1972年3月正式动工，1992年8月投产发电，2015年完成增效扩容改造，设计水头21 m，设计流量44.8 m^3/s，装机容量8 000 kW（1×500 kW+2×3 000 kW增至1×800 kW+2×3 600 kW）；陆浑输水洞电站于1974年正式动工，1987年11月投产发电，2015年完成增效扩容改造，设计水头38 m，设计流量13.2 m^3/s，总装机容量4 200 kW。

8.2　工程布置及主要建筑物

陆浑水库枢纽主要建筑物有大坝枢纽、电站枢纽。

8.2.1　大坝枢纽建筑物

大坝枢纽建筑物主要有大坝、灌溉洞、输水洞、泄洪洞及溢洪道。

陆浑水库坝址处河床高程278 m，河床覆盖着8~12 m厚的砂卵石层，其下基岩为震旦纪火山岩。大坝为黏土斜墙砂卵石壳坝，上游坝坡1∶3.25~1∶3.5，下游坝坡1∶2.45~1∶2.7，坝顶高程333.0 m，最大坝高55 m，坝顶长710 m，坝顶宽8 m。灌溉发电洞布置在泄洪洞和输水洞之间，为一直径5.7 m的圆形压力洞，洞长314.3 m。进口底板高程291 m，出口底板高程288 m。出口接总干渠，设计最大灌溉流量77 m^3/s。其主要任务是灌溉，其次利用灌溉放水进行发电，当库水位达到百年一遇洪水位时参加泄洪，最大泄量419 m^3/s。输水洞以洛阳市工业和生活供水为主，结合进行发电，布置在东坝头紧靠右坝肩处，为直径3.5 m的圆形压力洞，洞长335 m，进口底板高程279.25 m，出口底板高程278.25 m，最大泄量200 m^3/s。在桩号0+373处增设直径为2.10 m的分岔管引入电站发电。泄洪洞布置在溢洪道和输水洞之间，系8 m×10 m的城门洞型无压明流洞，洞长518.6 m，进口高程289.715 m，出口高程282.35 m，设计最大泄量1 193 m^3/s。溢洪道布置在距大坝500 m左右的鞍部，边坡1∶1，底宽25 m的明渠泄流通道，全长 435 m，进口设 3 孔 12×10.5 m 的弧形闸门，进口底板高程 313 m，设计最大泄量 3 810 m^3/s。

8.2.2　电站枢纽建筑物

8.2.2.1　灌溉洞电站

灌溉洞电站结合洞线和大坝等因素布置在灌溉洞节制闸出口右侧，利用库水位和总干渠渠水位间水头发电，电站尾水经节制闸消力池汇合后入总干渠。电站包括压力管道、调压塔、厂房，辅助工程有变电站、管理房、坝东头下游坡处理和上下坝公路等。

压力管道位于灌溉洞左侧，前段与灌溉洞共用，在灌溉洞桩号 0+287.32 处分一发电主岔管，钢筋混凝土结构管径为 5.7 m。按照管道形式与管径分为渐变段（管径由 5.7 m 变为 4.2 m）、平面圆弧段、上弯段、平直段、分岔段（管径由 4.2 m 逐缩为 2.2 m），最后由斜弯段（管径由 2.2 m 变至 1.75 m）引入厂房。

由于灌溉最大流量为 77 m^3/s，加之压力引水管道较长，根据调节保证计算，为减小水锤压力，在机组分岔管前设调压塔。内径 16 m，高 24.9 m，系圆筒式钢筋混凝土结构。

主、副厂房均为钢筋混凝土结构。主厂房长 29.6 m、宽 18.8 m、高 15 m，为立式结构，分为蜗壳层、水轮机层、发电机层、控制室层。厂房内安装一台 ZD560-LH-120 型水轮机配一台 SF800-14/1730 型发电机，两台 HLA820-LH-180 型水轮机配两台 SF3600-28/3300 型发电机，总装机容量为 8 000 kW，安装间位于厂房左侧；副厂房在主厂房的上游侧，长 29.6 m、宽 6 m、高 10.2 m，自下而上分为三层，分别布设可控硅励磁变压器、电压互感器、电工实验室、电工工具间、厂用仪表盘和厂用变压器、电工仪表室、高压开关柜室、中控室和交接班室。

输电线路为两台机组的扩大单元结线和一台预留机组的单元结线。升压站紧靠副厂房，主变压器为两台，型号为 S11-6300/35Y/D11，沿渠边布置一开关站，开关站面积 18 m×13.6 m，开关站中布置有 35 kV 油开关、隔离开关、电压互感器及避雷器等设备。

8.2.2.2　输水洞电站

输水洞电站结合洛阳市工业和生活供水进行发电，主要包括压力管道、厂房、升压站、输电线路等。

压力管道在输水洞桩号 0+373 向左与洞线成 45°角引一岔管，直径 2.1 m，以梳子形分岔引入厂房。

主厂房长 33.5 m、宽 10.24 m、高 15 m，厂房内安装三台卧式水轮发电机组，总装机容量为 4 200 kW，水轮机型号为 HL275-WJ-75，安装高程为 278.0 m，发电机型号为 SFW1400-10/1430。安装间位于厂房的左侧，地面高程为 279.1 m；副厂房长 33.28 m、宽 6.40 m、高 7.90 m。副厂房右侧为高压开关室、中心控制室、左侧为厂用变压器室、办公室和休息室。

输电线路为 10 kV 输电线路（LGJ-95 钢芯铝绞线），自输水洞电站高压开关室引出后架空接至坝顶原有 10 kV 线路上（嵩县陆浑变电站至陆浑水库大坝输电线路），该线路长约 200 m，单母线连接供嵩县工农业生产用电，皆为三类负荷。1997 年 1 月坝区自用电与 10 kV 上网电分开输送，重新架设陆浑输水洞电站至陆浑变电所 10 kV 线路，采用 LGJ-95 钢芯铝绞线，该条线路运行至今。

8.3 工程特点

陆浑水库采用现地级、操作员工作站、集中控制中心三级控制，可以实现在集中控制中心对输水洞、灌溉洞两电站机组启停操作和主要设备的监控，可达到少人值班、无人值守。

两座电站都是利用灌溉供水时进行发电，属水资源的二次利用，提高水资源的利用率。

8.4 运行管理

8.4.1 隶属关系和发电量

陆浑水库电站隶属陆浑水库管理局正科级二级机构。电站现有员工 44 人，站长 1 名（兼支部书记），副书记 1 名，副站长 2 名，截至目前已累计完成发电量 7.54 亿 kW · h。

8.4.2 改造情况

1998 年对输水洞电站进行自动化控制改造，改造项目主要包括继电保护、水电监控、直流电源及计量、水机调速器及自控元件等。项目投资 130.6 万元，其中电气部分 105 万元、水机调速器及自控元件 25.6 万元。1999 年底完成并投入运行；2014 年对输水洞电站和灌溉洞电站的机组及附属设备进行增效扩容改造。改造后输水洞电站由 3 750 kW 增容至 4 200 kW，灌溉洞电站由 6 500 kW 增容至 8 000 kW，总装机容量达到 12 200 kW，共完成投资 3 156 万元。目前，运行良好，效果显著。

8.4.3 安全生产运行管理情况

陆浑水库电站自投产以来，按照“高标准、严要求、保安全、促发展”的目标，坚持“安全第一、预防为主、综合治理”的方针，紧紧围绕安全生产、经济运行，不断完善安全生产管理体系，成立以站长为组长的安全生产领导小组，制定各级人员安全生产责任制，认真落实以安全生产责任制为核心的安全生产规章制度，制订和完善三级安全目标及实现安全目标的保证措施，有效形成了安全生产的激励和约束机制。2016 年 4 月被省水利厅评定为“安全生产标准化管理二级达标”单位。

8.5　陆浑水库电站工程特性表

表 8-1　陆浑水库电站工程特性表

序号	名称	单位	数量（输水洞电站）	数量（灌溉洞电站）
一	水文			
1	坝(闸)址以上流域面积	km^2	3 492	
2	多年平均年径流量	亿 m^3	6.99	
二	工程规模			
3. 水库	校核洪水位	m	331.8	
	设计洪水位	m	327.5	
	正常蓄水位	m	319.5	
	死水位	m	298	
	正常蓄水位以下库容	亿 m^3	7.38	
	总库容	亿 m^3	13.2	
	调节库容	亿 m^3	5.83	
	死库容	亿 m^3	1.55	
	库容系数		83%	
4. 电站	装机容量	kW	4 200	8 000
	多年平均发电量	kW·h		
	设计引水位	m	317	317
	发电引水流量	m^3/s	13.2	44.8
	设计水头	m	38	17（1号机）、21（2、3号机）
三	主要建筑物及设备			
5. 挡水泄水建筑物	形式		黏土斜墙砂卵石坝	
	坝顶长度	m	710	
	最大坝高	m	55	
	泄水形式		泄洪洞、溢洪道	
	堰顶高程	m	333	
	孔口尺寸	m		
6. 输水建筑物	引水道形式		压力管道	
	长度	m	312	363
	断面尺寸	m	ϕ3.5（圆形）	ϕ5.7（圆形）
	设计引水流量	m^3/s	20	41.9
	调压井（前池）形式			圆形调压塔
	压力管道形式		圆形混凝土	
	条数	条	2	
	单管长度	m	6	8
	内径	m	1.2	2.4

续表 8-1

序号	名称	单位	数量（输水洞电站）	数量（灌溉洞电站）
7. 电站厂房与开关站	厂房形式			坝后式
	主厂房尺寸（长×宽×高）	m×m×m	33. 5×17×15	29. 6×18. 8×15
	水轮机安装高程	m	278	293（1 号机） 296. 2（2、3 号机）
	开关形式			室内柜式、户外高架
	面积（长×宽）	m×m	8×8	18×20
8. 主要机电设备	水轮机型号		HL275B-WJ-75（输）	ZD550-LH-120（1 号机）、 HLJF3637B-LJ-180(2、3 号机)
	台数	台	3	3
	额定出力	kW	1 400×3	800+3 600×2
	额定水头	m	38	17（1 号机）、21（2、3 号机）
	额定流量	m^3/s	4. 4	5. 6（1 号机）、19. 6（2、3 号机）
	发电机型号		SFW1400-10/1430	SF800-14-1730（1 号机） SF3600-28/3300（2、3 号机）
	台数	台	3	3
	额定容量	kW	4 200	8 000
	额定电压	kV	6. 3	6. 3
	额定转速	r/s	600	428. 6(1 号机)、214. 3(2、3 号机)
	主变压器型号		S11-6300/10	S11-6300/38. 5
	台数	台	1	2
	容量	kVA	6 300	6 300×2
	二次控制保护设备			微机保护
9. 输电线路	电压	kV	10	35
	回路数	回	1	1
	输电距离	km	1. 5	1. 5

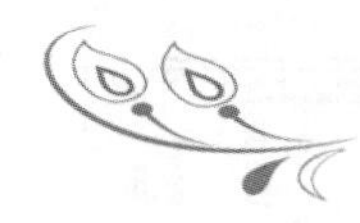

陆浑水库电站图纸

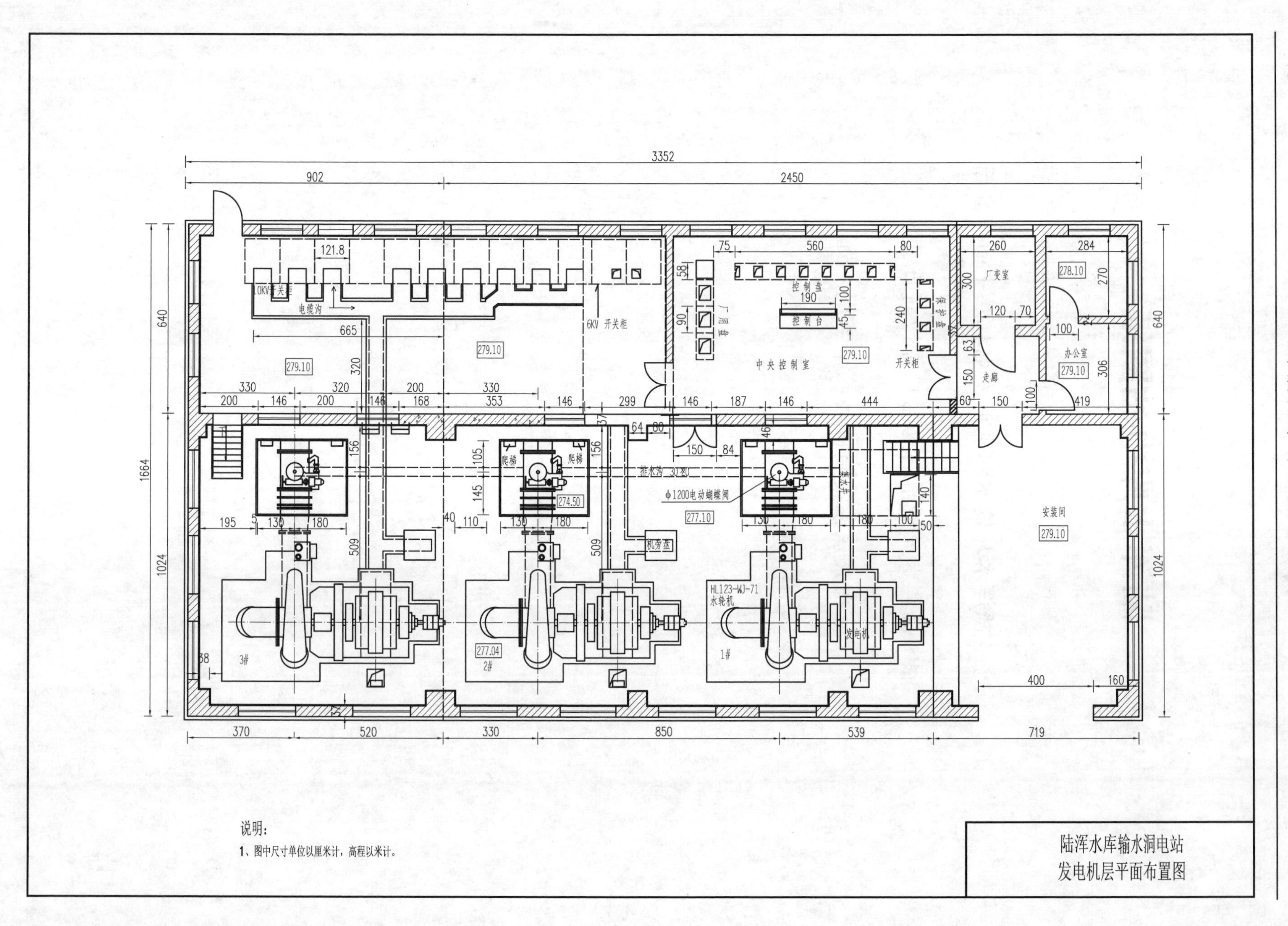
3352
902
2450
10KV开关柜
电缆沟
6KV 开关柜
厂用盘
控制盘
控制台
保护盘
中央控制室
开关柜
厂变室
办公室
走廊
安装间
排水沟 30×40
集水井
φ1200电动蝶阀
机旁盘
爬梯
HL123-WJ-71
水轮机
发电机
3#
2#
1#
279.10
274.50
277.10
277.04
278.10
1664
640
1024
370
520
330
850
539
719
说明:
1、图中尺寸单位以厘米计，高程以米计。
陆浑水库输水洞电站
发电机层平面布置图

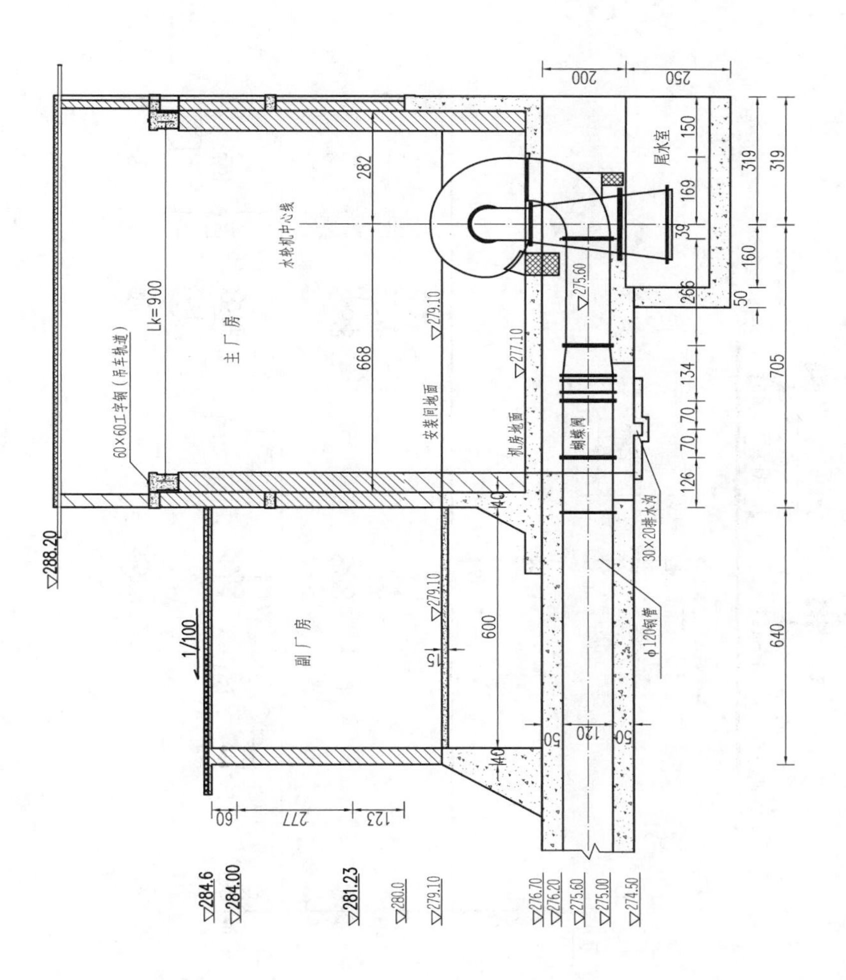

说明：

1、图中尺寸单位以厘米计，高程以米计。

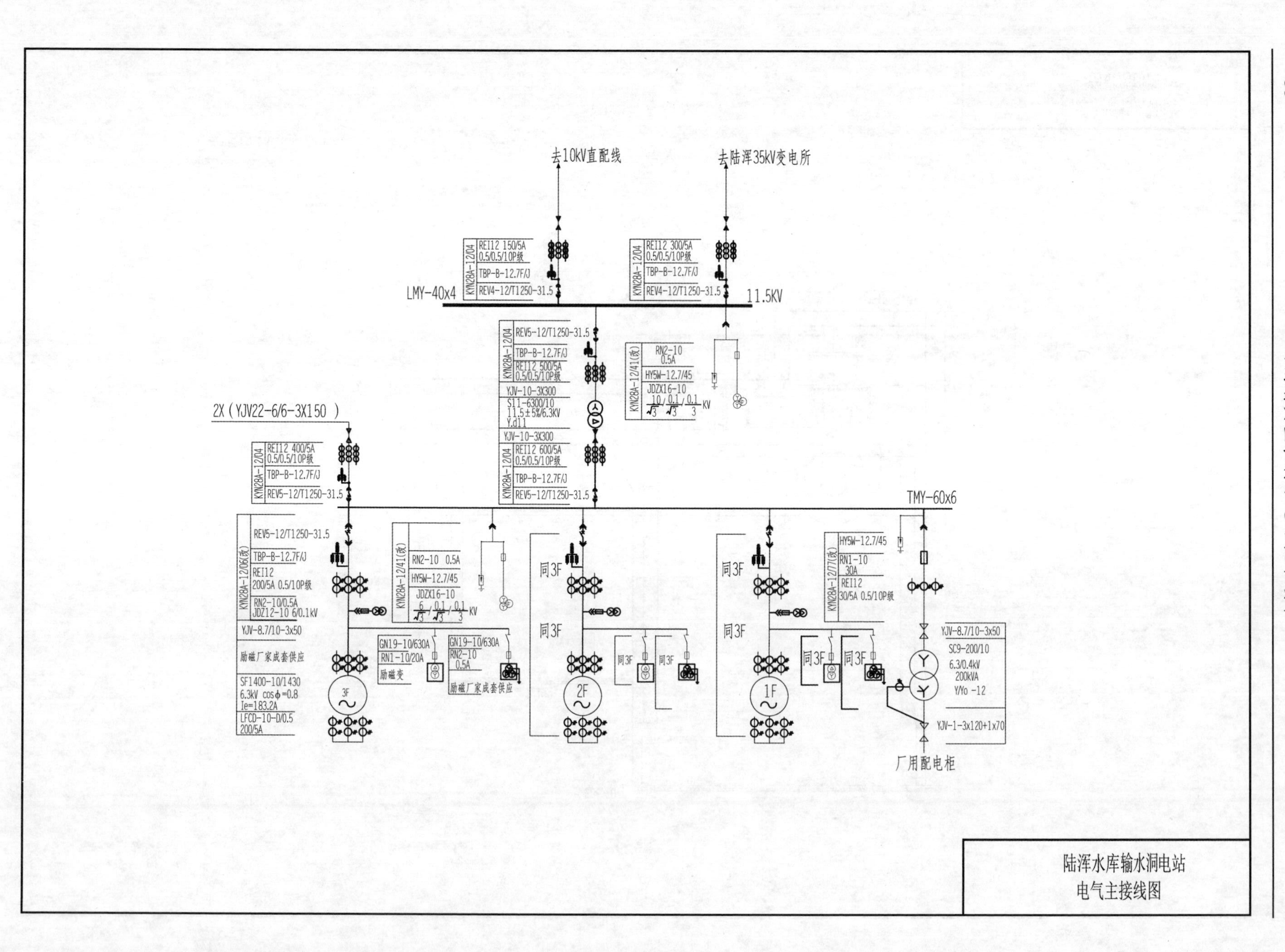
去10kV直配线
去陆浑35kV变电所
LMY-40x4
11.5KV
KYN28A-12/04
REI12 150/5A
0.5/0.5/10P级
TBP-B-12.7F/J
REV4-12/T1250-31.5
REI12 300/5A
REV5-12/T1250-31.5
REI12 500/5A
YJV-10-3X300
S11-6300/10
11.5±5%/6.3kV
Y,d11
REI12 600/5A
KYN28A-12/41(改)
RN2-10
0.5A
HY5W-12.7/45
JDZX16-10
2X（YJV22-6/6-3X150）
REI12 400/5A
TMY-60x6
KYN28A-12/06(改)
REI12
200/5A 0.5/10P级
RN2-10/0.5A
JDZ12-10 6/0.1kV
YJV-8.7/10-3x50
励磁厂家成套供应
SF1400-10/1430
6.3kV cosφ=0.8
Ie=183.2A
LFCD-10-D/0.5
200/5A
GN19-10/630A
RN1-10/20A
励磁变
3F
2F
1F
同3F
KYN28A-12/77(改)
RN1-10
30A
30/5A 0.5/10P级
SC9-200/10
6.3/0.4kV
200kVA
Y/Yo -12
YJV-1-3x120+1x70
厂用配电柜
陆浑水库输水洞电站
电气主接线图

9 前河水电站

9.1 工程概况

前河水电站坐落在黄河支流伊河上，位于嵩县旧县镇西店村，为伊河干流水电梯级开发规划嵩县境内的第一级水电站。该电站为径流引水式，1994 年开工建设，1997 年并网发电，总装机容量 3 000 kW（3×1 000 kW），设计水头 21.5 m，设计引水流量 18 m^3/s，多年平均发电量 940 万 kW · h。

电站主要工程建筑物由渠首枢纽、引水渠道、电站厂房枢纽三部分构成，工程建设总投资 3 100 万元。

9.2 工程布置及主要建筑物

9.2.1 渠首枢纽工程

渠首枢纽位于明白河汇入伊河口下游，控制流域面积 2 265 km^2，多年平均流量 16.17 m^3/s，渠首坝拦蓄库容 105 万 m^3。渠首枢纽主要包括渠首坝、进水闸、冲沙闸等建筑物。其中，渠首坝为八跨浆砌石支墩连拱坝，坝顶设橡胶坝袋，坝顶高程 436.0 m，坝顶长 131.5 m，最大坝高 19.3 m，橡胶坝袋总长 124 m，坝袋分两段，长度分别为 88 m 和 36 m，橡胶坝袋高 3 m。左岸设有进水闸，冲沙闸各一座。进水闸与坝轴线夹角为 78°，闸室采用钢筋混凝土结构，进水闸底板高程 433.3 m。冲沙闸闸室与坝轴线垂直，闸室采用钢筋混凝土结构，冲沙闸底板高程 431.0 m。

9.2.2 引水渠道

引水渠道总长 1 936 m，渠线在岸坡较缓段采取明渠形式，纵坡 1/3 000，断面为梯形，渠底宽 4.8 m，边坡 1∶0.35，采用 25 cm 厚 C20 素混凝土全断面衬砌，共 4 段，总长 708 m。在岸坡陡峻段采取隧洞形式，纵坡 1/2 000，断面采用城门洞形，底宽 4.6 m，高 4.62 m，直墙高 3 m，对处于破碎带的隧洞，采用 30 cm 厚 C20 钢筋混凝土全断面衬砌，其余隧洞采用 30 cm 厚 C20 素混凝土全断面衬砌，共设隧洞 4 座，总长 1 146 m，在渠道跨越山沟处，修建交叉建筑物砌石拱渡槽 2 座，总长 82 m。

9.2.3 厂房枢纽

电站枢纽由前池、压力管道、主副厂房、升压站、尾水渠、办公生活区及进厂道路等部分组成。

前池位于洛栾公路西山坡平台上，基础为完整的流纹斑岩，采用正向进水，正向冲沙溢流，侧向取水布置方式。主要包括虹吸式取水口、迷宫式溢流堰与泄水道、冲沙闸等建筑物。前池长 17.0 m，底宽 20.0 m，池底高程 428.81 m，池顶高程 435.81 m，总容积 2 390 m^3，为钢筋混凝土及砌石结构。

压力管道采用现浇钢筋混凝土管，单机单管供水方式，管内直径 1.6 m，单根管道总长 106 m。

主厂房长 27.02 m，宽 11.20 m，总高度 19.34 m，分为水轮机层和发电机层，水轮机层底板高程 414.25 m，发电机层底板高程 417.4 m，水轮机安装高程 413.0 m。主厂房布设三台单机 1 000 kW 立式水轮发电机组，机组间距 6.0 m。发电机层布置有三台发电机和三台调速器，主机段楼板上开有三个 0.6 m×2.2 m 通风孔，安装间开有一个 2.2 m×1.4 m 吊物孔，用于吊运水轮机层设备及重物。副厂房布置在主厂房一端，并伸出主厂房上游 7.02 m，与主厂房形成“L”形。中控室正对厂房，长度与主厂房宽度相同，宽 7.02 m。高压开关室设在主厂房上游侧，是伸出的副厂房部分，长 10.0 m，宽 7.02 m，二者底板均与发电机层同高程。副厂房分两层布置，下层与水轮机层同高程，分别布置有励磁变压器和作为电缆层，上层布置有中央控制室和高压开关室。

升压站布置在主厂房上游，安装主变两台，主变低压侧经断路器与 6.3 kV 母线连接，升压至 10 kV 并入前河金矿变电站。办公生活区设在洛栾公路西侧引水渠道下面的坡地上。

尾水渠接厂房尾水池，全长 210 m，纵坡 1/500，浆砌石护砌段长 106 m，为梯形断面，边坡 1:1，渠深 1.8 m，底宽 7 m，下段 104 m 未护砌。

9.3　工程特点

9.3.1　渠首坝

由于渠首坝处伊河河床砂卵石覆盖层较深，为了截住潜流，渠首坝采取独特的结构形式。首先在砂卵石透水层采用旋喷灌注桩施工方式，修建一道混凝土防渗墙，深入基岩，最深处达 20 m；然后在防渗墙顶建有 1.5 m 厚钢筋混凝土桩基础平板；再在平板上建（出河床面）八跨浆砌石支墩连拱坝，坝顶设橡胶坝袋，橡胶坝袋总长 124 m，橡胶坝袋高 3 m，坝袋冲水后能拦蓄水量 105 万 m^3。这样的结构布置形式既减少了工程基础开挖，节省了投资，又增加了拦蓄水量，提高了水能资源利用率。

9.3.2　引水渠道

根据地形地貌与地质条件，引水渠道采取隧洞和明渠相互结合方式，与单一的明渠或隧洞方案相比，在保障水头要求的前提下，缩短了引水渠道的长度，减少了占地和土石方开挖量，优化了工程投资，同时有利于运行期渠道维护。经过十几年运行证明渠道选线走向科学合理。

9.3.3 前池和压力管道

前池采用正向进水，正向溢流，侧向取水的布置方式。前池溢流采用迷宫式溢流堰，堰顶溢流墙呈折线形，在不增加溢流堰长度的情况下，有效增加了水舌溢流长度，较好地满足了下泄流量要求，这样的设计减少了前池开挖量、混凝土与砌石用量，节省了工程投资。取水口采取虹吸式，断流彻底，引水启动方便，每台机组还节省了一套闸门和快速启闭设备。本电站采取单机单管布置形式，压力管道采用现浇钢筋混凝土管与虹吸式取水口相连，电站经过 20 多年运行，状态良好，这也说明现浇钢筋混凝土管施工质量优良，未出现漏气现象。

9.3.4 电站厂房布置

电站厂房采用常规布置，主副厂房呈“L”形布置，并设置不均匀沉陷缝，较好地解决了地基不均匀沉陷问题。电气主接线采用发电机变压器扩大单元接线方式，运行灵活，节省投资。电站控制保护采用微机自动化监控系统，节省了运行成本，提高了电站运行效率。

9.4 运行管理

9.4.1 隶属关系和发电量

前河水电站是河南水利投资集团有限公司的骨干水电站，现有员工 29 人，设正站长 1 名、副站长 2 名、值班长 4 名、值班员 22 名。

9.4.2 技术改造情况

2012 年前河水电站被水利部列入全国水电新农村电气化县建设技改项目，总投资 680 万元。其中，中央预算内投资 155 万元、企业自筹 525 万元，实际完成投资 201.7 万元。嵩县前河水电站技术改造工程于 2013 年 3 月 1 日正式开工建设，2013 年 6 月 30 日完工。

9.4.3 安全生产运行管理

前河水电站于 2014 年启动了安全生产标准化创建工作，按照《农村水电站技术管理规程》（SL 529—2011）相关要求进行管理，制度健全，设备、设施能够定期检测和维护，设备运行按照国家有关规程操作实施，安全管理规范，能定期组织职工进行岗位培训，管理较好。按照河南省水利厅《关于开展农村水电站管理标准化工作的通知》文件要求，完成了安全生产标准化创建工作，2016 年 3 月《河南省水利厅关于公布第一批农村水电安全生产标准化达标二级单位的通知》（豫水电〔2016〕1 号）文件公布龙源公司前河水电站顺利通过安全生产标准化达标评级二级标准审定。

9.5　前河水电站工程特性表

表 9-1　前河水电站工程特性表

序号	名称	单位	数量	备注
一	水文			
1	全流域面积	km^2	6 041	
	渠首以上	km^2	2 265	
2	多年平均年径流量	亿 m^3	5.33	
3	多年平均流量	m^3/s	16.92	渠首
二	工程规模			
1	装机容量	kW	3 000	
2	多年平均发电量	万 kW · h	940	
3	设计引水流量	m^3/s	18	
4	设计水头	m	21.5	
三	主要建筑物及设备			
1	渠首枢纽			
（1）	坝型			浆砌石支墩连拱坝
	渠首坝底板高程	m	433.3	
	渠首坝坝顶高程	m	436	
	最大坝高	m	19.3	
	溢流坝段长	m	131.5	
（2）	冲沙闸			一孔
	冲沙闸底板高程	m	431	
	闸孔尺寸	m×m	5×5	宽×高
	最大冲沙流量	m^3/s	81	
（3）	进水闸			一孔
	闸底板高程	m	433.3	
	闸孔尺寸	m×m	3.4×2.7	宽×高
	设计引水流量	m^3/s	18	
2	引水渠道总长	m	1 936	
	明渠	m	708	
	压力引水隧洞	m	1 146	

续表 9-1

序号	名称	单位	数量	备注
	渡槽	m	82	
3	厂房枢纽			
(1)	前池			
	主要尺寸	m×m×m	17×20×7	长×宽×深
	溢流堰长	m	20. 55	
	冲沙闸	m×m	1. 5×1. 5	宽×高
	进水闸底板高程	m	429. 81	
	前池底板高程	m	428. 81	
	前池正常水位	m	434. 91	
	前池最高水位	m	435. 5	
	前池最低水位	m	432. 81	
	容积	m^3	2 390	
(2)	压力管道			现浇混凝土管
	总长	m	77. 25	
	管道内径	m	1. 6	
(3)	厂房			
	主厂房发电机层以上	m×m×m	27. 02×11. 20×19. 34	长×宽×高
	水轮机安装高程	m	413	
	发电机层高程	m	417. 4	
	20 年一遇设计洪水位	m	415. 92	
	100 年一遇设计洪水位	m	417. 15	
	正常尾水位	m	412. 65	
	最低尾水位	m	411. 8	
(4)	主要机电设备			
①	水轮机			
	型号			HLJF3801-LJ-100
	台数	台	3	
	额定出力	kW	1 093	
	额定转速	r/min	375	

续表 9-1

序号	名称	单位	数量	备注
	设计水头	m	21. 5	
	单机设计流量	m^3/s	5. 71	
②	发电机			
	型号			SF1000-16/2150
	台数	台	3	
	单机容量	kW	1 000	
	额定电压	kV	6. 3	
	额定电流	A	115	
	额定转速	r/min	375	
③	调速器			
	型号			YWT—1000
	台数	台	3	
④	主变压器			
	型号 S_{11}-2500/10. 5	台	1	
	型号 S_{11}-1250/10. 5	台	1	
⑤	起重机 SDQ10-10	t	10	
⑥	主接线方式			Y/Δ
⑦	输电线路			
	电压	kV	6. 3	
	回路数	回	1	

前河水电站图纸

❈　前河水电站发电机层平面布置图

❈　前河水电站水轮机层平面布置图

❈　前河水电站厂房纵剖面图

❈　前河水电站厂房横剖面图

❈　前河水电站电气主接线图

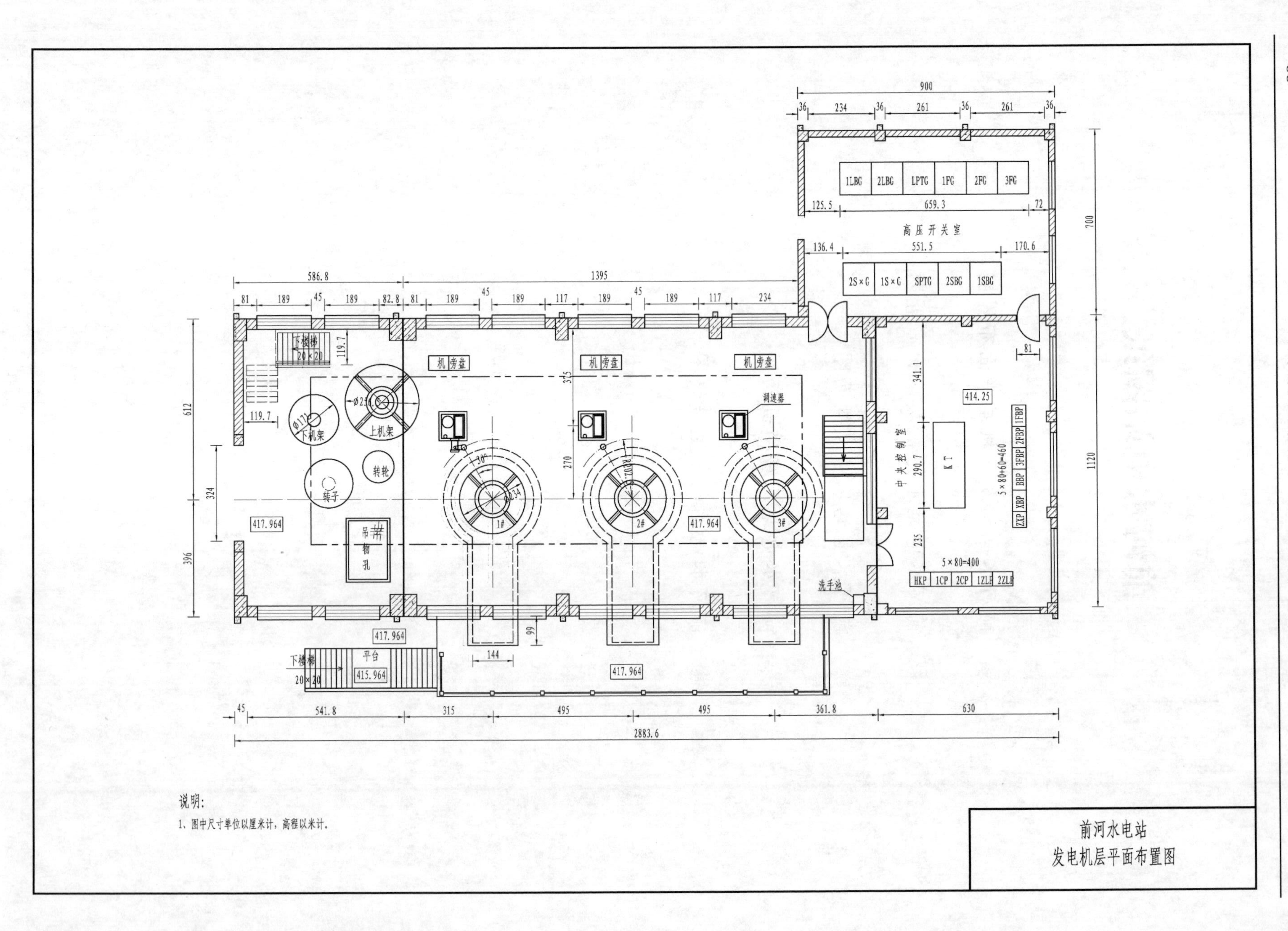
高压开关室
1LBG
2LBG
LPTG
1FG
2FG
3FG
2S×G
1S×G
SPTG
2SBG
1SBG
机旁盘
机旁盘
机旁盘
调速器
上机架
下机架
转轮
转子
吊物孔
下楼梯
20×20
平台
415.964
417.964
414.25
中央控制室
K T
5×80+60=460
5×80=400
ZXP
XBP
BBP
3FBP
2FBP
1FBP
HKP
1CP
2CP
1ZLP
2ZLP
洗手池
1#
2#
3#
900
700
1120
1395
586.8
2883.6
541.8
315
495
495
361.8
630
说明：
1、图中尺寸单位以厘米计，高程以米计。
前河水电站
发电机层平面布置图

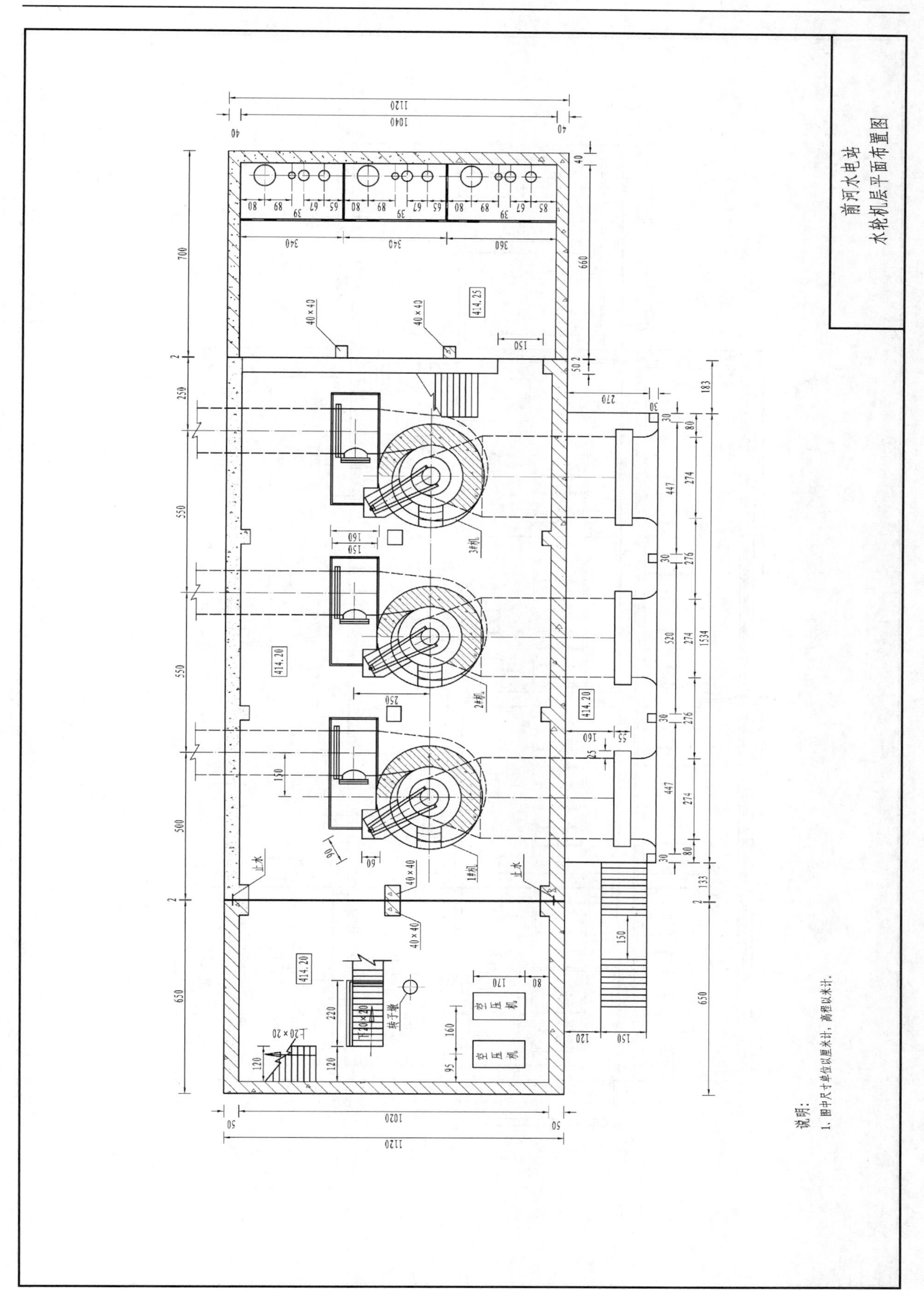
前河水电站
水轮机层平面布置图
说明：
1. 图中尺寸单位以厘米计，高程以米计。
414.25
414.20
1#机
2#机
3#机
空压机
止水

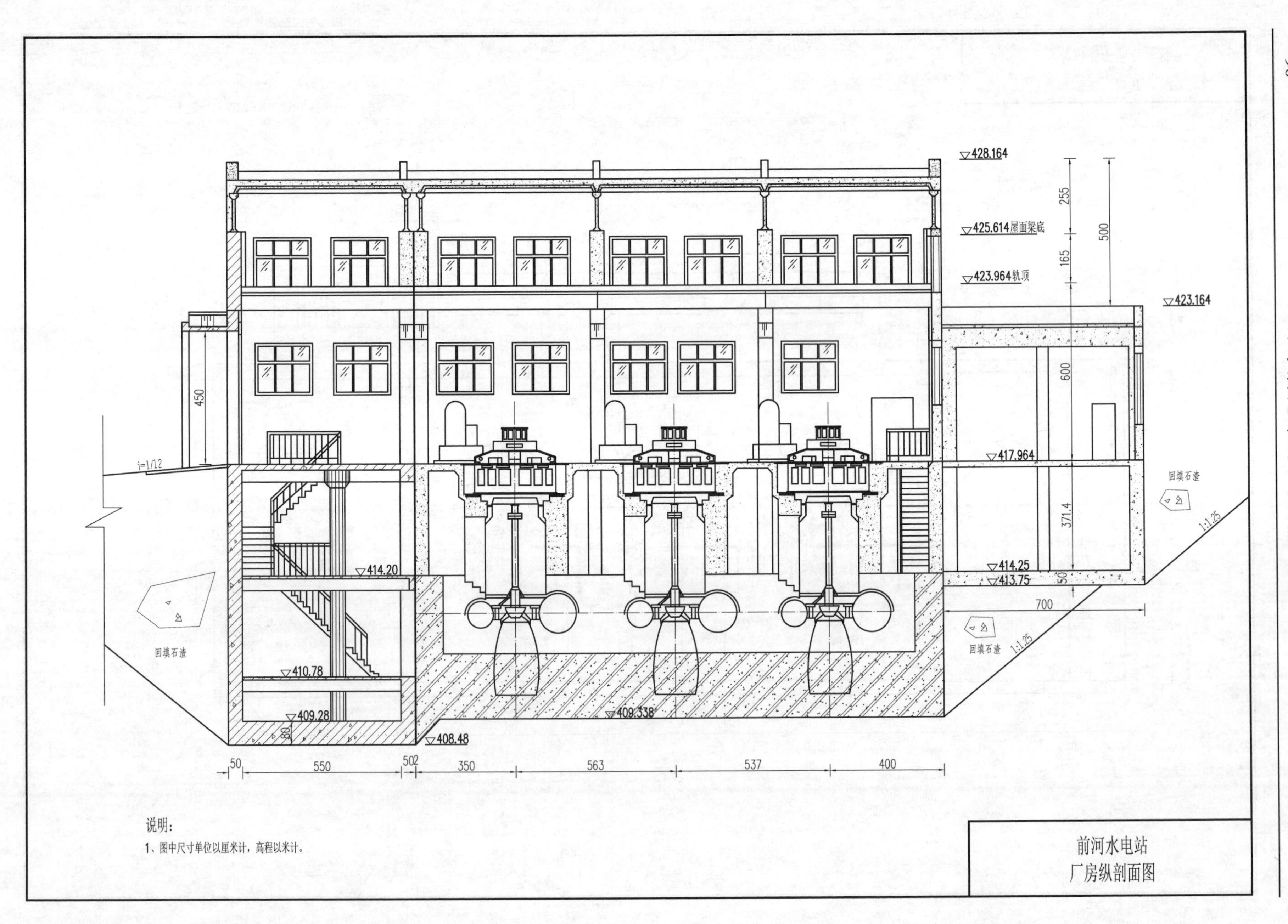

前河水电站
厂房纵剖面图

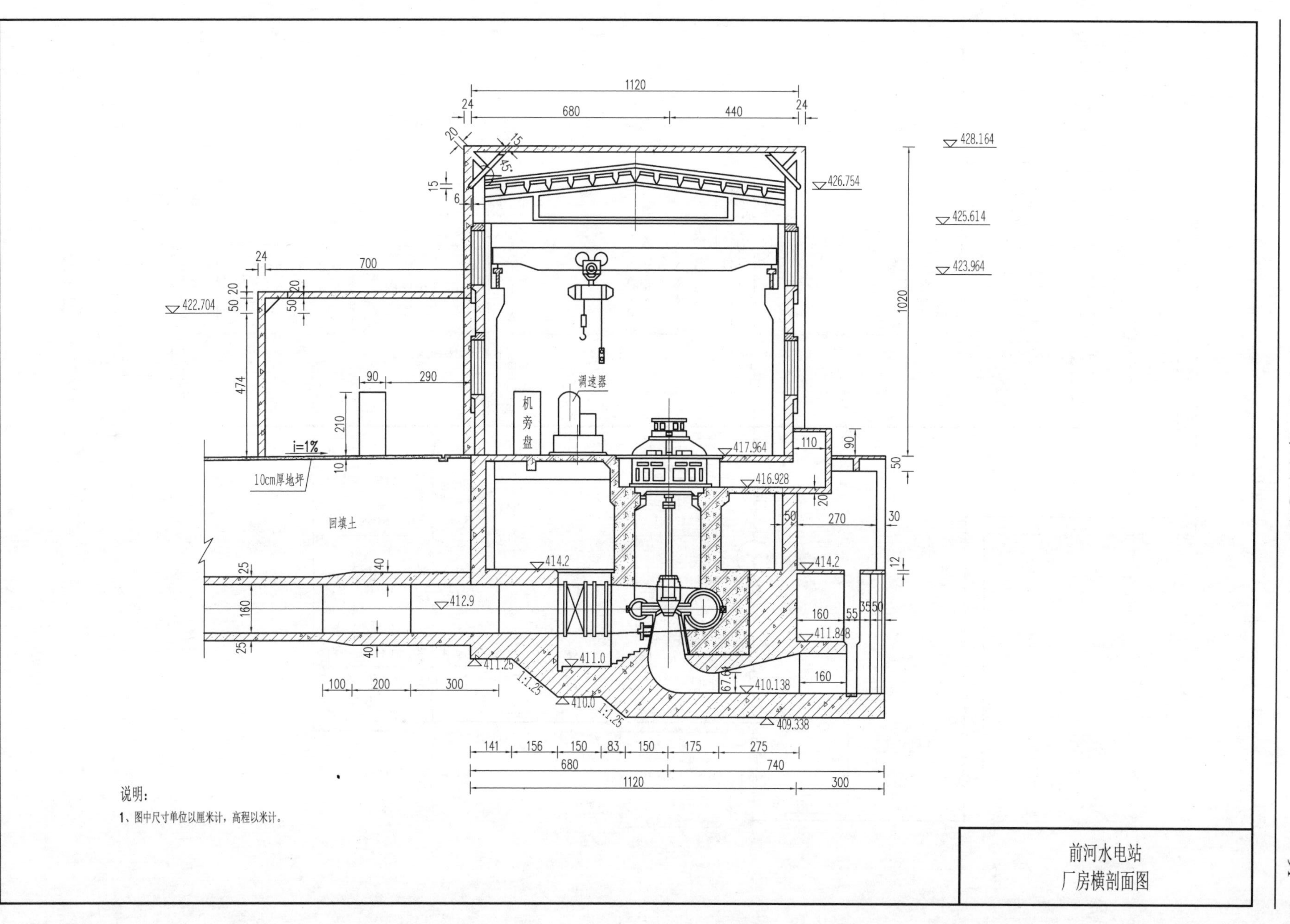
调速器
机旁盘
回填土
10cm厚地坪
i=1%
428.164
426.754
425.614
423.964
422.704
417.964
416.928
414.2
414.2
412.9
411.848
411.25
411.0
410.138
410.0
409.338
1:1.25
1:1.25
说明：
1、图中尺寸单位以厘米计，高程以米计。
前河水电站
厂房横剖面图

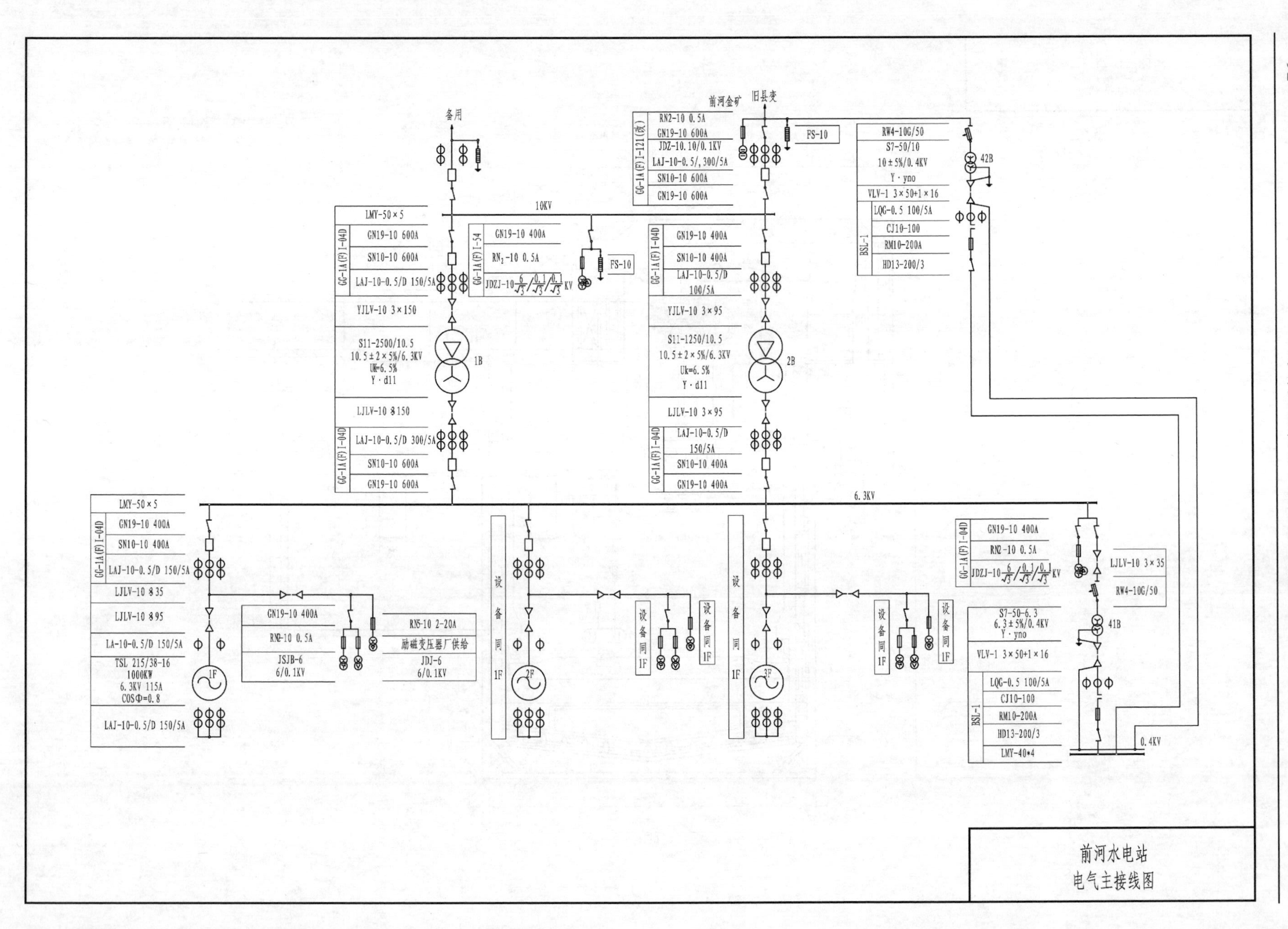
备用
前河金矿
旧县变
RN2-10 0.5A
GN19-10 600A
JDZ-10.10/0.1KV
LAJ-10-0.5/,300/5A
SN10-10 600A
GN19-10 600A
GG-1A(F)I-121(改)
FS-10
RW4-10G/50
S7-50/10
10±5%/0.4KV
Y·yno
VLV-1 3×50+1×16
LQG-0.5 100/5A
CJ10-100
RM10-200A
HD13-200/3
BSL-1
42B
10KV
LMY-50×5
GN19-10 600A
SN10-10 600A
LAJ-10-0.5/D 150/5A
GG-1A(F)I-04D
GN19-10 400A
RN2-10 0.5A
JDZJ-10 $\frac{6}{\sqrt{3}}/\frac{0.1}{\sqrt{3}}/\frac{0.1}{\sqrt{3}}$ KV
GG-1A(F)I-54
FS-10
GN19-10 400A
SN10-10 400A
LAJ-10-0.5/D 100/5A
GG-1A(F)I-04D
YJLV-10 3×150
S11-2500/10.5
10.5±2×5%/6.3KV
UK=6.5%
Y·d11
1B
YJLV-10 3×95
S11-1250/10.5
10.5±2×5%/6.3KV
Uk=6.5%
Y·d11
2B
LJLV-10 8150
LAJ-10-0.5/D 300/5A
SN10-10 600A
GN19-10 600A
GG-1A(F)I-04D
LJLV-10 3×95
LAJ-10-0.5/D 150/5A
SN10-10 400A
GN19-10 400A
GG-1A(F)I-04D
6.3KV
LMY-50×5
GN19-10 400A
SN10-10 400A
LAJ-10-0.5/D 150/5A
GG-1A(F)I-04D
LJLV-10 835
LJLV-10 895
LA-10-0.5/D 150/5A
TSL 215/38-16
1000KW
6.3KV 115A
COSΦ=0.8
LAJ-10-0.5/D 150/5A
GN19-10 400A
RN2-10 0.5A
JSJB-6
6/0.1KV
RN5-10 2-20A
励磁变压器厂供给
JDJ-6
6/0.1KV
1F
2F
3F
设备同1F
GN19-10 400A
RN2-10 0.5A
JDZJ-10 $\frac{6}{\sqrt{3}}/\frac{0.1}{\sqrt{3}}/\frac{0.1}{\sqrt{3}}$ KV
GG-1A(F)I-04D
LJLV-10 3×35
RW4-10G/50
S7-50-6.3
6.3±5%/0.4KV
Y·yno
VLV-1 3×50+1×16
LQG-0.5 100/5A
CJ10-100
RM10-200A
HD13-200/3
LMY-40*4
BSL-1
41B
0.4KV
前河水电站
电气主接线图

10 拨云岭水电站

10.1 工程概况

拨云岭水电站位于栾川县城东北 60 km 的伊河干流，为伊河干流水电梯级开发规划栾川县境内的第九级电站。

拨云岭水电站为引水式电站，主要由渠首枢纽、引水渠道、厂房枢纽三部分组成。电站设计水头 64.6 m，设计流量 11.5 m^3/s，设计装机容量 2×3 200 kW，设计多年平均发电量 2 468 万 kW · h，设备年利用小时数 4 113 h。电站于 1997 年 12 月开工，2000 年 6 月投产发电，总投资 4 048 万元。

渠首枢纽位于马路湾电站下游 3 km 处的段岭村附近，控制流域面积 1 038 km^2，多年平均流量 10.49 m^3/s。主要包括渠首坝、进水闸、冲沙闸等。渠首坝为浆砌石重力坝，最大坝高 20.0 m，坝顶长度 124.0 m。进水闸设计引水流量 14.9 m^3/s，冲沙闸最大冲沙流量 135.25 m^3/s。

引水渠道全长 5 250 m，设计引水流量 11.95 m^3/s，沿伊河右岸布置，由 5 段暗渠和 6 座隧洞组成，其中暗渠总长 205 m，隧洞总长 5 045 m。

厂房枢纽由压力前池、压力隧洞、厂房、升压站、尾水渠及进场道路、办公生活区等部分组成。前池长 24.5 m（含 10 m 长渐变段），底宽 12 m，总容积 1 890 m^3；压力隧洞由竖井和平洞组成，总长 144.5 m，直径 2.5 m，其中竖井 34.42 m，平洞 72.68 m，其余为转弯和连接段，采用现浇钢筋混凝土衬砌。平洞末端与钢岔管相连，主管直径 2.5 m，支管直径 1.4 m；主厂房长 26.02 m、宽 12.6 m、高 22.72 m，副厂房长 16.75 m、宽 6.75 m、高 11.01 m；两台水轮发电机组型号为 HLTF-13-LJ-94，水轮机配套 SF3200-10/2600 发电机，升压站设两台型号为 S_9- 5000/38.5-6.3 的主变压器，升压至 35 kV 后并入附近 35 kV 电网；电站尾水由尾水渠泄入伊河，全长约 83 m，采用浆砌石衬砌。

2010 年 7 月 24 日，伊河发生特大洪水，电站厂房全部淹没，机电设备严重受损。

2011 年 10 月拨云岭水电站实施了技术改造，主要建设内容包括：泄水渠及尾水渠加固、修建上坝公路等；更新 2 台水轮机密封材料和调速器、更新电站厂用变、励磁、微机控制保护系统、直流系统、自动化元件、辅机控制、测温系统等设备；更新改造大坝进水闸、冲沙闸及前池、尾水渠的闸门。总投资 396 万元。

10.2 工程布置及主要建筑物

拨云岭水电站总装机容量 6 400 kW。按照《水利水电工程等级划分及洪水标准》（SL 252—2017）的规定，拨云岭水电站工程等别为 V 等，渠首枢纽及电站工程的建筑物均为 5 级建筑物。

10. 2. 1　渠首枢纽工程

渠首枢纽从右岸到左岸依次布置有一孔进水闸、一孔冲沙闸、溢流坝段、非溢流坝段四部分，全长 124 m。进水闸、冲沙闸段总长 13 m，孔口尺寸均为 3. 5 m×3. 5 m，进水闸底板高程 536. 25 m，设计引水流量 14. 9 m^3/s，冲沙闸底板高程 533. 25 m，最大冲沙流量 135. 25 m^3/s；溢流坝段位于坝址主河道，垂直水流方向，全长 103 m，为浆砌石重力坝，坝顶高程 539. 0 m，最大坝高 16. 0 m，50 年一遇校核洪水为 2 388 m^3/s，校核水位为 544. 31 m；非溢流坝段位于伊河左岸，垂直于河流方向，全长 8 m，坝顶高程 546. 0 m，最大坝高 20. 0 m。

10. 2. 2　引水渠道

布置于伊河右岸的引水渠道由 6 座隧洞和 5 段暗渠组成。其中 6 座隧洞根据围岩类型分为Ⅱ、Ⅲ、Ⅴ类岩石。从安全与经济考虑，Ⅱ类岩石隧洞断面采取直墙圆拱形，断面尺寸为 3. 0 m×3. 802 m，直墙高 2. 7 m，拱高 0. 952 m，Ⅲ、Ⅴ类岩石隧洞断面采取同样形式，但断面尺寸为 3. 0 m×3. 497 m，直墙高 2. 75 m，拱高 0. 747 m；暗渠采用直墙圆拱形断面，断面尺寸为 3. 0 m×3. 847 m，直墙高 2. 75 m，外边墙采用重力式浆砌石挡土墙，顶宽 0. 35 m，底宽 1. 65 m，拱顶采用 0. 4 m 厚的浆砌石护砌。

10. 2. 3　厂房枢纽

压力前池位于拨云岭左岸山坡，前池进口紧接引水隧洞出口，其布置采取正面进水，侧面溢流冲沙的布置形式，整个前池为混凝土及砌石混合结构。前池长 24. 5 m（含 10 m 长渐变段），底宽 12 m，池底高程 528. 52 m，池顶边墙高程 536. 06 m，正常水位 534. 85 m，前池最高水位 535. 56 m，正常水深 6. 6 m，总容积 1 890 m^3；右侧布置溢流堰及冲沙闸，正向布置取水口，溢流堰设计引水流量 11. 5 m^3/s，堰长约 15. 5 m，堰顶为曲线形实用堰，堰顶高程 534. 88 m，设计溢流水深 0. 68 m，溢流堰泄水及冲沙流量均通过侧槽及泄水道入右侧冲沟；冲沙闸闸孔尺寸 1. 5 m×1. 8 m，孔底高程与前池底板同高程为 528. 25 m，铸铁闸门启闭采用 10 t 螺杆式启闭机；进水闸闸长 7. 4 m，宽 6. 58 m，底板高程 529. 22 m，比前池底板高程高 0. 7 m，闸孔尺寸 2. 5 m×2. 5 m，通过渐变成圆形接压力隧洞，闸孔前设有拦污栅一道。

压力隧洞接前池取水口，采用现浇钢筋混凝土衬砌。压力隧洞由竖井和平洞组成，总长 144. 5 m，直径 2. 5 m，其中竖井 34. 42 m，平洞 72. 68 m，其余为转弯和连接段。平洞末端与钢岔管相连，钢岔管主管直径 2. 5 m，支管直径为 1. 4 m。

主副厂房及升压站布置在拨云岭山坡的坡根村，主厂房面北偏东方向布置，距伊河主河道约 70 m。安装间位于主厂房左侧，副厂房布置在安装间左侧端部及上游侧，内设两台水轮发电机组型号为 HLTF-13-LJ-94，水轮机配套 SF3200-10/2600 发电机，水轮机安装高程 468. 0 m，从基础最低到女儿墙顶总高度 22. 717 m，其中发电机层下深 10. 227 m，为钢筋混凝土结构；发电机层以上高 12. 49 m，为砖混结构，机组间距 7. 5 m，吊车跨度 11. 0 m。安装间与发电机层同高程，发电机层高程为 473. 607 m，基底高程为 463.38 m。副厂房上层分别布置中控室、35 kV 高压开关室、6 kV 开关室和机修间，地面与发电机层同高程。下层为电缆层，与水轮机层同高程。升压站布置两台型号为 S_9-5000/38.5-6.3 的主变压器，升压至 35 kV 后并入附近 35 kV 电网。

电站尾水渠底宽 8 m，纵坡 1/1 000，设计水深 1.05 m，采用浆砌石衬砌。电站最低尾水位 467.76 m，正常尾水位 468.15 m，全长约 83 m。

10.3　工程特点

10.3.1　引水渠道

根据地形地貌与地质条件，引水渠道采用隧洞和暗渠相互结合的方式，与单一的明渠或隧洞方案相比，在保障水头要求的前提下，缩短了引水渠道的长度，减少了占地和土石方开挖量，优化了工程投资，同时有利于运行期渠道维护。经过十几年运行证明渠道选线走向科学合理。

10.3.2　压力隧洞

电站压力隧洞采用现浇钢筋混凝土衬砌的竖井平洞，节省了工程投资，减少了石方开挖量，节省了运行期维护工作量，效益显著。

10.3.3　电气主接线

电气主接线方案采用发电机变压器组接线方式，运行灵活，节省投资，在一台变压器出现故障的情况下不影响另一台机组发电，确保了发电效益的发挥。

10.3.4　电站控制保护

电站控制保护采用微机自动化监控系统，实现了无人值班、少人值守，并实现了在县城调度中心远程控制，节省了运行成本，提高了电站运行可靠性。

10.4　运行管理

10.4.1　隶属关系和发电量

拨云岭水电站是河南省天源水电有限公司的骨干水电站，现有员工 14 人，设正副站长各 1 名、办事员 1 名、值班长 4 名、值班员 7 名。多年平均发电量 2 500 万 kW · h，截至目前已累计完成发电量 4.5 亿 kW · h。

10.4.2　技术改造情况

2010 年 7 月 24 日，栾川县遭受百年不遇特大洪灾，电站厂房全部淹没，机电设备严重受损。2010 年 8 月至 2012 年 6 月进行恢复重建和技术改造。工程实际完成投资 396.52 万元，其中中央预算内投资 96 万元，企业自筹资金 300.52 万元，初步设计批复的改造项目全部完成。投资情况为：建筑工程投资 186.58 万元，机电设备改造投资

124. 36 万元，金属结构投资 49. 19 万元，其他项目投资 36. 39 万元。

10. 4. 3　安全生产运行管理

拨云岭水电站于 2014 年年初启动了安全生产标准化创建工作。拨云岭水电站能够按照《农村水电站技术管理规程》的相关要求进行管理，制度健全，设备、设施能够定期检测和维护，设备运行按照国家有关规程来操作实施，安全管理规范，能定期组织职工进行岗位培训，管理较好。2015 年 10 月按照河南省水利厅《关于开展农村水电站管理标准化工作的通知》文件要求，完成了安全生产标准化创建工作，被评定为农村水电安全生产标准化二级达标单位。

10. 5　拨云岭水电站工程特性表

表 10-1　拨云岭水电站工程特性表

序号	名称	单位	数量	备注
一	水文			
1	坝（闸）以上流域面积	km^2	1 038	
2	多年平均年径流量	亿 m^3	3. 308	
3	多年平均流量	m^3/s	10. 49	
二	工程规模			
1	装机容量	kW	6 400	
2	多年平均发电量	万 kW · h	2 468	
3	设计引水流量	m^3/s	11. 5	
4	设计水头	m	64. 6	
三	主要建筑物及设备			
1	渠首枢纽			
	坝型			浆砌石重力坝
	渠首坝总长	m	124. 0	
	溢流坝段长	m	103. 0	
	非溢流坝段长	m	8. 0	
	冲沙闸、进水闸段长	m	13. 0	
（1）	溢流坝段			
	坝顶高程	m	539. 0	
	坝顶长度	m	103. 0	
	最大坝高	m	16. 0	
（2）	非溢流坝段			

续表 10-1

序号	名称	单位	数量	备注
	坝顶高程	m	546.0	
	坝顶长度	m	8.0	
	最大坝高	m	20.0	
（3）	冲沙闸			一孔
	闸底板高程	m	533.25	
	闸孔尺寸	m×m	3.5×3.5	宽×高
	最大冲沙流量	m^3/s	135.25	
（4）	进水闸			一孔
	闸底板高程	m	536.25	
	闸孔尺寸	m×m	3.5×3.5	宽×高
	设计引水流量	m^3/s	14.9	
2	引水渠道总长	m	5 250.0	
（1）	暗渠	m	205.0	
	形式			直墙圆拱形
	断面尺寸	m×m	3.0×3.847	
	设计引水流量	m^3/s	11.5	
	设计水深	m	2.6	
（2）	隧洞	m		
	形式			直墙圆拱形
	断面尺寸		3.0×3.802（Ⅱ）、3.0×3.497（Ⅲ、Ⅴ）	
	设计引水流量	m^3/s	11.5	
	设计水深	m	2.6	
3	厂房枢纽			
（1）	前池			
	主要尺寸	m×m×m	24.5×12.0×7.54	长×宽×深
	溢流堰长	m	15.5	
	前池底板高程	m	528.52	

序号	名称	单位	数量	备注
	前池正常水位	m	534.85	
	前池最高水位	m	535.56	
	前池最低水位	m	532.92	
	容积	m^3	1 890	
①	冲沙闸			
	闸底板高程	m	528.25	
	闸孔尺寸	m×m	1.5×1.8	宽×高
②	进水闸			
	闸底板高程	m	529.22	
	闸孔尺寸	m×m	2.5×2.5	宽×高
（2）	压力隧洞总长	m	144.5	
	竖井	m	34.42	
	平洞	m	72.68	
	隧洞直径	m	2.5	
（3）	厂房			
	主厂房发电机层以上	m×m×m	26.02×12.6×12.49	长×宽×高
	副厂房发电机层以上	m×m×m	16.75×6.75×11.007	长×宽×高
	水轮机安装高程	m	468.0	
	发电机层高程	m	473.607	
	P=3.33%设计洪水位	m	472.0	
	P=2%校核洪水位	m	472.9	
	正常尾水位	m	468.15	
	最低尾水位	m	467.0	
（4）	主要机电设备			
①	水轮机			

续表 10-1

序号	名称	单位	数量	备注
	型号			HLTF-13-LJ-94
	台数	台	2	
	额定出力	kW	3 333	
	额定转速	r/min	600	
	设计水头	m	64. 6	
	单机设计流量	m^3/s	5. 75	
②	发电机			
	型号			SF3200-10/2600
	台数	台	2	
	额定容量	kW	3 200	
	额定电压	kV	6 300	
	额定电流	A	366. 6	
	额定转速	r/min	600	
③	调速器			
	型号			DJT—1800
	台数	台	2	
④	主变压器			
	型号			S_9-5000/38. 5-6. 3
	台数	台		
	容量	kVA	5 000	
⑤	主接线方式			单元接线
⑥	输电线路			
	电压	kV	35	
	回路数	回	1	

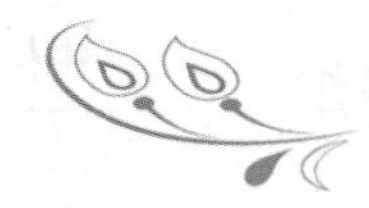

拨云岭水电站图纸

❊ 拨云岭水电站发电机层平面布置图

❊ 拨云岭水电站水轮机层平面布置图

❊ 拨云岭水电站厂房纵剖面图

❊ 拨云岭水电站厂房横剖面图

❊ 拨云岭水电站油、气、水系统图

❊ 拨云岭水电站电气主接线图

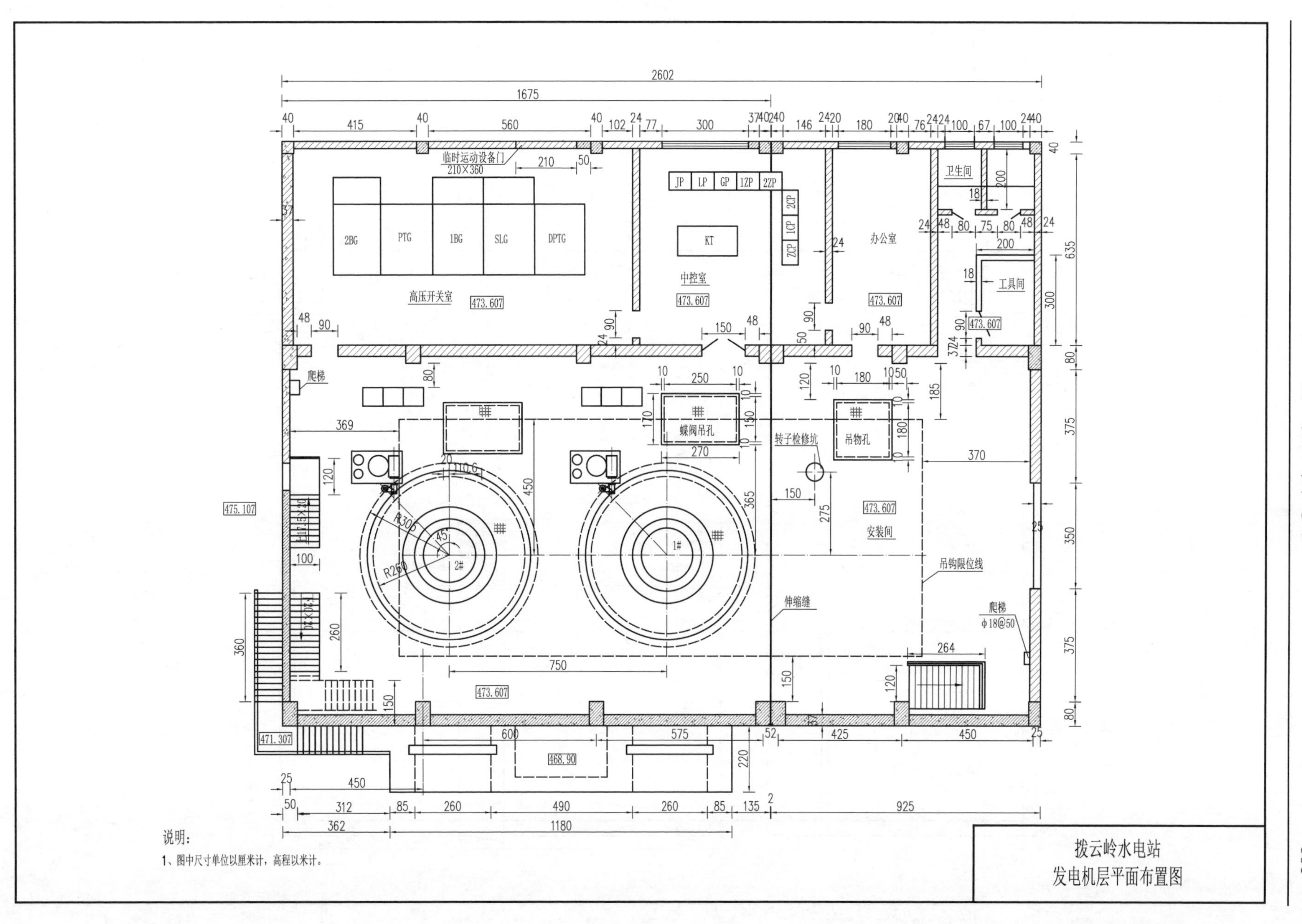
临时运动设备门
210×360
2BG
PTG
1BG
SLG
DPTG
高压开关室
473.607
JP
LP
GP
1ZP
2ZP
2CP
1CP
2CP
KT
中控室
办公室
卫生间
工具间
爬梯
蝶阀吊孔
吊物孔
转子检修坑
1#
2#
安装间
吊钩限位线
伸缩缝
爬梯
ϕ18@50
475.107
471.307
468.90
说明：
1、图中尺寸单位以厘米计，高程以米计。
拔云岭水电站
发电机层平面布置图

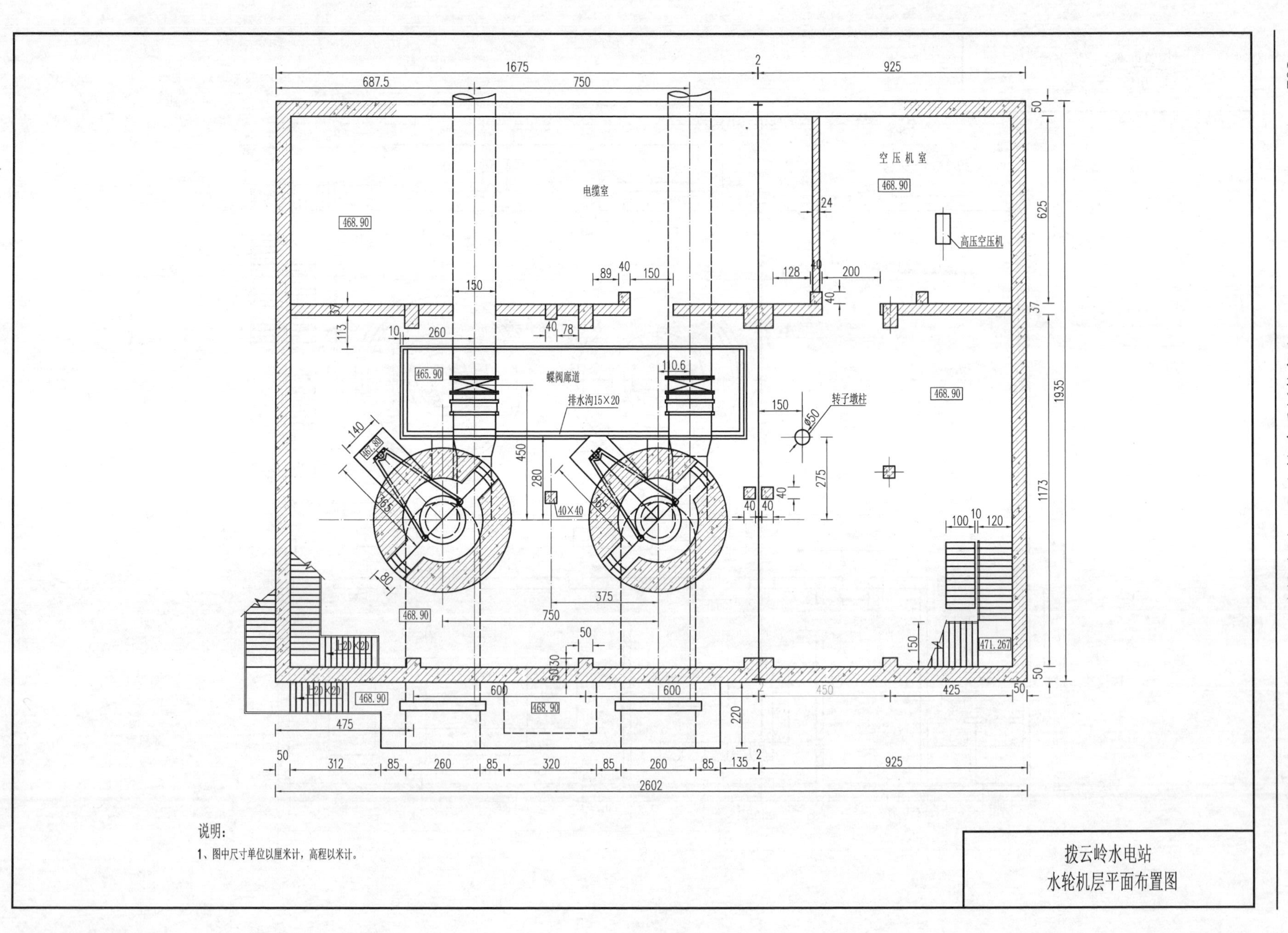
空压机室
高压空压机
电缆室
蝶阀廊道
排水沟15×20
转子墩柱
说明：
1、图中尺寸单位以厘米计，高程以米计。
拨云岭水电站
水轮机层平面布置图

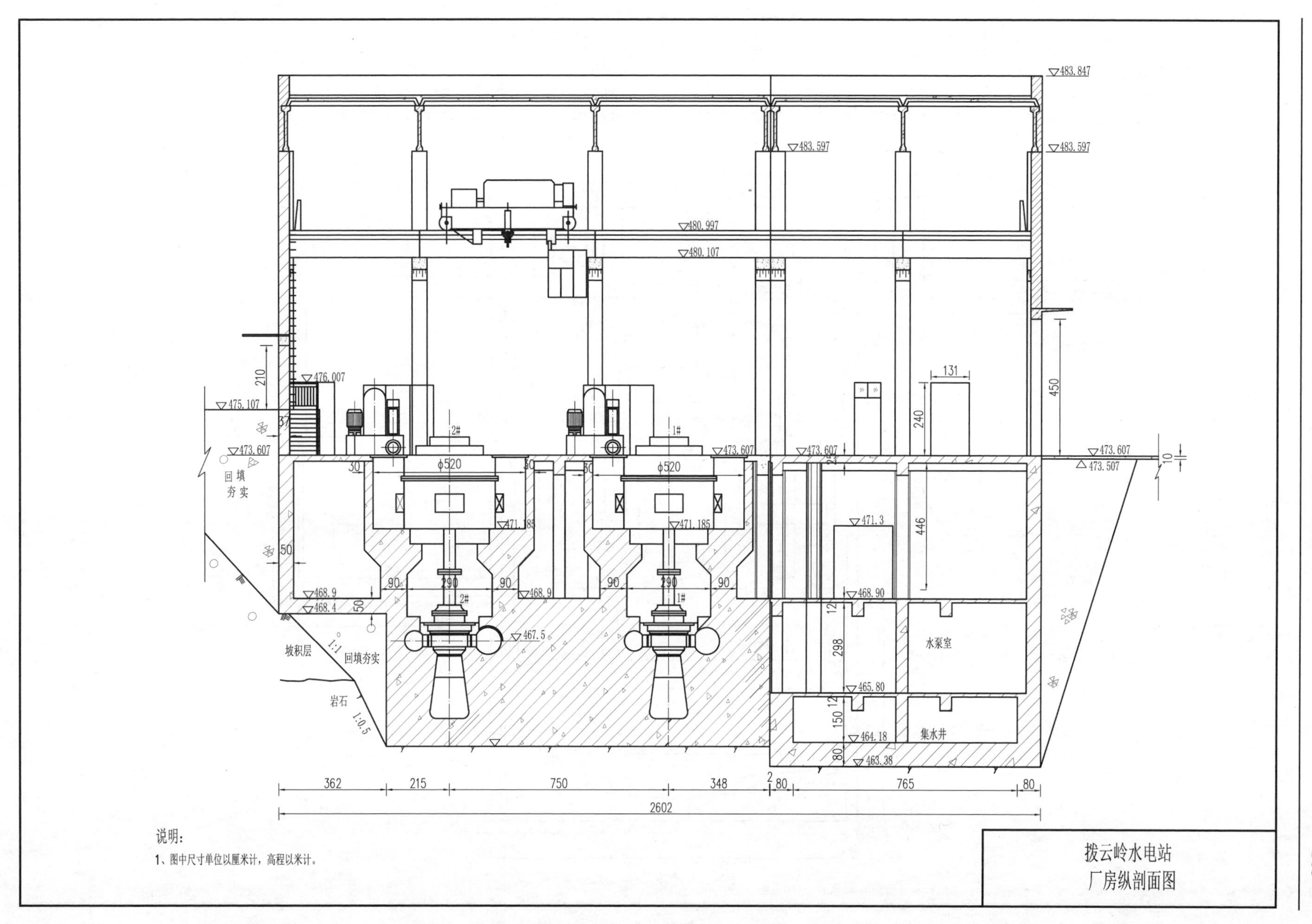
▽483.847
▽483.597
▽483.597
▽480.997
▽480.107
▽476.007
▽475.107
▽473.607
▽473.607
▽473.607
▽473.607
△473.507
回填
夯实
φ520
φ520
2#
1#
▽471.185
▽471.185
▽471.3
▽468.9
▽468.9
▽468.4
▽468.90
▽467.5
▽465.80
▽464.18
▽463.38
水泵室
集水井
坡积层
回填夯实
岩石
1:1
1:0.5
210
37
30
50
90
290
131
240
450
446
298
150
12
80
10
362
215
750
348
2
765
2602
说明：
1、图中尺寸单位以厘米计，高程以米计。
拔云岭水电站
厂房纵剖面图

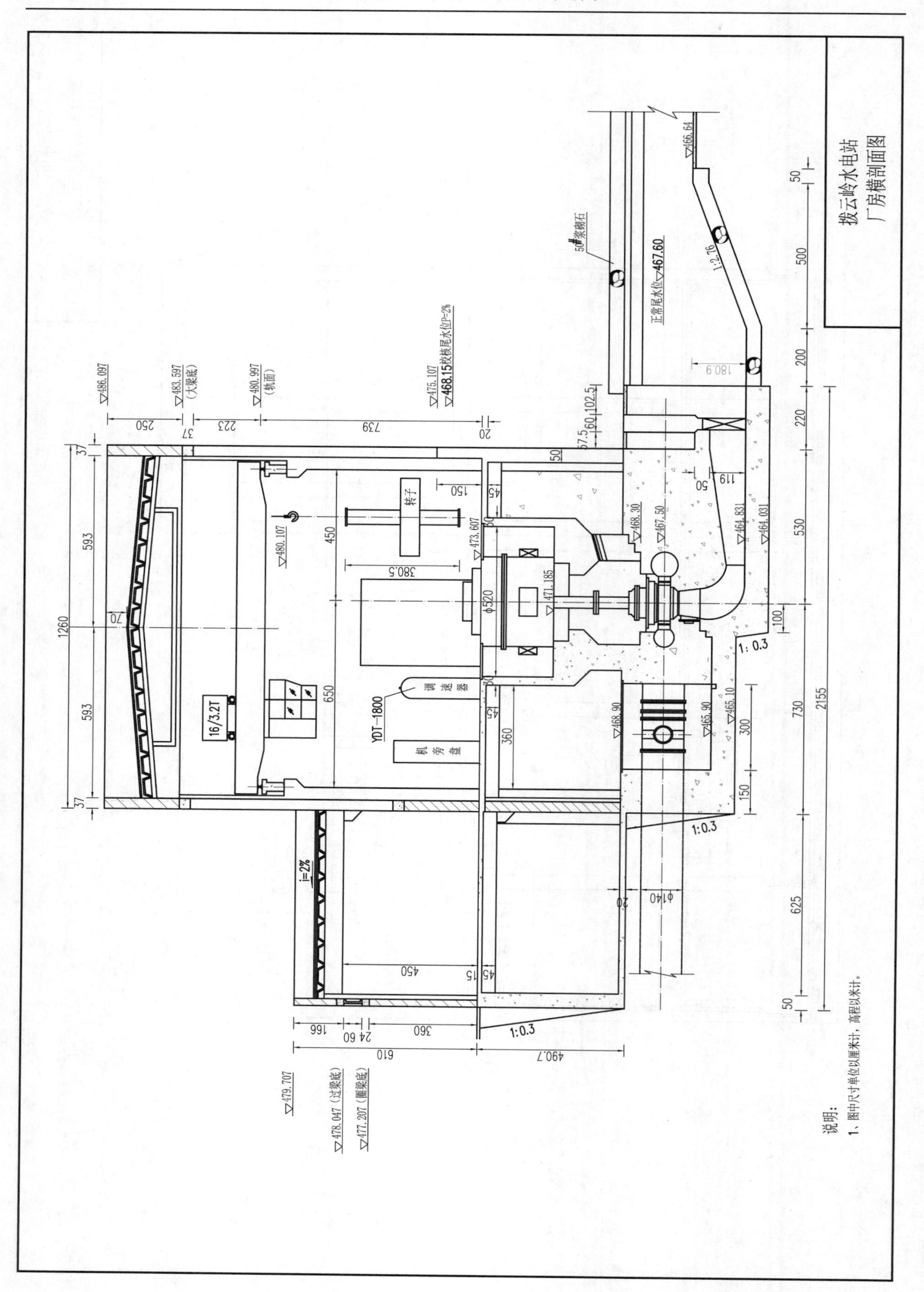
拨云岭水电站
厂房横剖面图
说明：
1、图中尺寸单位以厘米计，高程以米计。
转子
调速器
YDT-1800
机旁盘
16/3.2T
正常尾水位▽467.60
▽468.15校核尾水位P=2%
50#浆砌石
i=2%
1:0.3
1:2.76

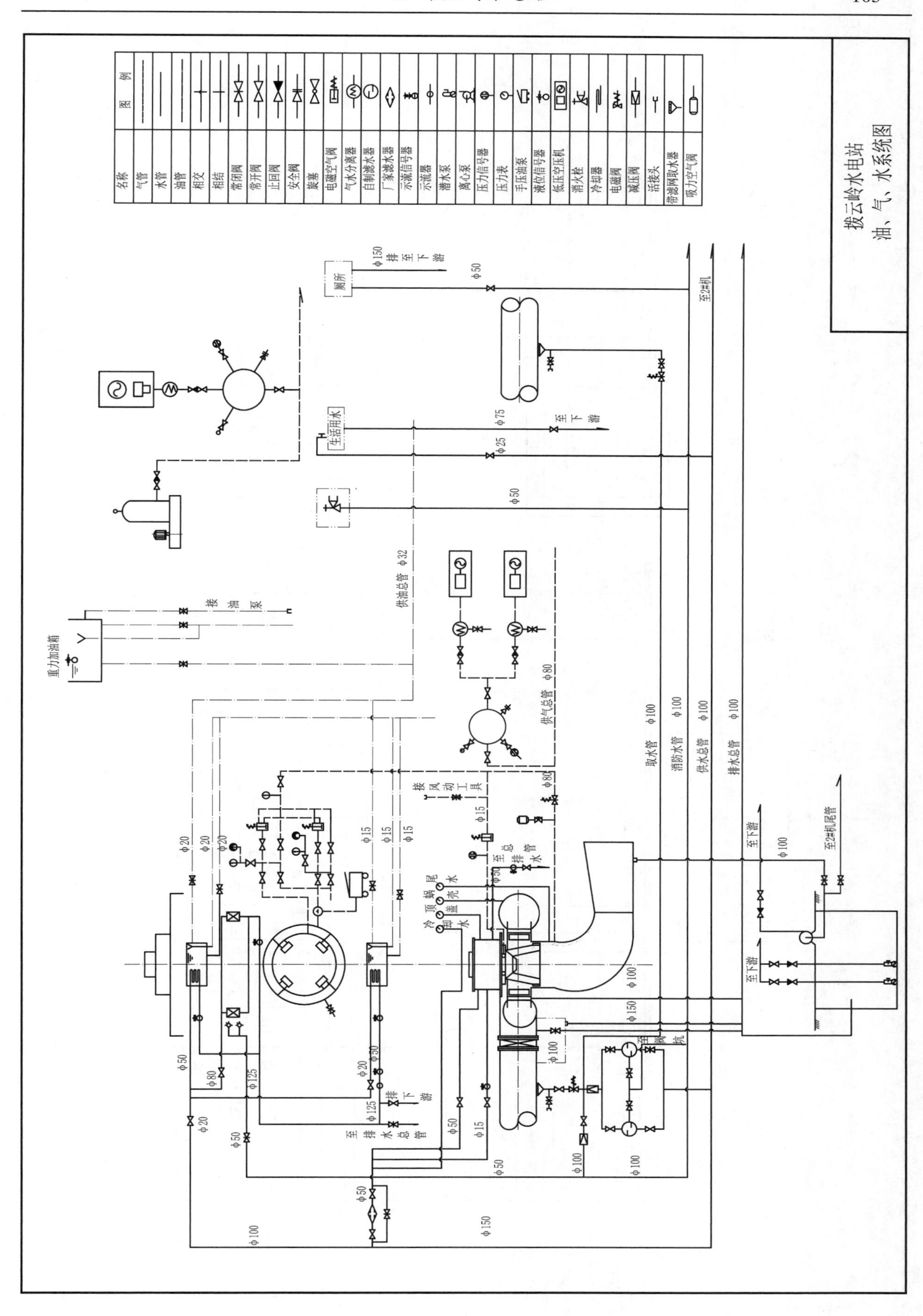
拨云岭水电站
油、气、水系统图
名称
图例
气管
水管
油管
相交
相结
常闭阀
常开阀
止回阀
安全阀
旋塞
电磁空气阀
气水分离器
自制滤水器
厂家滤水器
示流信号器
示流器
潜水泵
离心泵
压力信号器
压力表
手压油泵
液位信号器
低压空压机
消火栓
冷却器
电磁阀
减压阀
活接头
带滤网取水器
吸力空气阀
重力加油箱
接油泵
供油总管 φ32
供气总管 φ80
取水管 φ100
消防水管 φ100
供水总管 φ100
排水总管 φ100
厕所
生活用水
至下游
至2#机
至2#机尾管
接风动工具
至排水总管

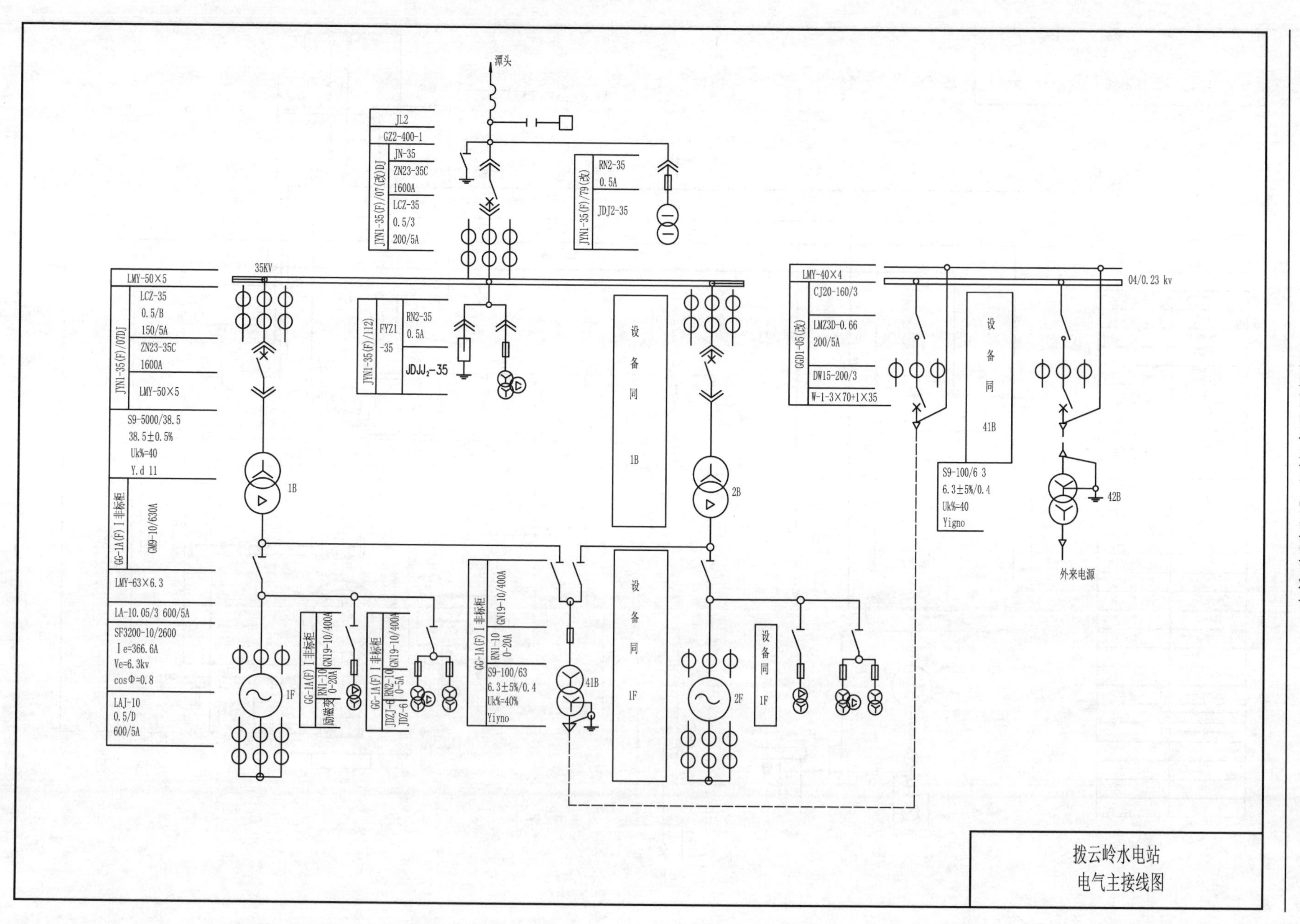

潭头
JL2
GZ2-400-1
JN-35
ZN23-35C
1600A
LCZ-35
0.5/3
200/5A
JYN1-35(F)/07(改)DJ
RN2-35
0.5A
JDJ2-35
JYN1-35(F)/79(改)
35KV
LMY-50×5
LCZ-35
0.5/B
150/5A
ZN23-35C
1600A
LMY-50×5
JYN1-35(F)/07DJ
FYZ1
-35
RN2-35
0.5A
JDJJ2-35
JYN1-35(F)/112)
S9-5000/38.5
38.5±0.5%
Uk%=40
Y.d 11
GG-1A(F) I 非标柜
GN9-10/630A
LMY-63×6.3
LA-10.05/3 600/5A
SF3200-10/2600
I e=366.6A
Ve=6.3kv
cosΦ=0.8
LAJ-10
0.5/D
600/5A
1B
2B
1F
2F
设备同1B
设备同1F
GN19-10/400A
RN1-10
0-20A
励磁变
RN2-10
0-5A
JDZJ-6
JDZ-6
S9-100/63
6.3±5%/0.4
Uk%=40%
Yiyno
41B
LMY-40×4
CJ20-160/3
LMZ3D-0.66
200/5A
DW15-200/3
W-1-3×70+1×35
GGD1-05(改)
04/0.23 kv
设备同41B
S9-100/6 3
6.3±5%/0.4
Uk%=40
Yigno
42B
外来电源
拨云岭水电站
电气主接线图

11 金牛岭水库电站

11.1 工程概况

金牛岭水库位于栾川县境内伊河干流中游，是一座以发电为主，兼顾防洪、旅游、养殖等功能的综合性水利枢纽。

水库始建于2010年4月，2013年8月竣工。水库大坝控制流域面积813 km^2，多年平均径流量2.59亿 m^3，坝顶高程681.85 m，设计洪水位680.00 m，设计汛限水位672.00 m，总库容2 360万 m^3，正常蓄水位679.5 m，调节库容780万 m^3，兴利库容1 340 m^3，死水位666.00 m，死库容600万 m^3。

金牛岭水库电站为坝后式水电站，位于栾川县庙子镇。电站于2011年10月正式动工，2014年4月投产发电，设计水头29.5 m，设计流量20 m^3/s，电站总装机容量5 000 kW（1×1 000 kW+2×2 000 kW），安装三台水轮发电机组。

11.2 工程布置及主要建筑物

金牛岭水库枢纽主要建筑物有大坝枢纽和电站。

11.2.1 大坝枢纽建筑物

大坝由左岸非溢流坝段、溢流坝段、右岸非溢流坝段组成，坝体迎水面设有变厚的混凝土防渗面板，其余主要区为C10混凝土砌块石，少部分为M5砂浆砌石。

左岸非溢流坝段长43.40 m，坝顶高程681.85 m，坝顶宽5 m，最大坝高41.75 m，底宽37.40 m。溢流坝段全长120 m。

溢流坝下部为重力式结构，顶部设有3.5 m高的6跨橡胶坝。坝顶高程676.00 m，最大坝高38.00 m，顶宽11.5 m，下游坝坡1:0.6，溢流面采用挑流消能。

坝顶设交通桥6跨，单跨长20 m，桥宽7.5 m。

右岸坝段全长80.40 m，为重力式非溢流坝段，最大坝高34.35 m。电站进水闸及泄洪排沙闸均布置在该坝段紧靠溢流坝右导水墙，两闸中心线均与坝轴线正交。

整个大坝底部设纵向灌浆、排水廊道一条，廊道断面为城门洞形；设横向交通廊道两条，并设集水井一个。

11.2.2 电站枢纽建筑物

电站引水隧洞布置在大坝右侧，利用库水位与下游河道水位落差进行发电，机组发电泄水在尾水池汇合后经尾水渠泄入伊河。电站枢纽包括压力引水隧洞、厂房，升压站、35 kV开关室、进厂坝公路等。

压力引水隧洞位于大坝右岸，发电洞设计流量为20 m^3/s，大坝桩号0+172.65处，洞底高程 657. 70 m，低于死水位（666 m）8. 3 m，洞顶高程 661. 40 m，发电洞进口设拦污栅一道和 2. 8 m×3. 1 m 发电钢闸门。

主、副厂房均为钢筋混凝土与砖石混合结构。主厂房长 29 m、宽 18 m、高 15 m，为立式结构，分为蜗壳层、水轮机层、发电机层。厂房内安装一台 HL275-LJ-75 型水轮机配一台 SF1000-10/1730 型发电机，两台 HL275-LJ-105 型水轮机配两台 SF2000-14/2150 型发电机，设计水头 29 m。安装间位于厂房右侧；副厂房在主厂房的上游侧，长 29 m、宽 5 m、高 5 m，自下而上分为两层，分别布设可控硅励磁变压器、空压机、电工工具间、厂用仪表盘和厂用变压器，6. 3 kV 高压开关柜室、中控室和检修室。

输电线路为 35 kV（LGJ-95 钢芯铝绞线）专用线。机组出口电压均为 6. 3 kV，经 6. 3 kV 开关室送至升压站，升压站设主变压器两台，型号分别为 S11-4000/35 和 S11-2500/35，升压后送至 35 kV 开关室经出线柜送至庙金线路。庙金线路全长 7. 3 km，与电站同期完工并验收合格，运行至今。

11. 3 工程特点

金牛岭水库电站是伊河上龙头水库电站，下游有六座水电站，通过水库对伊河来水量的调节，能有效地提高水能资源的利用效率，增加下游电站的发电量。金牛岭水库电站总装机容量 5 000 kW，选 1×1 000 kW+2×2 000 kW 装机方案形式，充分考虑了与下游电站装机相匹配。经过 4 年水库电站建成运行后，水库对下游六座电站调节作用非常明显，与未建成水库情况相比，下游六座电站多年平均增加发电量 500 万 kW · h。

金牛岭水库电站工程结构属于常规布置，电站自动化程度较高，对主要设备实现了微机自动化监控和操作，达到了少人值班、无人值守，实现了远程监控和操控电站运行。

11. 4 运行管理

11. 4. 1 隶属关系和发电量

金牛岭水库电站隶属于栾川县鸿安金牛水电有限公司。电站现有员工 10 人，站长 1 名（兼支部书记）、副站长 1 名、值班长 4 名、值班员 4 名。截至目前已累计完成发电量 3 800 万 kW · h。

11. 4. 2 安全生产运行管理

金牛岭水库电站紧紧围绕安全生产、经济运行，不断完善安全生产管理体系，成立以站长为组长的安全生产领导小组，认真落实以安全生产责任制为核心的安全生产规章制度，制订和完善三级安全目标及实现安全目标的保证措施，有效形成了安全生产的激励和约束机制。2016 年 4 月被省水利厅评定为“安全生产标准化管理二级达标”单位。

11.5　金牛岭水库电站工程特性表

表 11-1　金牛岭水库电站工程特性表

序号	名称	单位	数量
一	水文		
1	坝（闸）址以上流域面积	km^2	813
2	多年平均年径流量	亿 m^3	2.59
二	工程规模		
3. 水库	校核洪水位	m	681.75
	设计洪水位	m	680
	正常蓄水位	m	679.5
	死水位	m	666
	正常蓄水位以下库容	万 m^3	1 940
	总库容	万 m^3	2 360
	调节库容	万 m^3	780
	死库容	万 m^3	1.55
	库容系数	%	5.2
4. 电站	装机容量	kW	5 000
	多年平均发电量	万 kW·h	1 250
	设计引水位	m	660.7
	发电引水流量	m^3/s	20
	设计水头	m	29.5
三	主要建筑物及设备		
5. 挡水泄水建筑物	形式		混凝土砌石坝
	坝顶长度	m	255
	最大坝高	m	41.75
	泄水形式		泄洪洞、坝顶溢流
	堰顶高程	m	676
6. 输水建筑物	引水道形式		压力管道
	长度	m	95
	断面尺寸	m×m	2.2×2.2
	设计引水流量	m^3/s	20
	压力管道形式		圆形混凝土
	条数	条	1
	单管长度	m	2.2
	内径	m	3

续表 11-1

序号	名称	单位	数量
7. 电站厂房与开关站	厂房形式		坝后式
	主厂房尺寸（长×宽×高）	m×m×m	29×18×15
	水轮机安装高程	m	642
	开关的形式		室内柜式
	面积（长×宽）	m×m	3×2
8. 主要机电设备	水轮机型号		HL275-LJ-105
	台数	台	2
	额定出力	kW	2 000×2
	额定水头	m	29.5
	额定流量	m^3/s	7.994
	发电机型号		SF2000-14/2150
	台数	台	2
	额定容量	kW	4 000
	额定电压	kV	6.3
	额定转速	r/s	428.6
	水轮机型号		HL275-LJ-75
	台数	台	1
	额定出力	kW	1 000×1
	额定水头	m	29.5
	额定流量	m^3/s	4.07
	发电机型号		SF1000-10/1730
	台数	台	1
	额定容量	kW	1 000
	额定电压	kV	6.3
	额定转速	r/s	600
	主变压器型号		S11-4000/35
	台数	台	1
	容量	kVA	4 000
	主变压器型号		S11-2500/35
	台数	台	1
	容量	kVA	2 500
	二次控制保护设备		微机保护
9. 输电线路	电压	kV	35
	回路数	回	1
	输电距离	km	7.3

金牛岭水库电站图纸

❊ 金牛岭水库电站发电机层平面布置图

❊ 金牛岭水库电站水轮机层平面布置图

❊ 金牛岭水库电站厂房纵剖面图

❊ 金牛岭水库电站大机组横剖面图

❊ 金牛岭水库电站小机组横剖面图

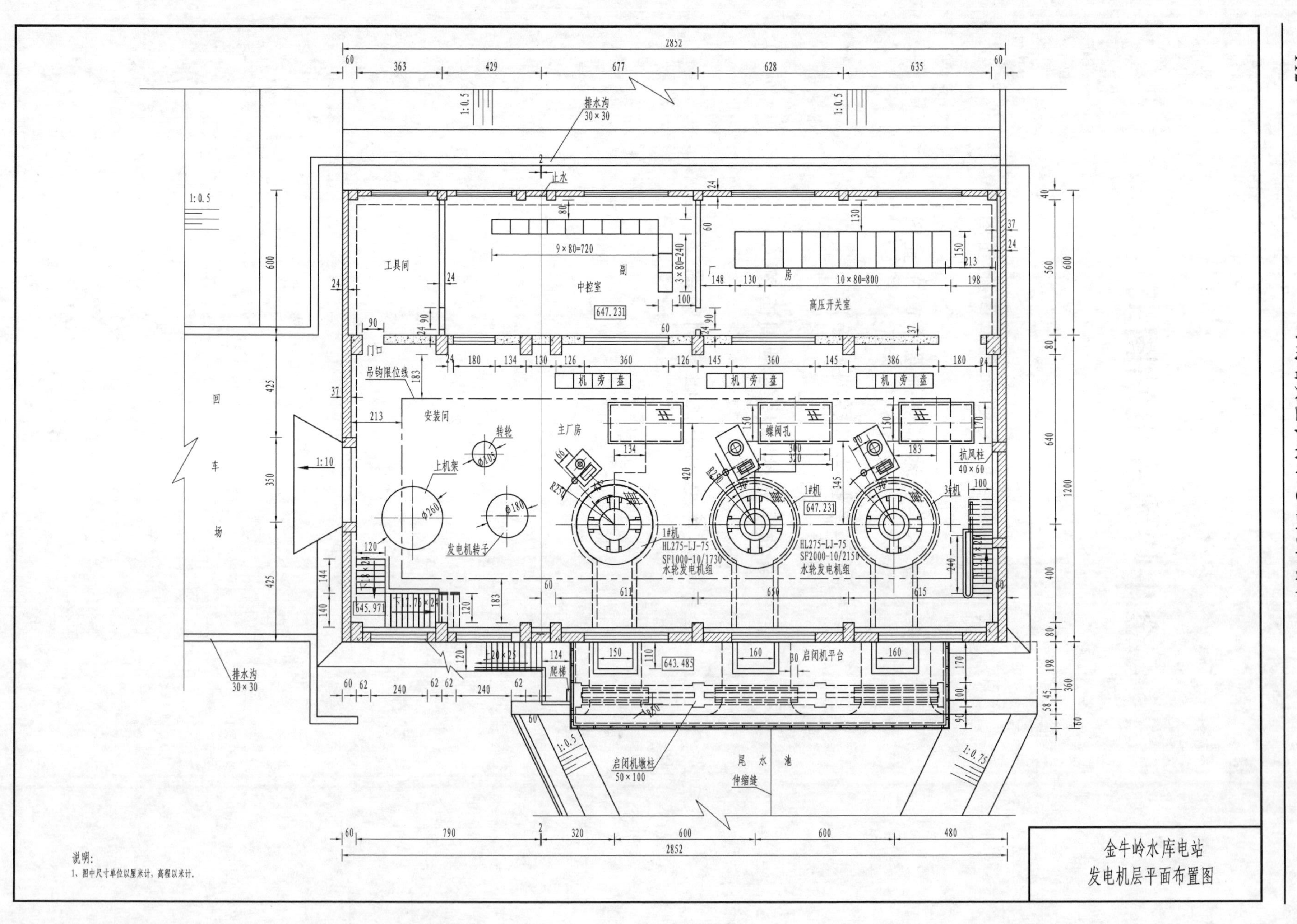
工具间
中控室
副
厂
房
高压开关室
647.231
机旁盘
门口
吊钩限位线
安装间
主厂房
转轮
上机架
发电机转子
蝶阀孔
抗风柱
40×60
1#机
2#机
3#机
HL275-LJ-75
SF1000-10/1730
水轮发电机组
HL275-LJ-75
SF2000-10/2150
水轮发电机组
645.971
643.485
启闭机平台
启闭机墩柱
50×100
尾水池
伸缩缝
排水沟
30×30
止水
回车场
1:10
1:0.5
1:0.75
肥梯
说明:
1、图中尺寸单位以厘米计，高程以米计。
金牛岭水库电站
发电机层平面布置图

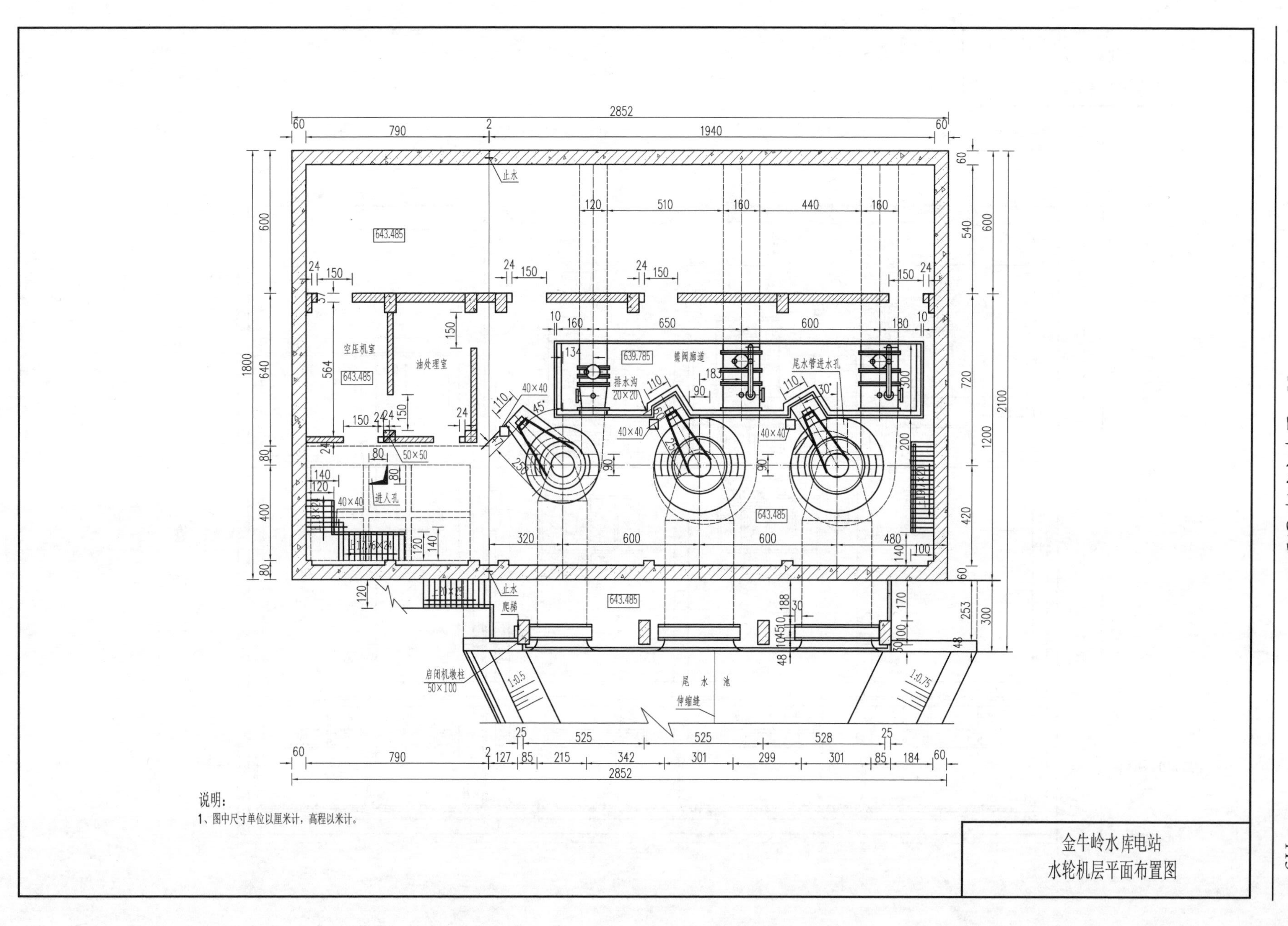
空压机室
油处理室
蝶阀廊道
排水沟
20×20
尾水管进水孔
进人孔
止水
爬梯
启闭机墩柱
50×100
尾　水　池
伸缩缝
说明：
1、图中尺寸单位以厘米计，高程以米计。
金牛岭水库电站
水轮机层平面布置图

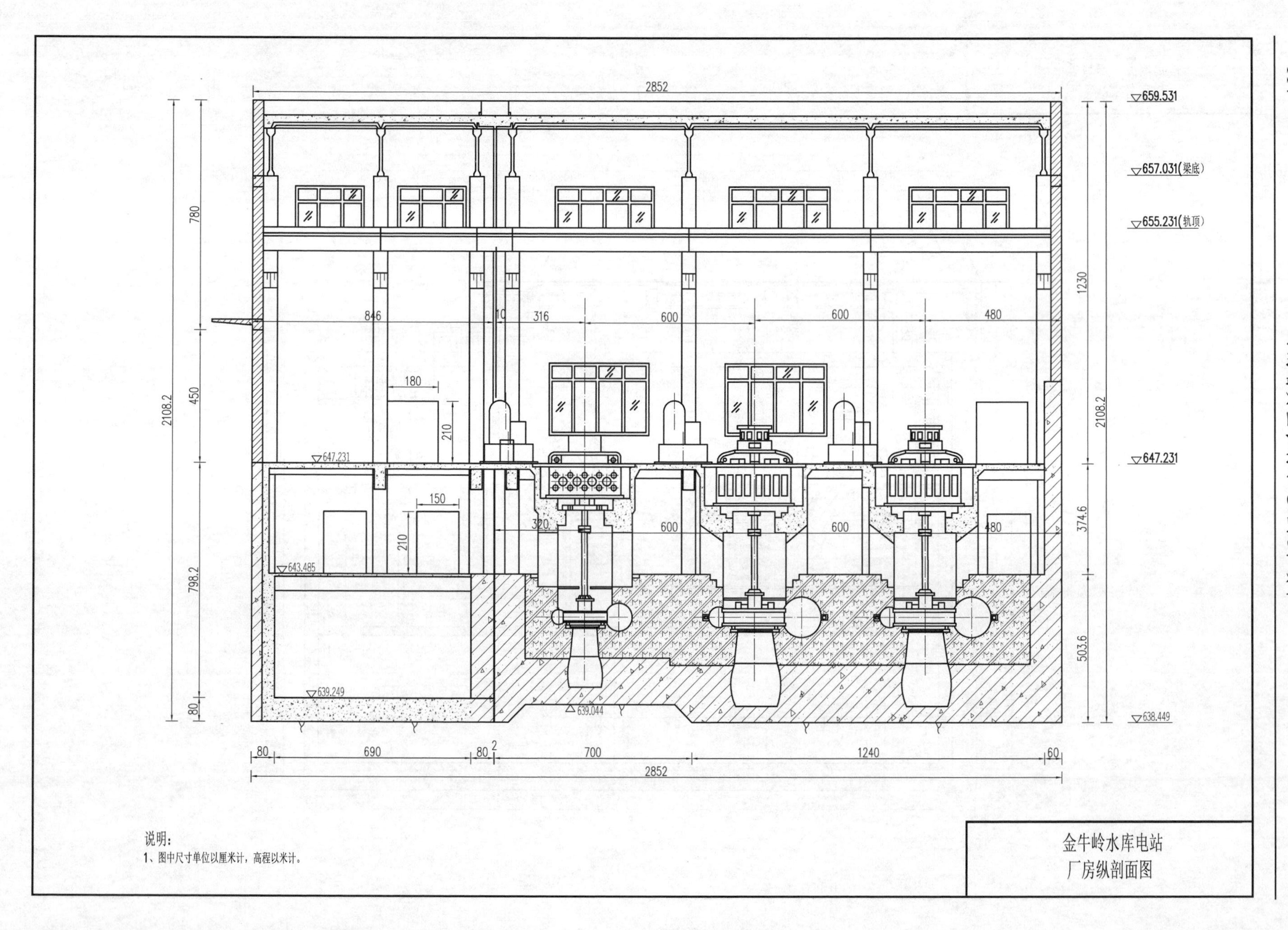

说明：

1、图中尺寸单位以厘米计，高程以米计。

金牛岭水库电站

厂房纵剖面图

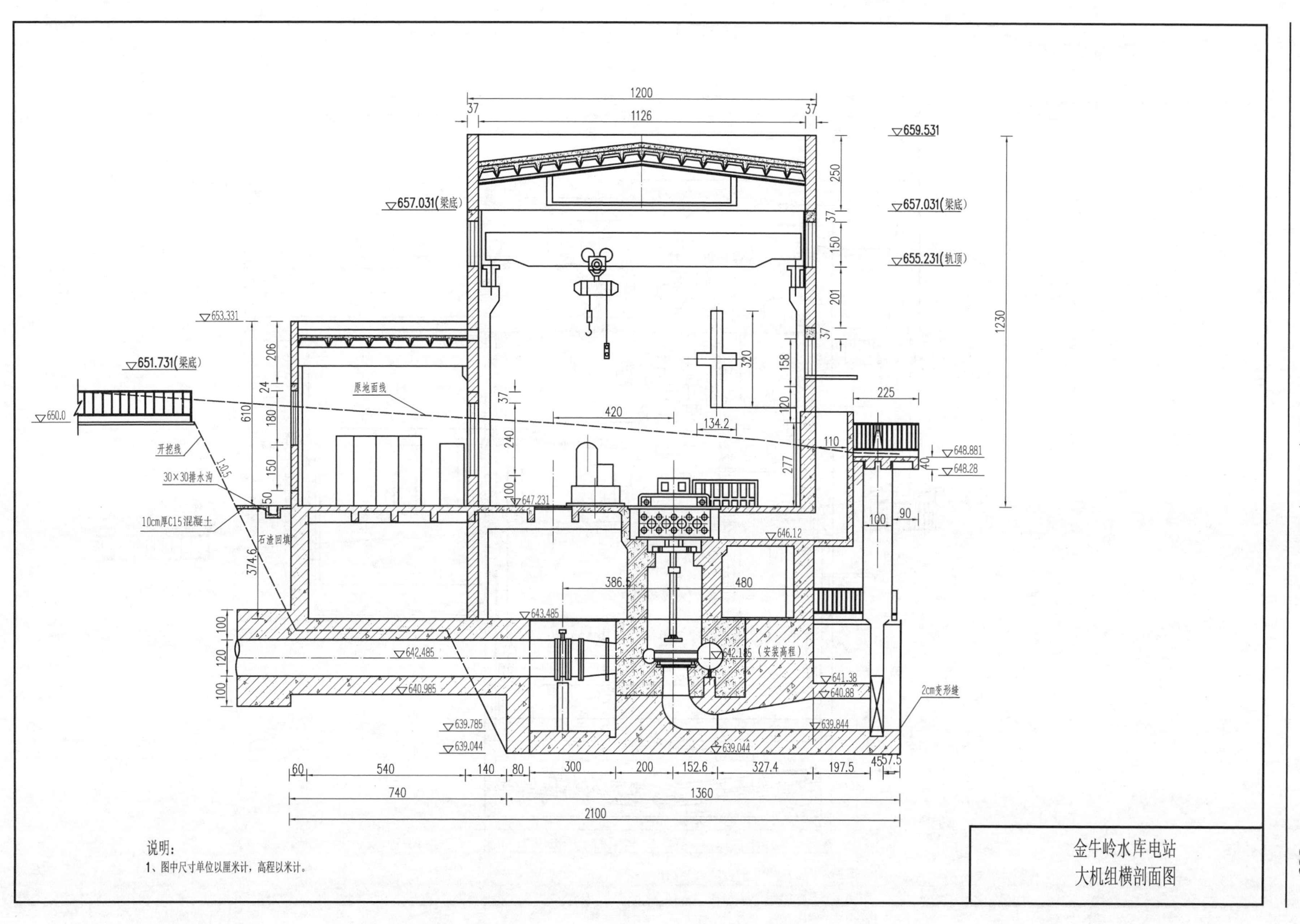
▽659.531
▽657.031(梁底)
▽657.031(梁底)
▽655.231(轨顶)
▽653.331
▽651.731(梁底)
▽650.0
原地面线
开挖线
1:0.5
30×30排水沟
10cm厚C15混凝土
石渣回填
▽647.231
▽648.881
▽648.28
▽646.12
▽643.485
▽642.485
▽642.185（安装高程）
▽640.985
▽641.38
▽640.88
▽639.844
▽639.785
▽639.044
▽639.044
2cm变形缝
1200
1126
1230
2100
1360
740
说明：
1、图中尺寸单位以厘米计，高程以米计。
金牛岭水库电站
大机组横剖面图

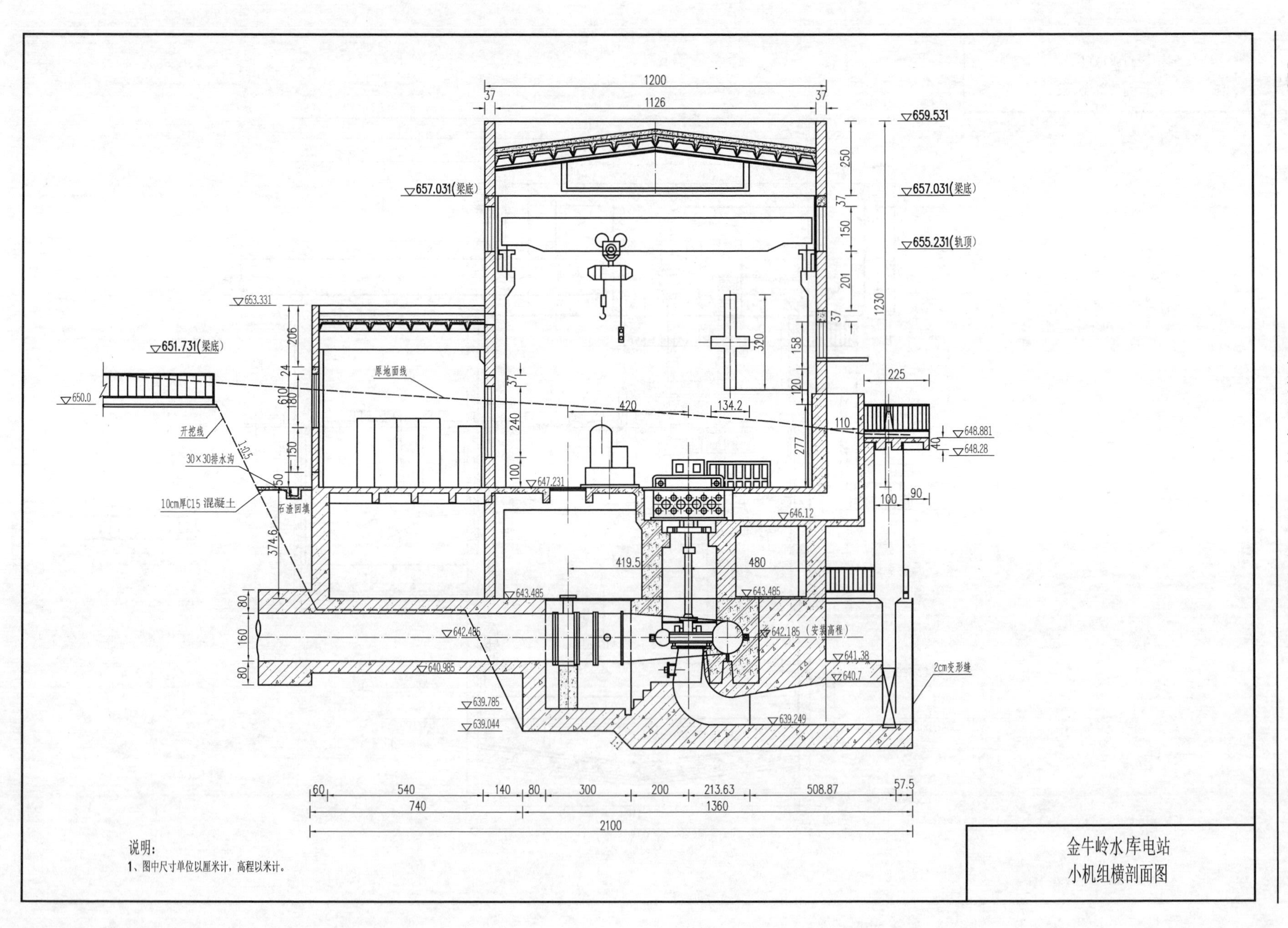
▽659.531
▽657.031(梁底)
▽657.031(梁底)
▽655.231(轨顶)
▽653.331
▽651.731(梁底)
▽650.0
原地面线
开挖线
1:0.5
30×30排水沟
10cm厚C15 混凝土
石渣回填
▽648.881
▽648.28
▽647.231
▽646.12
▽643.485
▽643.485
▽642.485
▽642.185（安装高程）
▽641.38
▽640.985
▽640.7
▽639.785
▽639.249
▽639.044
2cm变形缝
说明：
1、图中尺寸单位以厘米计，高程以米计。
金牛岭水库电站
小机组横剖面图

12 崛山水电站

12.1 工程概况

崛山水电站位于洛宁县城东约 9 km 崛山村西北，是黄河一级支流洛河干流的第七级水电站。该电站为径流引水式，主要由渠首枢纽、引水渠道、厂房枢纽三部分组成。电站设计水头 49.5 m，设计流量 40 m^3/s，设计装机容量 16 500 kW（6 500 kW+2×5 000 kW），设计多年平均发电量为 8 046 万 kW·h，设备年利用小时数 4 876 h。电站于 1993 年建成发电，总投资 7 535 万元。

崛山水电站发电用水由长水渠首引水、太平庄渠首引水两部分组成，其中长水渠首引水占发电用水的 90%。长水渠首位于洛河干流洛宁县境内长水水文站上游 1.5 km 处，引水供长水、张村、崛山 3 座梯级水电站发电和长水、马店两乡农田灌溉、人畜用水、工业用水。长水渠首坝址以上流域面积为 6 234 km^2，渠首由进水闸、冲沙闸和溢流坝三部分组成，坝轴线全长 140 m。

引水渠道全长 23.8 km，设计引水流量 40.8 m^3/s，沿洛河左岸布置。

电站厂房枢纽由前池、压力管道、厂房、发电机组、输变电线路等组成。前池长 70 m、宽 30 m、深 8.95 m，总容积 18 900 m^3，采用混凝土结构；压力管道采用单管单机供水，压力钢管单管长 147.05 m，管径分别为一根 2.2 m 和两根 2.0 m 的钢管共三条；主厂房长 27.02 m，总高度 19.34 m。副厂房布置在主厂房一端，并伸出主厂房上游 7.02 m，与主厂房形成"L"形；厂房共有三台水轮机，其中 1 号水轮机型号为 HL220K-LJ-140，配套 SF6500-16/3300 发电机，2 号和 3 号水轮机型号为 HL230a-LJ-120，配套 SF5000-12/2600 发电机；升压站设两台型号分别为 S11-125000/35 和 S11-10000/35 的主变压器，以 35 kV 架空出线一回，接入洛宁 110 kV 变电站 35 kV 母线侧；电站尾水经退水渠退至洛河。

2013 年 11 月至 2015 年 6 月，电站进行了增效扩容改造，建设主要内容是：压力管道防腐工程、机电设备更换安装工程、引水渠道西寨渗水修复工程、引水渠道红石崖漏水加固工程、渠首土建及金属机构工程等 5 个单位工程。工程实际完成投资 3 580.63 万元，其中机电设备购置 1 700 万元、水工建筑 842.63 万元、金属结构 334 万元、送出工程 109 万元、其他 595 万元。

12.2 工程布置及主要建筑物

崛山水电站总装机容量 16 500 kW，根据《水利水电工程等级划分及洪水标准》（SL 252—2017）规定，崛山水电站工程等别为Ⅳ级，电站的主要建筑物为 4 级，次要建筑物为5级。

12.2.1　渠首枢纽工程

长水渠首坝始建于1977年，经过多次冲毁修复，最近一次修复是2014年12月完工。渠首坝位于兴华沟上游100 m处，坝轴线全长140 m。坝体为建在软基础上的溢流坝，坝址处两岸裸露震旦纪安山玢岩，河宽100~150 m，坝址20年一遇洪峰流量为3 600 m^3/s。渠首自左岸到右岸布置有进水闸2孔（工作门尺寸3.5 m×2.8 m，进水高程383.80 m），冲沙闸2孔（工作门尺寸3.5 m×1.6 m，进水高程382.96 m），溢流坝段长85 m。溢流坝顶高程388.6 m，下游河床滩地高程380~382 m，进水闸、冲沙闸上游挡水防浪墙顶高程394.14 m。

12.2.2　引水渠道

引水渠道总长23.8 km，设计流量40.8 m^3/s，渠道比降1/5 000~1/2 000，渠道进行硬化衬砌，开挖断面形式分梯形和矩形两种。梯形断面渠道长16.9 km，梯形渠底宽5 m，渠深4.5 m，渠内坡1:1.5，口面宽18.5 m，纵坡比降为1/5 000。矩形断面渠道长5.3 km，矩形渠包括重力式、仰斜式和衡重式，比降为1/3 000。渠系建筑物总长1.6 km，有渡槽3座，输水涵洞6座，公路桥27座，生产桥27座，人行桥12座，渠下涵洞24座，节制闸、退水闸3座，跌水2座。

12.2.3　厂房枢纽

电站枢纽由压力前池、压力管道、主副厂房、升压站、出线线路、尾水渠等工程组成。

主厂房长42.6 m、宽12.8 m、高13.45 m，装有三台立式水轮发电机组，其中1号水轮机型号为HL220K-LJ-140，配套SF6500-16/3300发电机，2号和3号水轮机型号为HL230a-LJ-120，配套SF5000-12/2600发电机，机组段间距均为9 m。在主厂房右端设有安装间，面积为12.8 m×12.87 m。厂房内设有30 t吊车一台。主厂房从上至下分为发电机、水轮机、尾水管三层，发电机层楼板高程289.876 m，水轮机层底板高程285.036 m，尾水管底板高程279.461 m。

副厂房设在主厂房上游侧，长42.6 m、宽6.5 m，其中中央控制室6.5 m×18 m，高压开关室6.5 m×11.8 m，厂用变压器室6.5 m×6.62 m，并设有通讯室。中控室下设电缆层和通风机室。主副厂房墙为砖混凝土结构，屋面均为钢筋混凝土预制件拼装结构。

尾水渠进口底高程282.863 m，纵坡比降1/3 000，过水断面为梯形，正常输水流量40.2 m^3/s，底宽4.2 m，内边坡1:1.5，过水深3 m，渠深3.5 m。

升压站建在主厂房西侧，电气设备均安装在地面上，装有两台型号分别为S11-125000/35和S11-10000/35的主变压器，以35 kV架空出线一回，接入洛宁110 kV变电站35 kV母线侧。

12.3　工程特点

崛山水电站是径流引水式，装机规模为河南省农村水电站的第二位。该工程是利用长水渠首、太平庄渠首引水，长水渠首坝建在洛河上，由于多种因素，坝体多次被冲毁后再次修复，因此坝体稳定和安全是一个薄弱环节。

电站引水渠道长23.8 km，以农田灌溉、人畜用水、工业用水为主，兼顾发电，很好地发挥了水资源的多次利用，也提高了水能资源的利用率。但由于引水渠线长，渠道经过的地质形态复杂，渠道断面形式多样，渠系建筑物较多（104处），加之运行年限较长，出现渠道渗漏现象，渠坡坍塌等薄弱环节，需进一步加强渠道运行维护。

崛山水电站枢纽布局中规中矩，常规设计，装机容量合理。2015年经过水电增效扩容改造完成后，目前可采用现地级、操作员工作站控制，能实现在中控室对3台机组启、停操作和主要设备的监控，可达到少人值班、无人值守的运行模式。

12.4　运行管理

崛山水电站隶属洛宁新华水电开发有限公司，电站生产管理由洛宁新华水电开发有限公司生产部和优化运行调度办负责，电站安全监督由公司安全质量部负责。

崛山水电站于2017年12月实行生产运行承包制，生产运行人员由原来的19人调整为目前的12人，站长为电站的第一负责人。

12.5　崛山水电站工程特性表

表12-1　崛山水电站工程特性表

序号	名称	单位	数量
一	水文		
1	渠首控制流域面积	km^2	6 234.00
2	多年平均降雨量	mm	600~800
3	长水水文站多年平均径流量	亿m^3	14.89
4	平均流量	m^3/s	47.86
二	工程效益指标		
1	装机容量	kW	6 500+2×5 000
2	多年平均发电量	万kW·h	8 046
3	年利用小时数	h	4 876
三	主要建筑物		
1	渠首枢纽坝长	m	140
2	引水闸	m	3.5×2.8

续表 12-1

序号	名称	单位	数量
3	冲沙闸	m	3.5×1.6
4	溢流坝	m	85
5	溢流坝坝顶高程	m	388.6
6	引水渠道	km	23.8
7	设计流量	m^3/s	40.8
8	前池（长×宽×深）	m×m×m	70×30×8.95
9	前池底板高程	m	329.673
10	压力管道长	m	147.05
11	1#压力管径	m	2.2
12	1#压力管流速	m/s	4.37
13	2#压力管径	m	2
14	2#压力管流速	m/s	3.67
15	主厂房（长×宽×高）	m×m×m	42.64×19.32×13.55
16	副厂房（长×宽×高）	m×m×m	42.6×12.8×13.55
17	水轮机层底板高程	m	285.036
18	发电机层底板高程	m	289.876
19	尾水管底板高程	m	279.461
四	电站主要机电设备		
1	1#水轮机 HLA616-LJ-140	台	1
2	额定出力	kW	6 772
3	额定流量	m^3/s	14.7
4	额定水头	m	50.5
5	额定转速	r/min	428.6
6	1#发电机 SF6500-14/2600	台	1
7	发电机出力	kW	6 500
8	额定电压	V	6 300
9	额定电流	A	744.6

续表 12-1

序号	名称	单位	数量
10	发电机额定转速	r/min	428. 6
11	发电机功率因数		0. 8
12	2#、3#水轮机 HLA616-LJ-120	台	2
13	额定水头	m	50. 5
14	额定流量	m^3/s	11. 43
15	额定出力	kW	5 238
16	额定效率	%	92. 5
17	额定转速	r/min	500
18	2#、3#发电机 SF5000-12/2600	台	2
19	发电机出力	kW	5 000
20	额定电压	V	6 300
21	额定电流	A	572. 8
22	发电机额定转速	r/min	500
23	发电机功率因数		0. 8

崛山水电站图纸

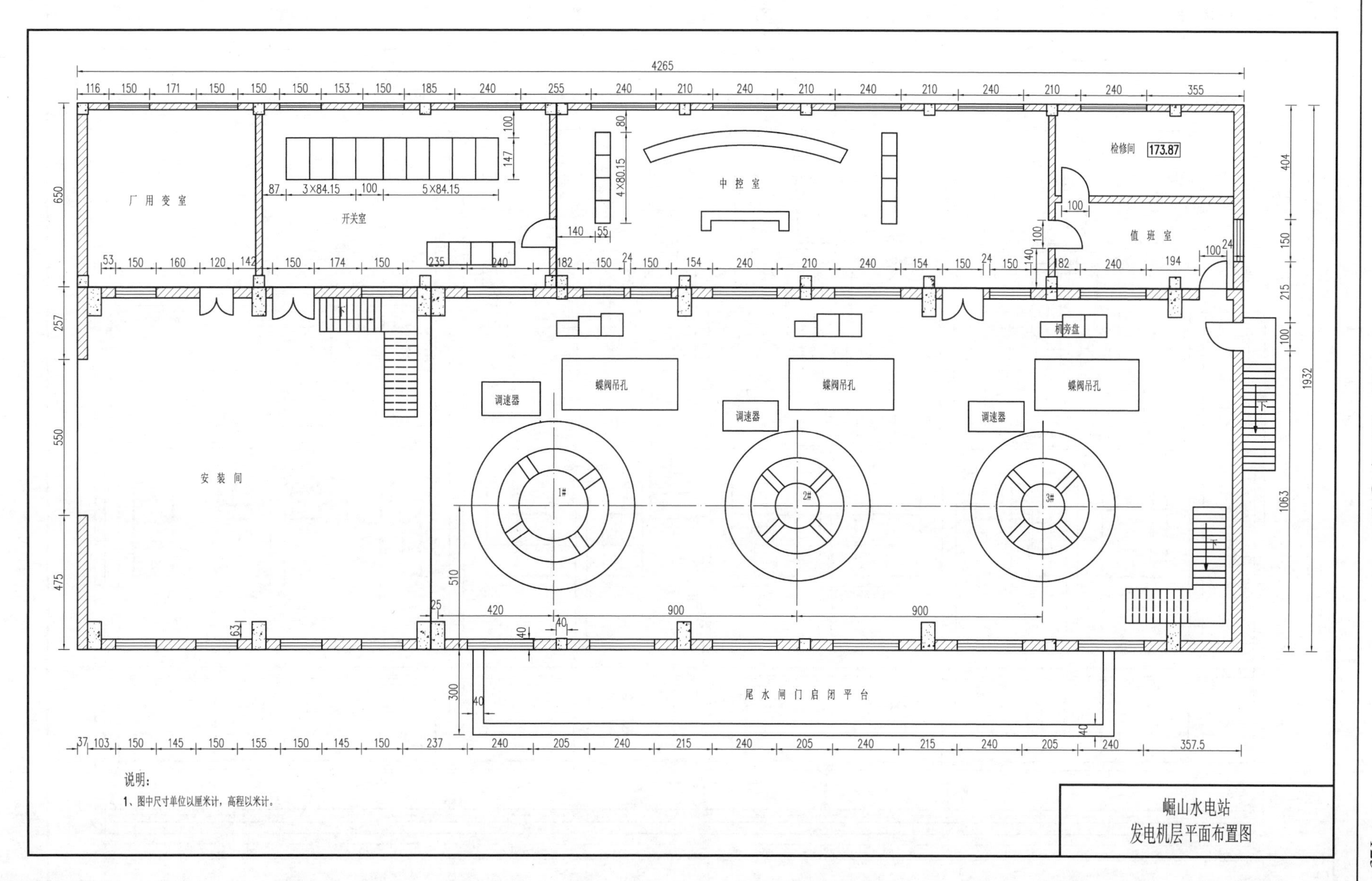

崛山水电站
发电机层平面布置图

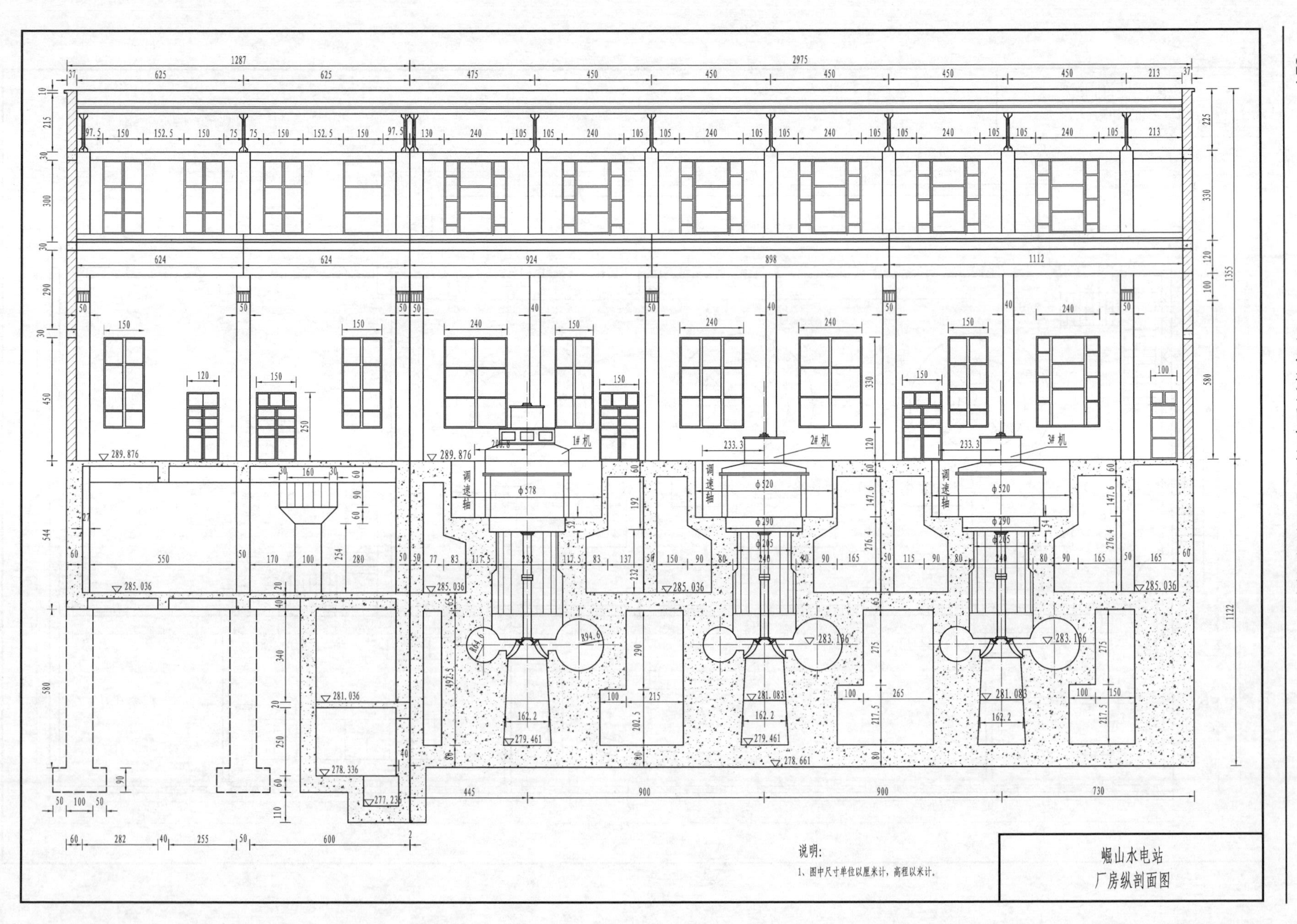
1#机
2#机
3#机
说明：
1、图中尺寸单位以厘米计，高程以米计。
崛山水电站
厂房纵剖面图

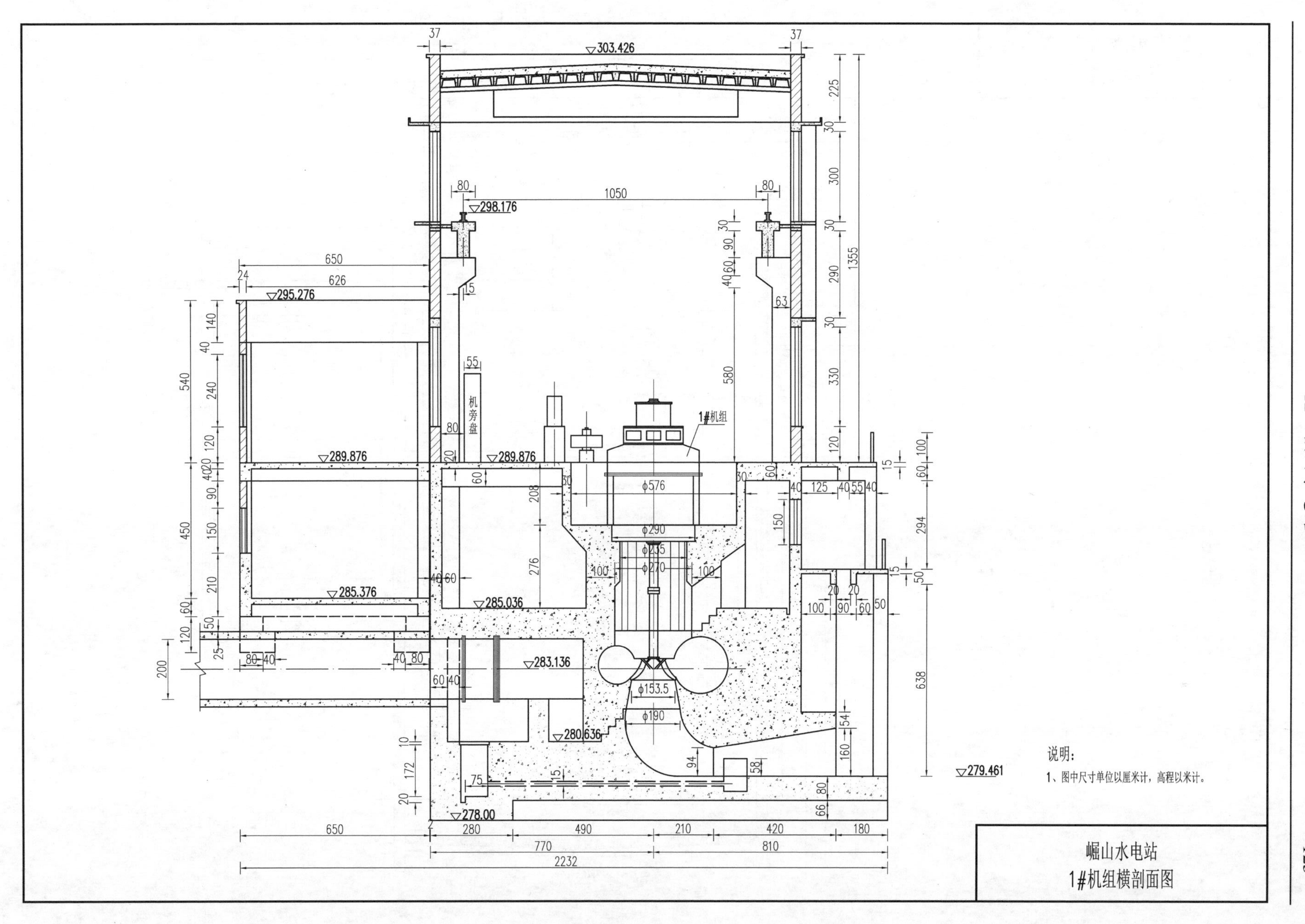
▽303.426
▽298.176
▽295.276
▽289.876
▽285.376
▽285.036
▽283.136
▽280.636
▽279.461
▽278.00
1#机组
机旁盘
说明：
1、图中尺寸单位以厘米计，高程以米计。
崛山水电站
1#机组横剖面图

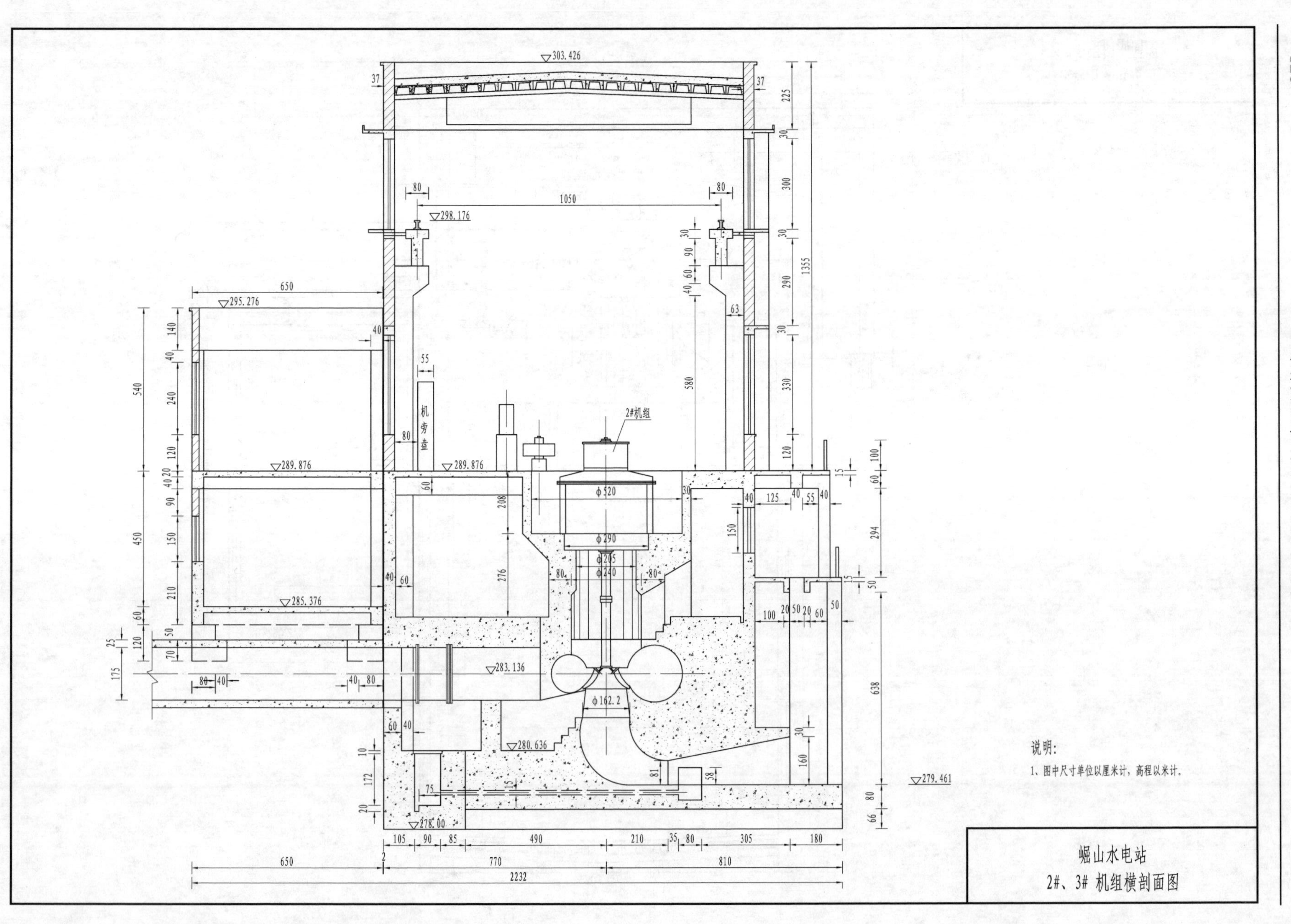

崛山水电站
2#、3# 机组横剖面图

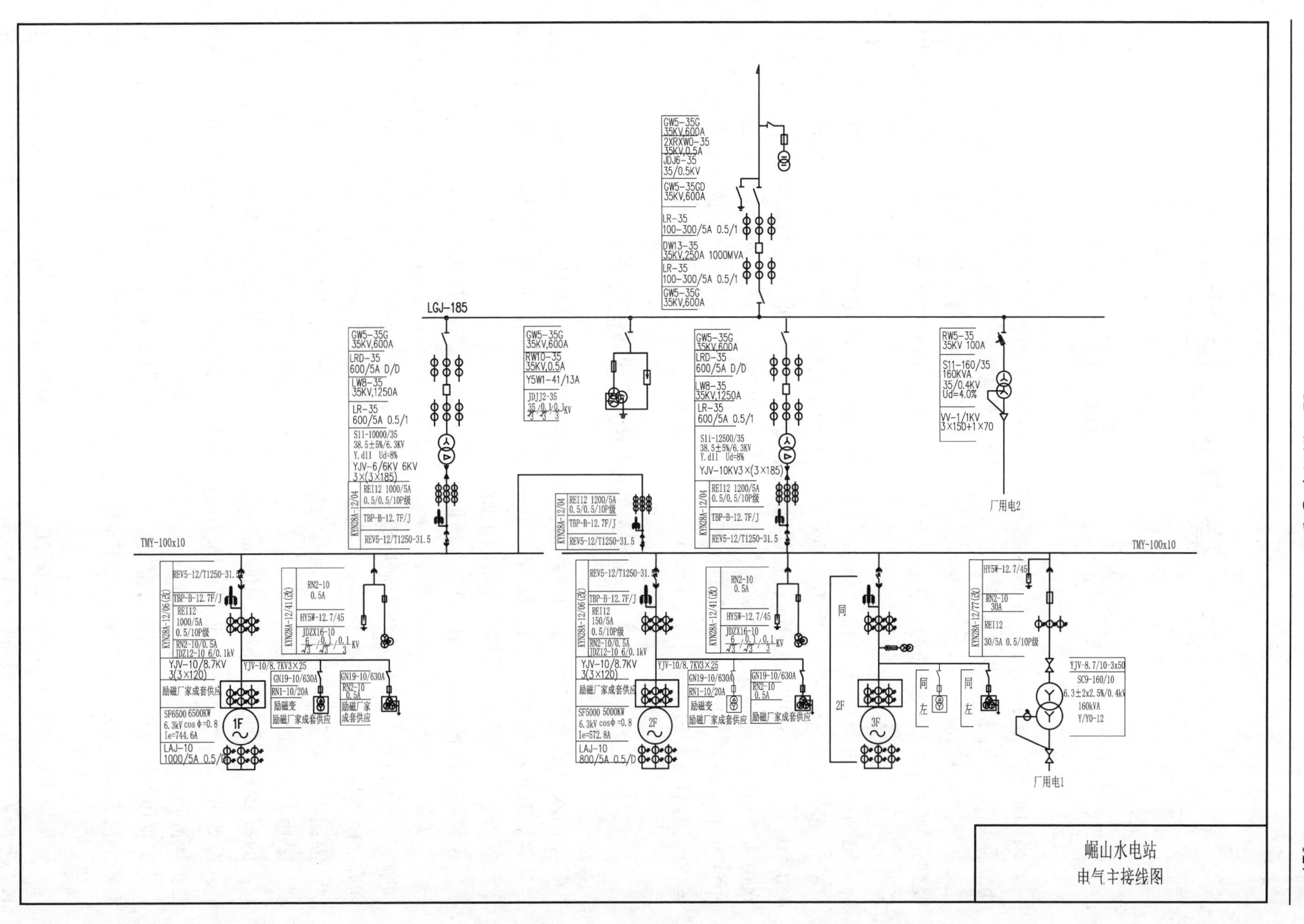
GW5-35G
35KV,600A
2XRXW0-35
35KV,0.5A
JDJ6-35
35/0.5KV
GW5-35GD
35KV,600A
LR-35
100-300/5A 0.5/1
DW13-35
35KV,250A 1000MVA
LR-35
100-300/5A 0.5/1
GW5-35G
35KV,600A
LGJ-185
GW5-35G
35KV,600A
LRD-35
600/5A D/D
LW8-35
35KV,1250A
LR-35
600/5A 0.5/1
S11-10000/35
38.5±5%/6.3KV
Y.d11 Ud=8%
YJV-6/6KV 6KV
3×(3×185)
KYN28A-12/04
REI12 1000/5A
0.5/0.5/10P级
TBP-B-12.7F/J
REV5-12/T1250-31.5
GW5-35G
35KV,600A
RW10-35
35KV,0.5A
Y5W1-41/13A
JDJJ2-35
REI12 1200/5A
0.5/0.5/10P级
TBP-B-12.7F/J
REV5-12/T1250-31.5
KYN28A-12/04
GW5-35G
35KV,600A
LRD-35
600/5A D/D
LW8-35
35KV,1250A
LR-35
600/5A 0.5/1
S11-12500/35
38.5±5%/6.3KV
Y.d11 Ud=8%
YJV-10KV3×(3×185)
KYN28A-12/04
REI12 1200/5A
0.5/0.5/10P级
TBP-B-12.7F/J
REV5-12/T1250-31.5
RW5-35
35KV 100A
S11-160/35
160KVA
35/0.4KV
Ud=4.0%
VV-1/1KV
3×150+1×70
厂用电2
TMY-100x10
TMY-100x10
REV5-12/T1250-31.5
TBP-B-12.7F/J
REI12
1000/5A
0.5/10P级
RN2-10/0.5A
JDZ12-10 6/0.1kV
KYN28A-12/06(改)
YJV-10/8.7KV
3(3×120)
励磁厂家成套供应
SF6500 6500KW
6.3kV cosφ=0.8
Ie=744.6A
LAJ-10
1000/5A 0.5/1
1F
RN2-10
0.5A
HY5W-12.7/45
JDZX16-10
KYN28A-12/41(改)
YJV-10/8.7KV3×25
GN19-10/630A
RN1-10/20A
励磁变
励磁厂家成套供应
GN19-10/630A
RN2-10
0.5A
励磁厂家
成套供应
REV5-12/T1250-31.5
TBP-B-12.7F/J
REI12
150/5A
0.5/10P级
RN2-10/0.5A
JDZ12-10 6/0.1kV
KYN28A-12/06(改)
YJV-10/8.7KV
3(3×120)
励磁厂家成套供应
SF5000 5000KW
6.3kV cosφ=0.8
Ie=572.8A
LAJ-10
800/5A 0.5/D
2F
RN2-10
0.5A
HY5W-12.7/45
JDZX16-10
KYN28A-12/41(改)
YJV-10/8.7KV3×25
GN19-10/630A
RN1-10/20A
励磁变
励磁厂家成套供应
GN19-10/630A
RN2-10
0.5A
励磁厂家成套供应
同
2F
3F
同
左
同
左
HY5W-12.7/45
RN2-10
30A
REI12
30/5A 0.5/10P级
KYN28A-12/77(改)
YJV-8.7/10-3x50
SC9-160/10
6.3±2x2.5%/0.4kV
160kVA
Y/Y0-12
厂用电1
崛山水电站
电气主接线图

13 崇阳水库电站

13.1 工程概况

崇阳水电站位于河南省洛宁县城西南 50 km 的下峪乡境内黄河一级支流洛河干流上，是以发电为主的堤坝式电站，为洛河洛宁段水电规划开发的第二级。坝址以上控制流域面积 5 690 km^2，占全流域的 47.27%，工程等别为Ⅳ等，规模为小（1）型。其主要建筑物（大坝、消能防冲建筑、厂房等）为 4 级，其余次要建筑及临时建筑物级别为 5 级。

电站设计水头 16 m，设计引水流量 2×46.97 m^3/s，总装机容量 13 MW（2×6.5 MW），多年平均发电量 3 800 万 kW · h，年利用小时数 2 923 h，电站水库校核洪水位 450.20 m，总库容 985.7 万 m^3，设计洪水位 448.25 m，相应库容 760.38 万 m^3，正常蓄水位 447.00 m，相应库容 624.2 万 m^3，死水位 442.50 m，死库容 224.5 万 m^3。工程于 2011 年 1 月开工，2013 年 1 月 1#机组完成安装调试，7 月 2#机组完成安装调试，2015 年 12 月 8 日工程竣工验收，工程总投资 1.56 亿元。

13.2 工程布置及主要建筑物

崇阳水电站主要建筑物包括两岸挡水坝、溢流坝、排沙泄洪闸、电站进水口、电站厂房等。整个枢纽大坝坝顶总长 183.30 m。除左岸挡水坝段和排沙闸坝段采用常态混凝土浇筑外，其余坝段均采用碾压混凝土施工。

两岸挡水坝段为 1#及 10#坝段，坝顶高程 450.70 m。两坝段均坐落在弱风化岩石基础上。左岸 1#挡水坝坝段长 7.30 m，坝基最低开挖高程 440.50 m，最大坝高 10.20 m，坝顶宽度 3.00 m。右岸 10#挡水坝坝段长 33.50 m，坝基最低开挖高程 425.79 m，最大坝高 24.91 m，坝顶宽度 6.50 m。左右岸挡水坝段上游坝坡垂直，下游坝坡 1:0.75。

溢流坝布置于主河床部位，建基在河床砂卵石及崩塌堆积体基础上，为软基重力坝，采用“溢流堰+橡胶坝”的布置方式。溢流堰顶部高程 442.50 m，堰顶上部设 4.60 m 高的枕式橡胶坝，单跨坝长 109 m，分为 2#～7#共 6 个坝段，分别长 9.37 m、25.03 m、20.5 m、20.50 m、20.50 m、16.10 m。下游采用底流下挖式消力池消能防冲，消力池护坦高程 426.20 m，池深 1.8 m，消力池总长 36 m。

8#坝段为排沙闸，采用常态混凝土浇筑。坝段长 10.00 m，闸顶高程 450.70 m，闸室顺水流方向长 30.50 m。闸室采用胸墙式闸孔布置，设检修门、工作门各一道，由液压式启闭机启闭。

9#坝段为电站进水口，坝段长 20.5 m，坝顶高程 450.70 m，沿水流方向长 21.00 m。进水口为两孔，底板高程 434.35 m，闸室设有进口拦污栅和快速事故闸门。拦污栅孔口尺寸为6.5 m×6.5 m（宽×高），过栅流速1.16 m/s，采用提栅清污。快速事故闸门采用快速门为潜孔式平面定轮钢闸门，孔口尺寸4.3 m×4.5 m（宽×高），坝顶布置启闭机排架。

电站厂房为坝后式地面厂房。主厂房尺寸33.4 m×21.4 m（长×宽），水轮机安装高程429.73 m。厂房内安装两台型号为ZD660-LH-265水轮机和两台型号为SF6.5-28/3680发电机。主厂房采用机械通风结合自然通风方式。重要区域如继保室、通讯设备室及办公室等采用空调，主厂房发电机层设置电热辐射板作为辅助采暖设备。

发电机额定电压为10.5 kV，其相应配电装置选用XGN型固定式户内交流金属封闭开关柜，厂用电配电装置选用GCS型低压抽出式开关柜。

35 kV配电装置采用户内布置，初步选用KYN型移开式交流金属封闭开关柜。

升压站主变压器布置在室外安装间右侧。电站通过5.85 km长的35 kV输电线路并入洛宁崇阳变电站。电站以35 kV电压等级一回架空线路送至洛宁县崇阳变电站，输送容量为电站装机容量13 000 kW。发电机出口电压为10.5 kV，升压至35 kV，出线为一回。10.5 kV发电机电压侧采用扩大单元接线方式，全站设置1台升压变压器，变压器低电压侧为一回主变进线、高电压侧为一回架空出线。另引高电压线路一回，与厂用变压器连接，采用变压器、线路组接线。

主变选用S10系列节能变压器，型号为S10-20000/35。10 kV与35 kV厂用变选用SC10系列环氧树脂绝缘干式变压器。

电站设置计算机监控系统，对电站主要机电设备进行集中监视和控制。所有保护装置均采用微机型成套保护装置。

根据水工建筑物的布置，崇阳水电站金属结构设备主要布置在电站和冲沙闸，承担引水发电、排沙和施工导流控制水流的任务。共设有拦污栅和闸门8扇（其中拦污栅2扇，平面闸门6扇），各种门（栅）槽埋件8套，各种类型启闭机共5台（其中单轨移动启闭机、液压启闭机、台车式启闭机各1台，固定卷扬启闭机2台）。金属结构设备总重为270.5 t。

13.3　工程特点

崇阳水库电站一是利用筑坝来抬高水头发电，因此该电站采用低水头大流量立式发电机组，单机装机容量6 500 kW，目前是我省农村水电站单机装机容量较大的水电站；二是由于故县水库和崇阳水库梯级衔接，电站在确定装机规模和台数上与故县水库电站尽量做到相匹配，故县水库电站设计承担洛阳电网的峰荷运行，满发时额定下泄流量为108 m^3/s，崇阳水库运行时与故县水库同步发电，另外为了多利用水量，利用部分库容调节水量发电；三是为了增加蓄水量，水库坝顶设有橡胶坝，非汛期橡胶坝抬高蓄水，洪水期塌坝泄洪，既提高水能资源有效利用，又保证汛期度汛安全；四是水电站枢纽布置紧凑，采取室内35 kV开关站布置形式，节省了工程占地，设备巡行、维护、检修方便。

13.4　运行管理

工程于 2011 年 1 月 11 日开工建设，2013 年 7 月 31 日两台机组投产发电。崇阳水库电站隶属洛宁新华崇阳发电有限公司，洛宁新华水电开发有限公司为一套经营班子，下辖各电站生产管理由洛宁新华水电开发有限公司生产部和优化运行调度办负责，电站安全监督由公司安全质量部负责。电站人员设置 6 人，其中站长 1 人、运行人员 5 人，电站检修工作由公司检修班负责。崇阳水库电站实行生产运行承包制，由原来的 16 人调整为目前的 6 人，站长为电站的第一负责人，运行人员减少后，增加了工资福利，提高了运行人员的工作积极性，实行运维一体化，电站随时保证 5 人在岗，不值班期间，进行设备的维护工作，提高了设备的可靠性和完好率。

崇阳水库电站自投运以来，严格按照“高标准、严要求、保安全、促发展”的目标，坚持“安全第一、预防为主、综合治理”的方针，紧紧围绕安全生产、经济运行，不断完善安全生产管理体系，成立以站长为组长的安全生产领导小组，制定电站各级人员安全生产责任制，认真落实洛宁新华水电开发有限公司的安全生产规章制度。

13.5　崇阳水库电站工程特性表

表 13-1　崇阳水库电站工程特性表

名称	单位	数量	备注
一、水文			
1. 流域面积			
全流域	km^2	12 037	
坝址以上	km^2	5 690	
2. 多年平均入库年径流量	亿 m^3	11.52	
二、水库			
1. 水库水位			
设计洪水位	m	448.25	
校核洪水位	m	450.20	
正常蓄水位（正常运行最高水位）	m	447.00	
死水位	m	442.50	
2. 水库容积			
总库容（校核洪水位以下库容）	万 m^3	985.7	
正常蓄水位以下库容	万 m^3	624.2	有效库容 368.5
调节库容	万 m^3	70	
3. 调节特性			日调节

续表 13-1

名称	单位	数量	备注
三、电站			
电站水头	m	16	
设计引水流量	m^3/s	46.97	单机
装机容量	MW	13	
保证出力（P=80%）	MW	2.2	
多年平均发电量	万 kW·h	3 800	
年利用小时数	h	2 923	
四、主要建筑物及设备			
1. 挡水建筑物			碾压混凝土重力坝
坝顶高程	m	450.70	
最大坝高	m	24.91	右岸
坝顶总长	m	176.30	
2. 泄水建筑物形式			
（1）溢流段			
溢流段长度	m	115	
橡胶坝高度	m	4.6	
橡胶坝坝顶高程	m	447.10	
橡胶坝基座高程	m	442.50	
橡胶坝下重力坝最大坝高	m	15.50	
坝下防渗墙厚	m	0.6	混凝土防渗墙
最大单宽流量	$m^3/(s·m)$	29.78	橡胶坝塌坝运行
消能方式			底流消能
消力池长	m	36	钢筋混凝土结构
消力池深	m	1.8	
海漫总长	m	44	“浆砌石+干砌石”结构
其中浆砌石段海漫长	m	24	
（2）排沙泄洪闸			一孔
进口底板高程	m	430.00	
①工作闸门尺寸	m×m	5×4	平面定轮钢闸门
②检修闸门尺寸	m×m	5.0×9.5	平面滑动闸门（两节）

续表 13-1

名称	单位	数量	备注
最大单宽流量	m^3/（s · m）	65. 4	
3. 发电引水建筑物			
设计引用流量（1 台）	m^3/s	46. 97	单机
进水口底槛高程	m	434. 35	
拦污栅孔口尺寸	m×m	6. 5×6. 5	
事故检修闸门尺寸	m×m	4. 3×4. 5	
启闭机容量（固定卷扬启闭机）	kN	500	扬程 18 m
压力管道形式断面尺寸	m×m	4. 3×4. 3	钢筋混凝土
4. 厂房			
形式			地面厂房
地基特性			崩塌堆积物
主厂房尺寸（长×宽）	m×m	33. 4×21. 4	
水轮机安装高程	m	429. 73	
5. 开关站			
35 kV 开关柜 KYN-40. 5	面	4	
10. 5 kV 开关柜 XGN-12	面	11	
6. 主要机电设备			
（1）水轮机			
台数	台	2	型号 ZD660-LH-265
额定出力	MW	6. 842	
额定转速	r/min	214. 3	
吸出高度	m	-0. 27	
最大工作水头	m	16. 50	
最小工作水头	m	12. 00	
额定水头	m	16. 00	
额定流量（单机）	m^3/s	48. 12	
（2）发电机			
台数	台	2	型号 SF6. 5-28/3680
单机容量	MW	6. 5	
发电机功率因数		0. 8	

续表 13-1

名称	单位	数量	备注
额定电压	kV	10.5	
（3）厂内桥式起重机	台	1	起重量 50/10 t,跨度 L_k = 11 m
（4）主变压器			
数量及规格	台	1	S10-20000/35
输电线电压	kV	35	
回路数	回	1	
输电目的地			洛宁崇阳 35 kV 变电站
输电距离	km	5.85	

崇阳水库电站图纸

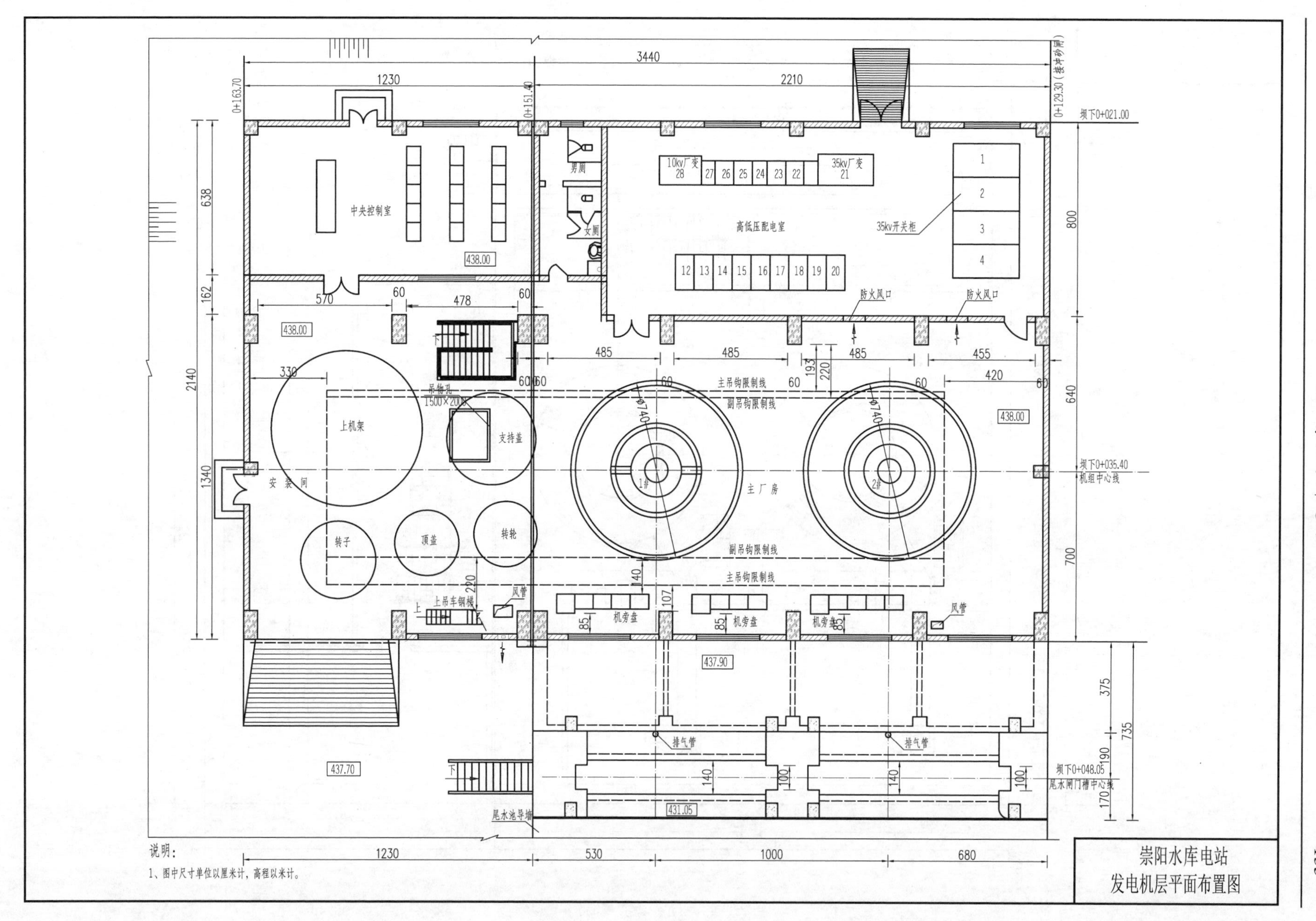
崇阳水库电站
发电机层平面布置图
说明：
1、图中尺寸单位以厘米计，高程以米计。
中央控制室
高低压配电室
35kv开关柜
10kv厂变
35kv厂变
男厕
女厕
防火风口
主厂房
安装间
上机架
支持盖
转子
顶盖
转轮
吊物孔
1500×2000
主吊钩限制线
副吊钩限制线
机旁盘
风管
上吊车钢梯
排气管
尾水池导墙
坝下0+021.00
坝下0+035.40
机组中心线
坝下0+048.05
尾水闸门槽中心线
0+163.70
0+151.40
0+129.30
438.00
437.90
437.70
431.05
3440
1230
2210
638
162
2140
1340
800
640
700
375
735
190
170
530
1000
680
φ740

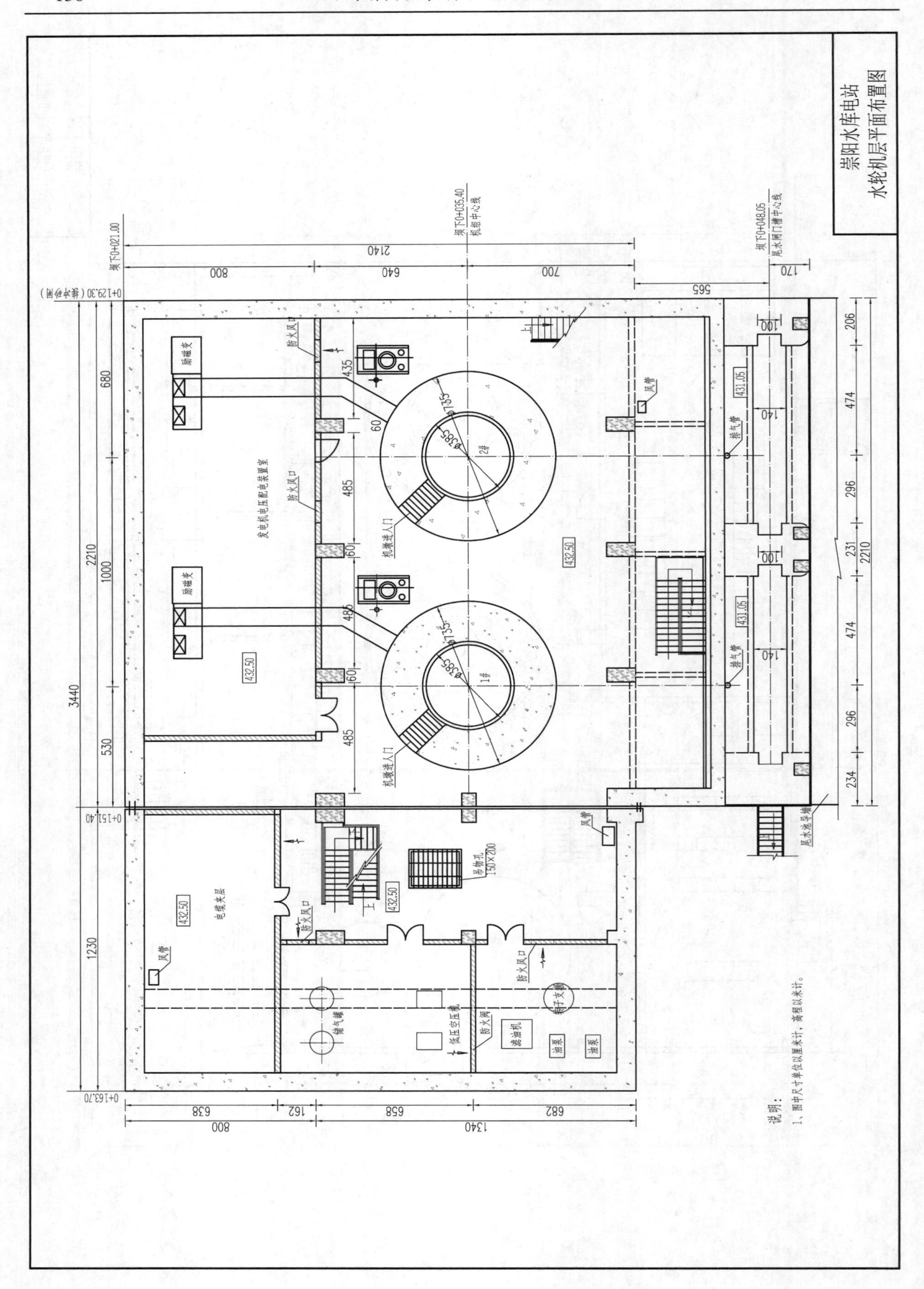
崇阳水库电站
水轮机层平面布置图
发电机电压配电装置室
电缆夹层
机墩进人门
432.50
431.05
说明：
1、图中尺寸单位以厘米计，高程以米计。

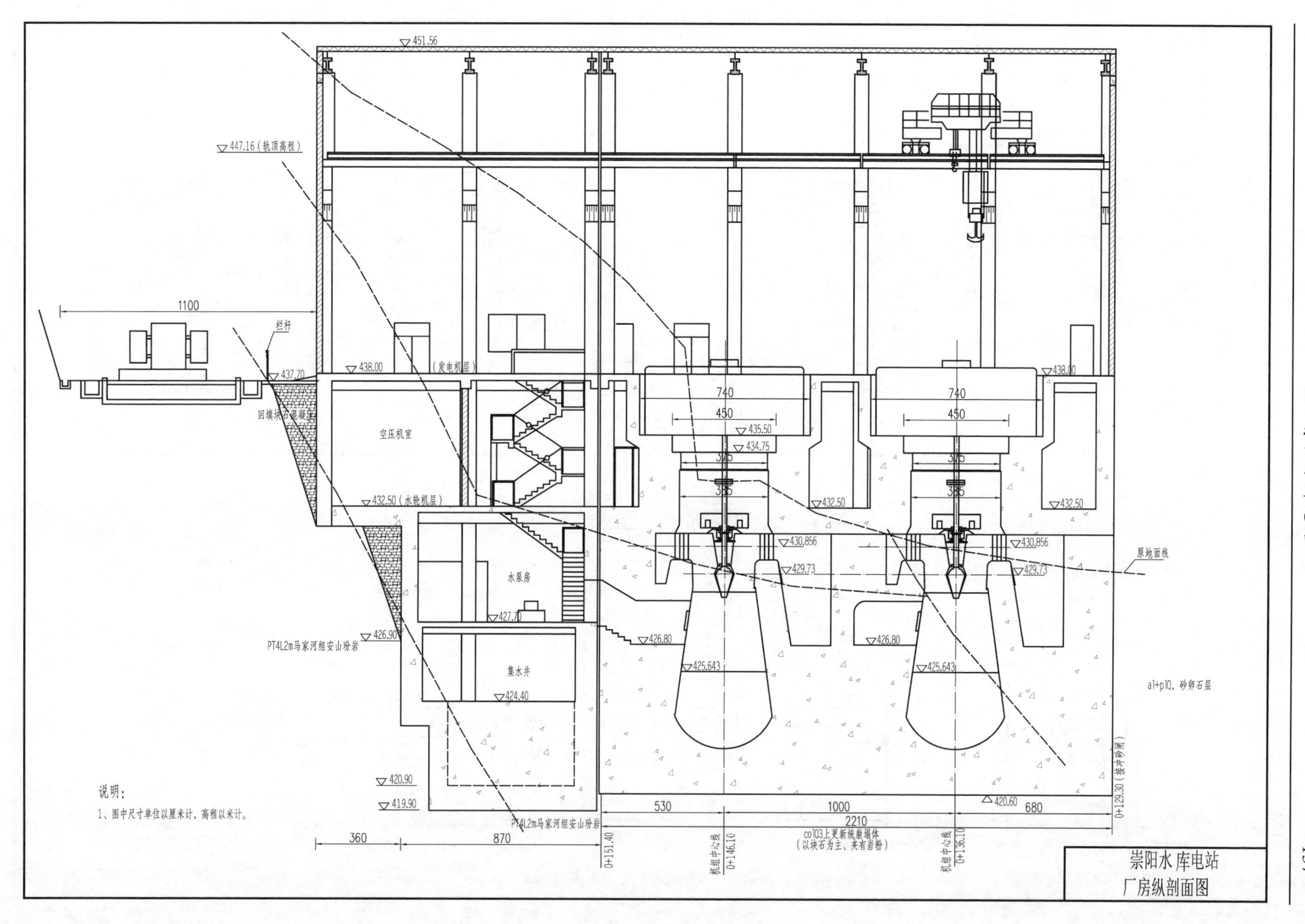
▽451.56
▽447.16(轨顶高程)
1100
栏杆
▽437.70
回填块石混凝土
▽438.00
(发电机层)
空压机室
▽432.50(水轮机层)
水泵房
▽427.70
集水井
▽424.40
PT4L2m马家河组安山玢岩
▽426.90
▽420.90
▽419.90
PT4L2m马家河组安山玢岩
740
450
▽435.50
▽434.75
▽432.50
▽430.856
▽429.73
▽426.80
▽425.643
▽438.00
原地面线
al+pl0，砂卵石层
▽420.60
0+129.30(集水砂闸)
360
870
530
1000
2210
680
0+151.40
机组中心线
0+146.10
col03上更新统崩塌体
(以块石为主、夹有岩粉)
机组中心线
0+136.10
说明：
1、图中尺寸单位以厘米计，高程以米计。
崇阳水库电站
厂房纵剖面图

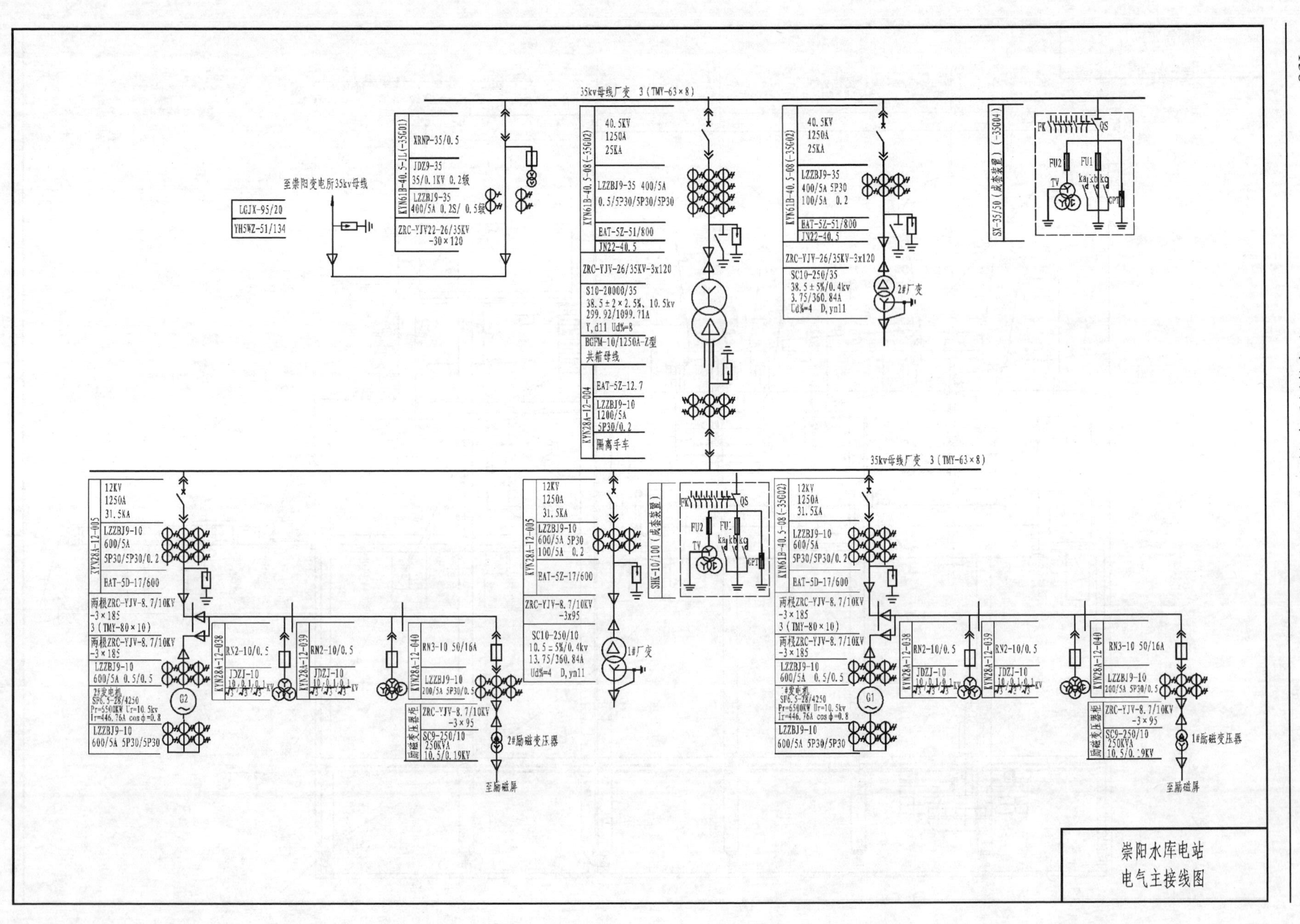
崇阳水库电站
电气主接线图

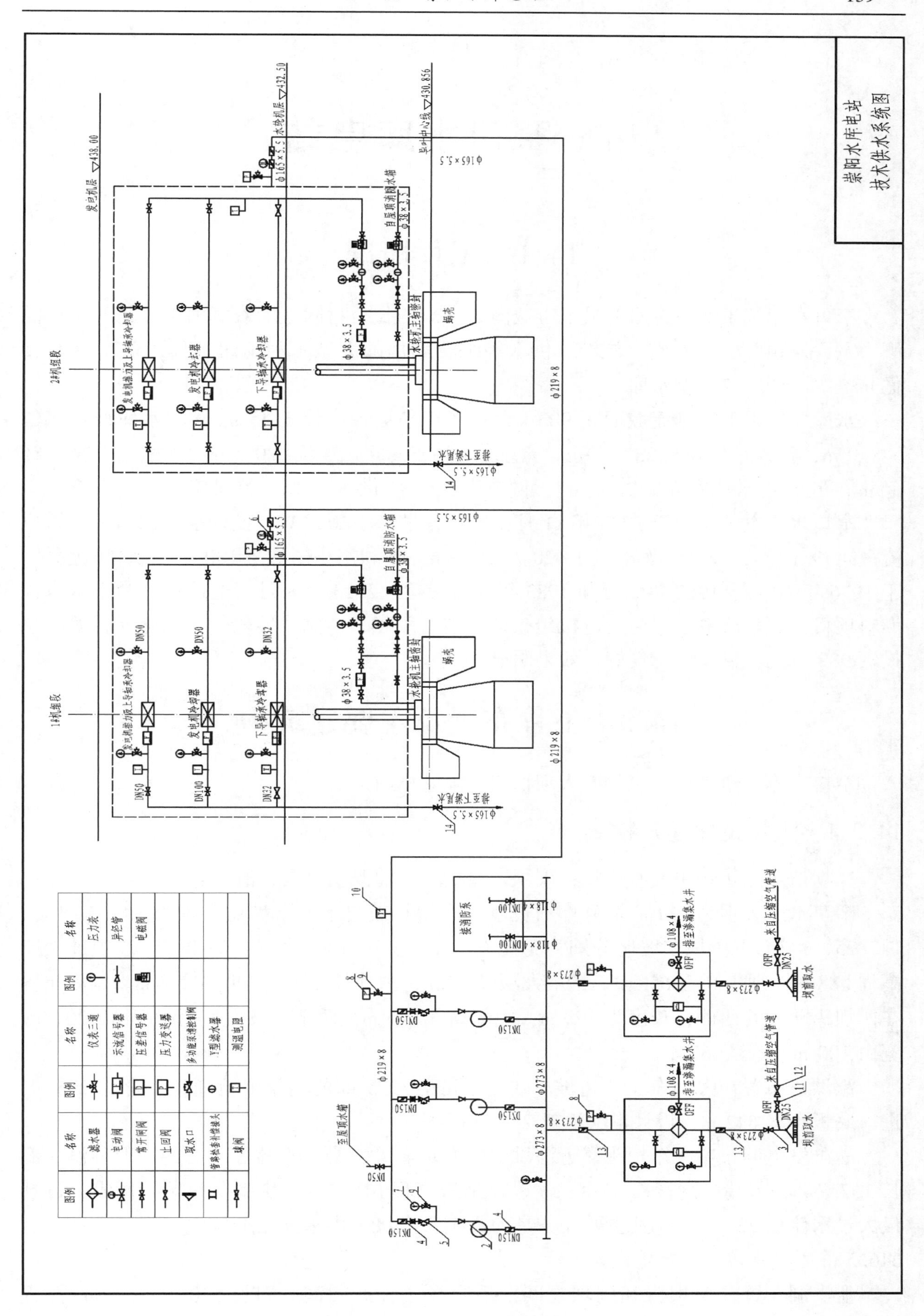

图例
名称
滤水器
电动阀
常开闸阀
止回阀
取水口
管路松套补偿接头
球阀
仪表三通
示流信号器
压差信号器
压力变送器
多功能泵滑控制阀
Y型滤水器
测温电阻
压力表
异径管
电磁阀
1#机组段
2#机组段
发电机层 ▽438.00
水轮机层 ▽432.50
蜗叶中心线 ▽430.856
发电机推力及上导轴承冷却器
发电机冷却器
下导轴承冷却器
水轮机主轴密封
蜗壳
自屋顶消防水箱
排至下游尾水
至屋顶水箱
接消防泵
排至渗漏集水井
来自压缩空气管道
坝前取水
φ219×8
φ273×8
φ165×5.5
φ38×3.5
φ108×4
φ18×4
崇阳水库电站
技术供水系统图

14 窄口水库电站

14.1 工程概况

窄口水库位于河南省西部灵宝市城南 23 km 的长桥村附近宏农涧河上，是一座以灌溉为主，兼顾发电、养殖、旅游、供水等综合利用的大型水利枢纽工程，总库容 1.85 亿 m^3，属于大（2）型水库。

水库坝址以上控制流域面积 903 km^2，多年平均径流量 1.55 亿 m^3。水库设计水位 648.9 m，校核水位 656.23 m，正常蓄水位 646.5 m，死水位 620.5 m；水库总库容 1.85 亿 m^3，正常蓄水位库容 1.29 亿 m^3，调节库容 0.83 亿 m^3，死库容 0.37 亿 m^3。

窄口水库电站始建于 1973 年 11 月，装机容量 3×1 600 kW，设计水头 51.7 m，单机流量 4.08 m^3/s，设计年发电量 1 420 万 kW · h，年利用小时数 4 180 h。三台机组分别于 1976 年 10 月、1982 年 2 月和 1983 年 4 月投运。2013 年 8 月，电站被列为小水电代燃料项目，更新改造了三台发电机组、调速器、励磁、蝶阀、转轮、自动化元件等，总投资 989 万元，目前运行良好，效果明显。

14.2 工程布置及主要建筑物

窄口水库枢纽主要建筑物有大坝枢纽、电站枢纽。

14.2.1 大坝枢纽建筑物

大坝枢纽建筑物主要有主坝、副坝、溢洪道、灌溉发电洞、泄洪洞。

窄口水库大坝为黏土心墙砂卵石壳坝。上游坝坡自上而下坡比分别为 1∶1.5～1∶2、1∶2.25、1∶3，下游坝坡坡比分别为 1∶1.65、1∶1.65、1∶2、1∶(2.5～2.75)。坝址河床高程 588 m，坝顶高程 658.0 m，最大坝高 77 m，坝顶长 258 m，坝顶宽 8 m。副坝布置在西坝头跃天岭西侧，长度为 109 m，底部高程 645 m，两岸边坡由 1∶1渐变至 1∶20，底宽由 100 m 渐变至 67 m。

溢洪道布置在大坝东头，边坡 1∶1，为底宽 32.5 m 的明渠泄流通道，全长 295 m，进口底板高程 642 m，设计最大泄量 2 700 m^3/s。

灌溉发电洞布置在东坝头靠近溢洪道的右坝肩处，为一直径 2.4 m 的圆形隧洞，洞长 162.7 m，末端接钢管长 79.8 m。进口地板高程 616.5 m，由喇叭口紧接闸室，设计最大过水流量 22 m^3/s 。其主要任务是为灵宝市灌溉、供水并结合发电，当库水位达到 646.5 m 兴利水位时参加泄洪。

泄洪洞布置在西坝头和副坝之间，系内径 3.5 m 圆洞。洞长 520.1 m。进口高程

620.5 m，设计最大泄量 198 m^3/s。

14.2.2　电站枢纽建筑物

窄口水库电站属坝后式电站，建筑物由压力钢管、主副厂房、升压站、尾水渠等组成。

电站从灌溉发电隧洞引水，经压力钢管梳状分叉为四支管，除一支管（内径 1.9 m）通向灌溉渠道外，其余三支管（内径 1.2 m）进入厂房向三台卧式水轮发电机组供水。

电站主厂房长 33.19 m、宽 18.62 m、高 17.56 m，布置有三台 HL220a-WJ-71 型水轮机配套 SFW1-J1800-8/1730 发电机组，水轮机安装高程为 582.77 m，厂房内安装有 10 t 电动双梁式起重机一台，跨度 10.5 m。主场下层有蝶阀室、锥阀室、电缆廊道、空压机室、水泵室、集水井等。副厂房布置在主厂房上游侧，有安装间、中控室、开关室等。

升压站位于厂房西南角，尺寸 15.50 m×20.0 m，地面高程 582.60 m，站内设 35 kV 主变压器一台及相应开关设备，出线构架以 35 kV 线路向厂房背后跨越溢洪道至灵宝市，同时还有 10 kV 变压器一台及相应的开关设备，出线构架以 10 kV 线路分两路出线，分别向长桥村和坝区供电。

发电尾水经尾水池进入灌区灌溉渠道。

14.3　工程特点

窄口水电站为坝后式电站，工程设计中规中矩，没有突出特点，经过小水电代燃料工程改造后，电站可以实现在集控中心对三台机组进行监控和操作，达到无人值班、少人值守运行模式。

14.4　运行管理

窄口水电站属于窄口库区管理局的二级机构，窄口库区管理局为灵宝市政府直属的正科级事业单位，行政隶属灵宝市委、市政府，业务隶属三门峡市水利局。电站在册人数 49 人，设有站长 1 名，副站长 3 名。

窄口水电站自投产以来，按照“高标准、严要求、保安全、促发展”的目标，坚持“安全第一、预防为主、综合治理”的方针，紧紧围绕安全生产、经济运行，不断完善安全生产管理体系，成立以站长为组长的安全生产领导小组，制定各级人员安全生产责任制，认真落实以安全生产责任制为核心的安全生产规章制度，制订和完善三级安全目标及实现安全目标的保证措施，有效形成了安全生产的激励和约束机制。

14.5　窑口水库电站工程特性表

表 14-5　窑口水库电站工程特性表

序号	名称	单位	数量	备注
一	水文			
1	坝（闸）址以上流域面积	km^2	903	
2	多年平均年径流量	亿 m^3	1.55	
二	工程规模			
3. 水库	校核洪水位	m	656.23	
	设计洪水位	m	648.9	
	正常蓄水位	m	646.5	
	死水位	m	620.5	
	正常蓄水位以下库容	亿 m^3	1.29	
	总库容	亿 m^3	1.85	
	调节库容	亿 m^3	0.83	
	死库容	亿 m^3	0.37	
	库容系数			
4. 电站	装机容量	kW	4 800	
	多年平均发电量	万 kW · h	1 420	
	设计引水位	m	644.5	
	发电引水流量	m^3/s	4.08	
	设计水头	m	51.7	
三	主要建筑物及设备			
5. 挡水、泄水建筑物	形式		黏土心墙坝	
	坝顶长度	m	258	
	最大坝高	m	77	
	泄水形式		泄洪洞、溢洪道	
	坝顶高程	m	658	
	孔口尺寸			

续表 14-5

序号	名称	单位	数量	备注
6. 输水建筑物	引水道形式		圆形压力管道	
	长度	m	119	
	条数	条	1	
	设计引水流量	m^3/s	30	含灌溉用水流量
	调压井（前池）形式			
	内径	m	2	
7. 电站厂房与开关站	厂房形式		坝后式	
	主厂房尺寸（长×宽×高）	m×m×m	33. 19×18. 62×17. 56	
	水轮机安装高程	m	582. 77	
	开关的形式		室内柜式	
8. 主要机电设备	水轮机型号		HL220a-WJ-71	
	台数	台	3	
	额定出力	kW	1 600×3	
	额定水头	m	51. 7	
	额定流量	m^3/s	4. 08	单机流量
	发电机型号		SFW1-J1800-8/1730	
	台数	台	3	
	额定容量	kW	1 600×3	
	额定电压	kV	6. 3	
	额定转速	r/s	750	
	主变压器型号		S11-M-6300/35	
	台数	台	1	
	二次控制保护设备		微机保护	
9. 输电线路	电压	kV	35	
	回路数	回	2	

15　石墙根水电站

15.1　工程概况

石墙根水电站位于卢氏县城西 50 km 的徐家湾乡丰太村南，是卢氏县境内洛河干流梯级开发规划的第二级水电工程。石墙根水电站为径流引水式水电站，由渠首枢纽、引水渠及电站厂房枢纽三大部分组成。电站设计水头 25. 0 m，设计引水流量 24. 3 m^3/s，安装单机容量为 1 600 kW 的水轮发电机组 3 台，多年平均发电量 2 317 万 kW · h，年利用小时数 4 828 h。1988 年 11 月开工，1991 年 11 月第一台机组投运（试）发电。总投资 2 304. 8 万元。

渠首枢纽位于徐家湾乡鸡湾村，渠首坝为浆砌石重力坝，控制流域面积 3 601 km^2，主要包括渠首坝、进水闸、冲沙闸三部分；引水渠道沿洛河左岸通往站址处，全长 9 524 m；电站厂房枢纽由压力前池、压力管道、厂房、尾水渠、升压站及生活区等部分组成。

2012 年，针对电站渠道渗漏、机电设备老化、安全性与自动化水平低等问题，电站实施增效扩容改造工程。主要内容包括渠道加固加高、渗漏处理、机电改造、增设自动化控制设备等，使渠道过水量增加、一键开机、少人值守、安全可靠，同时增加装机容量。

15.2　工程布置及主要建筑物

根据《水利水电工程等级划分及洪水标准》（SL 252—2017），石墙根水电站工程等别为 V 等，主要建筑物按 5 级设计。

15.2.1　渠首枢纽工程

渠首挡水工程由大坝、冲沙闸和进水闸等三部分组成。大坝采用重力式浆砌石溢流坝。坝长 168 m，坝顶高程 673 m，最大坝高 12. 4 m。进水闸布置在左岸与坝轴线成 45°角，底板高程 669. 8 m，闸门宽 3. 5 m，高 3. 2 m，设计流量 24. 73 m^3/s。两孔冲沙闸设在拦河左坝端，紧邻进水闸，闸门宽 3. 5 m，高 3. 2 m。闸底板高程 669 m，设计泄水流量 113 m^3/s。

15.2.2　引水渠道工程

引水渠道全长 9 524 m，其中土渠 2 498 m，软弱岩石段 2 817 m，坚硬岩石段 1 212 m，隧洞 6 座、总长 1 893 m，渡槽 2 座、长 104 m。其他建筑物 19 座，包括冲沙闸 1

座、节制退水闸3座、排洪生产桥14座，渠下涵1座。

引水渠道结构形式：土渠、软弱岩石段渠道采用梯形过水断面，硬石段采用矩形过水断面，渠深4.0 m，设计过水深3.3 m，均采用混凝土或水泥砂浆砌块石衬砌。土渠深挖方段采用复式断面，平台宽0.5 m，平台以上边坡为1:0.5。暗渠段及软弱岩隧道，分别采用浆砌块石和C13混凝土衬砌，厚状大理岩隧洞，洞壁采用纯水泥喷护。石拱渡槽过水断面为梯形，两边坡1:0.5，底宽3.0 m，槽深3.5 m，槽帮为M10水泥砂浆砌块石，5 cm厚砂浆抹面。

15.2.3　电站厂房枢纽工程

电站枢纽工程由前池、压力管道、主副厂房、尾水渠、升压站及生活区等部分组成。

15.2.3.1　压力前池

压力前池分溢流堰、冲沙闸及虹吸进水口等部分。前池长度26.5 m，底宽23.5 m，总容积3 600 m^3，其底板与引水渠末端底部以1:5坡度渐变衔接，池底铺设厚50 cm混凝土防渗层底板。溢流堰布置在前池右侧，采用薄壁迷宫型溢水堰，堰顶高程667.08 m，长21 m，泄水流量26.7 m^3/s。666.28 m高程以下，为渥奇曲线溢流面，堰体采用块石砌体，迎水面为C13混凝土防渗面板，溢流面为C13钢筋混凝土护面；冲沙闸布置在溢流堰左端，闸底板低于虹吸进水口底板0.6 m，配15 t螺杆式启闭机一台，2.6 m×2.4 m钢闸门一扇；末端安装3孔虹吸式进水口，前池三个进水池，进水池后接三根压力管道。

15.2.3.2　压力管道

压力管道采用单机单管供水。每根钢管长59.8 m，内径1.75 m，管壁厚12 mm，流速3.4 m/s。

15.2.3.3　主副厂房

主厂房长32.5 m（其中安装间长8.5 m），宽12.1 m，最大建筑高度21.76 m。以发电机层地坪为界，分上下两部分，下部为钢筋混凝土结构，上部为砖混结构。厂房内装置三台HL240-LJ-120水轮机、配三台TSL260-20-1600发电机，间距6.5 m，机组各配DT-1800型调速器一台。厂房上部装双钩电动双梁15/3 t桥式行车一台，跨度10.5 m。在水轮机层设有汽油水管路。安装间下部设有油室和水泵室，油室内布置有两个油桶及滤油设备，水泵室安装四台水泵。

副厂房在主厂房上游侧，长度与主厂房相同，宽6.5 m。与主厂房发电机层同等高度是中央控制室和高压开关室，与水轮机层同等高程是空压机室和电缆层，空压机室内安装有三台空压机（其中高压一台、低压两台）、贮气罐和真空泵。

15.2.3.4　尾水渠、升压站及生活区

35 kV升压变电站布置在厂房北侧呈南北布置，有主变压器2台，均系SL7系列变压器，升压至35 kV后并入附近35 kV电网。

电站尾水由尾水渠泄入洛河，全长约 100 m。办公、生活区布置在主厂房北侧，距厂房 50 余 m。

15.3　工程特点

由于河道纵坡较缓，所以引水渠道将近 10 km 仅取得 25 m 水头。为节省投资且便于施工，渠道选线充分考虑地形地貌与地质条件，引水渠道以明渠为主，结合长隧洞方案，实践证明切实可行。

渠首枢纽工程采用重力式溢流坝，坝底宽和坝高之比接近 1:1，基本坐在基岩上，稳定安全性较好。

渠首整体布置采用进水闸与 1 号隧洞直接连接，通过 334 m 隧洞引水至引水明渠，避开了汛期渠首溢流时，洪水进入引水明渠，减少渠道泥沙淤积。

电站压力前池坐在左岸基岩上，电站采用虹吸进水口与压力钢管相连接，省去了进水闸，节省了投资。另外，前池溢流堰采用了折线形式薄壁迷宫堰，延长了溢流堰长度，降低了堰顶水深和前池工程量。

厂房建在左岸，地形较为平坦、开阔，厂房布置也较为宽敞，因为地质的因素，厂房基础采用 0.8 m 钢筋混凝土浇筑，稳定性良好。

15.4　运行管理

15.4.1　隶属关系和发电量

石墙根水电站是河南省卢氏县水利电力实业开发总公司的骨干水电站，现有在册职工 93 人，在岗人员 47 人，站长 1 名（兼支部书记），工会主席 1 名，副站长 1 名。多年平均发电量 1 600 万 kW · h，截至目前已累计完成发电量 3.5 亿 kW · h。

15.4.2　安全生产运行管理

石墙根水电站于 2016 年 6 月启动了安全生产标准化创建工作。石墙根水电站能够按照《农村水电站技术管理规程》相关要求进行管理，制度健全，设备、设施能够定期检测和维护，设备运行按照国家有关规程操作实施，安全管理规范，能定期组织职工进行岗位培训，管理较好。2016 年 9 月按照河南省水利厅《关于开展农村水电站管理标准化工作的通知》文件要求，完成了安全生产标准化创建工作，被评定为农村水电安全生产标准化二级达标单位。

15.5　石墙根水电站工程特性表

表 15-5　石墙根水电站工程特性表

序号	名称	单位	数量	备注
一	水文			
1	坝（闸）以上流域面积	km^2	3 601	
2	多年平均年径流量	亿 m^3	5.39	
3	多年平均流量	m^3/s	16.79	
二	工程规模			
1	装机容量	kW	4 800	
2	多年平均发电量	万 kW·h	1 600	
3	设计引水流量	m^3/s	24.3	
4	设计水头	m	25	
三	主要建筑物及设备			
1	渠首枢纽			
	坝型			浆砌石重力坝
	渠首坝总长	m	168	
	溢流坝段长	m	133	
	非溢流坝段长	m	10	
	冲沙闸、进水闸段长	m	25	
(1)	溢流坝段			
	坝顶高程	m	673	
	坝顶长度	m	133	
	最大坝高	m	12.4	
(2)	非溢流坝段			
	坝顶高程	m	673.8	
	坝顶长度	m	10	
	最大坝高	m	13.2	
(3)	冲沙闸			
	闸底板高程	m	669	

续表 15-5

序号	名称	单位	数量	备注
	闸孔尺寸	m× m	3. 5×3. 2	宽×高
(4)	进水闸			
	闸底板高程	m	669. 8	
	闸孔尺寸	m× m	3. 5×3. 2	
	设计引水流量	m^3/s	24. 73	
2	引水渠道总长	m	9 524	
(1)	暗渠	m	1 893	
	形式			直墙圆拱形
	断面尺寸	m× m	4×3. 5	
	设计引水流量	m^3/s	24. 73	
	设计水深	m	3. 3	
(2)	隧洞	m	2 030	
	设计水深	m	3. 3	
3	厂房枢纽			
(1)	前池			
	主要尺寸	m×m×m	23. 5×26. 5×8. 15	
	溢流堰长	m	21	
	前池底板高程	m	666. 28	
	前池正常水位	m	665. 86	
	前池最高水位	m	667. 08	
	前池最低水位	m	664. 86	
	容积	m^3	3 600	
①	冲沙闸			
	闸底板高程	m	669. 8	
	闸孔尺寸	m× m	2. 6×2. 4	宽×高
②	进水闸	断面 m^2	9. 66	虹吸管
(2)	压力管道总长	m	59. 8	压力钢管

续表 15-5

序号	名称	单位	数量	备注
	管径	m	1.75	压力管道
(3)	厂房			
	主厂房发电机层以上	m×m×m	32.5×12.1×21.6	
	副厂房发电机层以上	m×m	32.5×6.5	
	水轮机安装高程	m	639.9	
	发电机层高程	m	643.4	
	P=3.33%设计洪水位	m	648.5	
	P=2%校核洪水位	m	650.5	
	正常尾水位	m	642.9	
	最低尾水位	m	640.5	
(4)	主要机电设备			
①	水轮机			
	型号			HL240-LJ-120
	台数	台	3	
	额定出力	kW	1 600	
	额定转速	r/min	300	
	设计水头	m	25	
	单机设计流量	m^3/s	8.3	
②	发电机			
	型号			TSL260-20-1600
	台数	台	3	
	额定容量	kW	1 600	
	额定电压	kV	6.3	
	额定电流	A	184	
	额定转速	r/min	300	
③	调速器			
	型号			DT-1800

续表 15-5

序号	名称	单位	数量	备注
	台数	台	3	
④	主变压器			
	型号			S7-4000 /38.5
	台数	台	2	
	容量	kVA	8 000	
⑤	主接线方式			
⑥	输电线路	km	18	
	电压	kV	35	
	回路数	回	2	

16 中里坪水库电站

16.1 工程概况

中里坪水库枢纽位于卢氏县城西南 30 km 的丹江支流老灌河上游的汤河乡中里坪村，是一座以发电为主，兼顾防洪、水产养殖的龙头水库枢纽工程。水库控制流域面积 358 km^2，多年平均径流量 8 234 万 m^3，总库容 1 248 万 m^3，其中兴利库容 682 万 m^3、兴利水位 929. 0 m，死库容为 342. 7 万 m^3、死水位 900. 5 m，50 年一遇设计水位高程 934. 91 m，500 年一遇校核水位高程 936. 8 m。按照《水利水电工程等级划分及洪水标准》（SL 252—2017）规定，水库枢纽工程等别为Ⅲ等工程，主要建筑物等级为 3 级。

中里坪水库电站为坝后引水式电站（属混合式电站）。电站在大坝上游 300 m 处的水库左岸取水，经 266 m 压力隧洞引水，在坝址下游约 1 000 m 处河左岸的山坳里建站。主要建筑物由混凝土埋石重力拱坝、电站进水塔、压力隧洞、厂房枢纽四部分组成。电站设计最大水头 52 m，最小水头 38 m，平均水头 48 m，设计流量 7. 8 m^3/s，设计装机容量 3×1 000 kW，设计多年平均发电量 754. 8 万 kW · h，设备年利用小时数 2 516 h。电站于 2005 年 10 月开工，2008 年 5 月一期工程投产发电，2009 年 10 月全面完成建设，总投资 4 380 万元。

16.2 工程布置及主要建筑物

16.2.1 大坝枢纽建筑物

中里坪水库大坝为单曲混凝土埋石重力拱坝，坝体两端基本成对称拱，主要建筑物由非溢流坝体段、溢流坝体段、坝体泄洪洞、发电引水隧洞、坝顶 3 孔交通桥组成。最大坝高 60. 8 m，最大坝宽为 22 m，最小坝宽 6. 54 m，坝顶长度 180. 9 m，大坝顶拱最大中心角 105°，底拱中心角 49. 94°，河床溢流段净宽 70. 513 m，堰顶高程 929. 0 m，挑流消能，挑射角 20°，鼻坎高程 920. 5 m，反弧半径 R=10. 0 m。坝体上游为铅直面，下游面为直线形斜面。

泄洪洞位于大坝右岸，洞身断面为圆形，进口底板高程 900. 5 m，直径为 1 m 的钢管铺设，出口设闸阀控制，最大泄流量 13. 95 m^3/s。

由于采用坝顶溢流形式泄洪，故在溢流坝段坝顶设一座 3 跨交通桥，桥宽同坝顶宽度为 5 m。沿坝顶下游设 1. 20 m 高钢制栅栏式护栏。

16.2.2 电站枢纽建筑物

电站枢纽建筑物包括进水塔、压力隧洞、主副厂房、升压站、尾水渠、办公生活区等部分。

发电引水隧洞进口位于左岸坝上游 300 m 处，进口采用塔式进水口，进口段长 10. 0

m，进口地板高程 905. 2 m，上设有检修平台高程 925. 3 m，启闭机平台高程 931. 5 m。检修平台和启闭机平台均由交通桥与山坡相连。压力隧洞与进水口相连，全长 266 m，斜洞形式，圆形断面，洞内采用 40 cm 钢筋混凝土衬砌，内径 2. 0 m，隧洞末端与压力钢管相连，压力管道经分岔为三支管后进入主厂房。

主厂房长 31. 4 m、宽 10. 0 m、高 10. 85 m。厂房内按“一”字形布置三台水轮发电机组，型号为 HLD74-WJ-55 水轮机配套 SFW1000-6/1180 发电机，配套布置 YDT-1000 型液压调速器。机组间距为 7. 5 m。厂房内装有一台 LDA-10T 电动单梁吊车。

副厂房位于主厂房的下游，长 25. 4 m、宽 6. 7 m、高 8. 32 m，共分为上、下两层，下层为电缆层，采用钢筋混凝土结构，地板高程为 873 m，主要布置有励磁变压器及电缆。上层为砖混结构，地板高程 875. 95 m，从左到右依次布置有高压开关室、中控室、办公室。中控室长 10 m，安装有 14 面各种控制屏及微机控制台；高压开关室长 10. 2 m。安装有 9 面高压开关柜。

升压站紧邻厂房下游山墙，长 30 m、宽 15 m，地面高程为 874. 2 m。布置有一台型号为 SZ_9- 4000/38. 5 的主变压器，升压至 35 kV 后并入电网。

电站尾水由尾水渠泄入老灌河，尾水渠为暗渠，全长约 79 m，采用浆砌石衬砌。最低尾水位 870. 5 m，正常尾水位 871. 3 m。

生活区宿舍楼长 20. 0 m、宽 7. 5 m，为二层砖混结构楼房。

16. 3　工程特点

电站监控操作，采用中央控制室全微机监控装置，对水电站运行情况进行自动监测、监视、控制和保护。发电机采用可控硅励磁，对发电机、主变及 35 kV 线路配置了必要的继电保护装置与全微机监控装置，自动化程度较高，实现了少人值班，与常规控制保护设备比，具有体积小的特点，经济性、安全性、可靠度得到提高。

电站 35 kV 接入系统后，用电力载波进行通信调度，同时利用电信线路作为办公及调度通信备用。

16. 4　运行管理

16. 4. 1　人员配置

中里坪水库电站实行以站长、值长岗位责任的运行机制，实行 8 h 三班轮换工作制度。现有员工 8 人，站长 1 名，副站长 1 名。

16. 4. 2　安全生产运行管理

中里坪水库电站自投产以来，按照“高标准、严要求、保安全、促发展”的目标，坚持“安全第一、预防为主、综合治理”的方针，紧紧围绕安全生产、经济运行，不断完善安全生产管理体系，成立以站长为组长的安全生产领导小组，制定各级人员安全生产责任制，认真落实以安全生产责任制为核心的安全生产规章制度，制订和完善三级安全目标及实现安全目标的保证措施，有效形成了安全生产的激励和约束机制。

16.5　中里坪水电站工程特性表

表 16-5　中里坪水电站工程特性表

序号	名称	单位	数量	备注
一	水文			
1	坝（闸）址以上流域面积	km^2	358	
2	多年平均年径流量	亿 m^3	0.82	
二	工程规模			
3. 水库	校核洪水位	m	936.8	
	设计洪水位	m	934.91	
	正常蓄水位	m	929	
	死水位	m	900.5	
	正常蓄水位以下库容	万 m^3	895.8	
	总库容	万 m^3	1 248	
	调节库容	万 m^3	223.3	
	死库容	万 m^3	342.7	
	库容系数	%	5.2	
4. 电站	装机容量	kW	3 000	
	多年平均发电量	万 kW·h	754.8	
	设计引水位	m		
	发电引水流量	m^3/s	6.4	
	设计水头	m	48	

续表 16-5

序号	名称	单位	数量	备注
三	主要建筑物及设备			
5. 挡水、泄水建筑物	(1) 挡水建筑物			
	形式			单曲混凝土埋石重力拱坝
	坝顶部总长度	m	180. 9	
	溢流段最大坝高	m	53	
	顶部高程	m	936. 8	
	最大坝高	m	60. 8	
	(2) 泄水建筑物（溢流堰）			
	形式			WES 溢流堰
	堰顶高程	m	929	
	溢流段长度	m	70. 5	
	设计泄洪流量	m^3/s	2 185	
	校核泄洪流量	m^3/s	3 304	
	(3) 泄洪洞			
	闸底高程	m	900. 5	
	最大泄流量	m^3/s	13. 95	
6. 输水建筑物	(1) 引水道形式			压力隧洞
	长度	m	266	
	断面尺寸（内径）	m	2	
	设计引水流量	m^3/s	7. 8	
	调压井（前池）形式			
	(2) 压力管道形式			压力钢管
	主管管径	m	1. 8	
	条数	条	1	
	岔管管径	m	1	
	条数	个	3	

续表 16-5

序号	名称	单位	数量	备注
7. 电站厂房与开关站	厂房形式			坝后引水式
	主厂房尺寸（长×宽×高）	m×m×m	31. 4×10×10. 85	
	水轮机安装高程	m	873. 9	
	副厂房尺寸（长×宽）	m×m	25. 4×6. 7	
8. 主要机电设备	水轮机型号			HLD74-WJ-55
	台数	台	3	
	额定出力	kW	1 128	
	额定水头	m	48	
	额定流量	m^3/s	2. 6	
	发电机型号			SFW1000-6/1180
	台数	台	3	
	额定容量	kW	1 000	
	额定电压	kV	6. 3	
	额定转速	r/s	750	
	主变压器型号			S_9-4000/35
	台数	台	1	
	容量	kVA	4 000	
	二次控制保护设备			自动化监控保护设备
9. 输电线路	电压	kV	35	
	回路数	回	1	
	输电距离	km	6	

17　燕山水库电站

17.1　工程概况

燕山水库位于淮河流域沙颍河水系澧河上游的干江河上，坝址位于平顶山市叶县保安镇杨湾村附近，是一座以防洪为主，结合供水、灌溉，兼顾发电的大（2）型多年调节水库，防洪设计标准为500年一遇，校核标准为5 000年一遇。

燕山水库2006年3月开工，2011年10月竣工验收。水库控制流域面积1 169 km^2，坝址以上平均年径流量为3.62亿m^3。坝顶高程117.8 m，正常蓄水位106 m，设计汛限水位104.2 m，设计洪水位114.6 m，校核洪水位116.4 m，总库容9.25亿m^3，兴利库容2.0亿m^3，死水位95.0 m，死库容0.2亿m^3。

燕山水电站为坝后式水电站，位于叶县辛店镇，于2007年1月开工建设，2009年4月完工，设计水头13.7 m，设计引水流量16.83 m^3/s，总装机容量为1 890 kW（3×630 kW）。

17.2　工程布置及主要建筑物

燕山水库主要建筑物包括大坝枢纽和电站枢纽。

17.2.1　大坝枢纽建筑物

大坝枢纽建筑物由大坝、溢洪道、泄洪洞、输水洞组成。

燕山水库大坝为黏土斜墙均质土石坝，上游坝坡1∶(3～3.5)，下游坝坡1∶(2.25～2.5)，坝顶长约4 070 m，最大坝高34.7 m，坝顶宽8.45 m；溢洪道位于大坝右岸小燕山垭口处，采用开敞式宽顶堰结构形式，总净宽90.0 m，设有6扇弧形闸门，闸门尺寸为15 m×11.8 m，地板高程102 m，最大下泄流量7 488 m^3/s；泄洪洞位于大坝右岸溢洪道左侧的小燕山上，系6.0 m×7.8 m（宽×高）的城门洞型无压泄洪洞，洞身全长200 m，进口高程为89 m，出口高程87.005 m，设计最大泄量493 m^3/s；输水洞位于大坝右岸溢洪道右侧的小燕山上，它担负着工业及城市供水（含南水北调经燕山水库调节供水）、灌溉、利用供水发电三项任务，输水洞为圆形有压洞，洞径3.5 m，进口洞底高程91.0 m，洞长307 m，距输水洞进口251 m处设有圆形调压井，直径10 m，调压井高50.35 m，输水洞出口设弧形工作闸门，并通过岔管引入电站，向河道和渠道输水灌溉发电。

17.2.2　电站枢纽建筑物

电站枢纽建筑物包括压力管道、主副厂房、尾水池、升压站、输电线路等。

压力管道位于输水洞右侧，采用压力钢管，于输水洞出口前引出，后一分为三，供三台机组发电。主管直径 2.6 m，最大设计流量 20 m^3/s，岔管直径 1.8 m。

主、副厂房均为钢筋混凝土砖石混合结构。主厂房平面尺寸为 31.60 m×10.8 m，立式结构，自上而下分三层：发电机层、水轮机层、蜗壳层。厂房内安装三台立式 ZDJP502-LH-100 水轮机配 SF630-12/1730 发电机，水轮机安装高程 87.58 m。副厂房位于主厂房上游侧，平面尺寸 31.60 m×8.2 m，自上而下分为三层。顶层为中控室，高程 96.80 m，布置有 6.3 kV 高压开关室、载波室等；二层为电缆夹层，高程 94.00 m；底层高程 90.29 m，布置有空压机室、励磁变室、油及油处理室等水机、电气设备。

发电泄水进入尾水池，通过尾水渠接灌溉及城市供水渠道，尾水渠上设有节制闸和退水闸，节制闸宽 2.3 m、高 6 m，退水闸宽 3.5 m、高 5 m，底板高程 89 m。

升压站紧靠厂房，升压站面积 15.6 m×8 m，主变压器分别为 S11-1600/38.5/D11、S11-800/38.5/D11，站内设有避雷设施。

输电线路：自水电站高压开关室引出后架空接至 35 kV 隔离开关处，通过已建成的 12 km 高压输电线路，连接至叶县旧县乡国家电网变电站上网。

17.3　工程特点

燕山水库属新建水库，工程设施较为先进，可实现现场、远程两种操作模式，同时水电站可实现一键开机与一键关机，每台设备都有独立监控系统，可达到少人值班、安全稳定的目的。

燕山水电站兼顾防洪、供水、发电，属水资源的二次利用，提高水资源的利用率。

17.4　运行管理

17.4.1　隶属关系与发电量

燕山水库电站隶属于燕山水库管理局办公室下设的二级机构。电站现有员工 6 人，站长 1 名，副站长 1 名，截至目前已累计完成发电量 3 500 万 kW·h。

17.4.2　安全管理

燕山水库电站自投产以来，按照“高标准、严要求、保安全、促发展”的目标，坚持“安全第一、预防为主、综合治理”的方针，紧紧围绕安全生产、经济运行，不断完善安全生产管理体系，成立以站长为组长的安全生产领导小组，制订各级人员安全生产责任制，认真落实以安全生产责任制为核心的安全生产规章制度，制订和完善三级安全目标及实现安全目标的保证措施，有效形成了安全生产的激励和约束机制，荣获平顶山市人民政府“2014、2015 年度安全生产目标管理先进和优秀单位”。

17.5　燕山水库电站工程特性表

表 17-1　燕山水库电站工程特性表

序号	名称	单位	数量	备注
一	水文			
1	坝（闸）址以上流域面积	km^2	1 169	
2	多年平均年径流量	亿 m^3	3. 62	
二	工程规模			
3. 水库	校核洪水位	m	116. 4	
	设计洪水位	m	114. 6	
	正常蓄水位	m	106	
	死水位	m	95	
	正常蓄水位以下库容	亿 m^3	2. 2	
	总库容	亿 m^3	9. 25	
	调节库容	亿 m^3	2	
	死库容	亿 m^3	0. 2	
	库容系数		55%	
4. 电站	装机容量	kW	1 890	
	发电引水流量	m^3/s	16. 83	
	设计水头	m	13. 74	
三	主要建筑物及设备			
5. 挡水、泄水建筑物	形式			土石坝
	坝顶长度	m	4 070	
	最大坝高	m	34. 7	
	泄水形式			启闭式闸门
	孔口尺寸	m	15	

续表 17-1

序号	名称	单位	数量	备注
6. 输水建筑物	引水道形式			输水洞
	长度	m	200	
	断面尺寸	m×m	3.5×5.5	
	设计引水流量	m^3/s	19.25	
	调压井（前池）形式			圆形
	压力管道形式			圆形
	条数	条	1	
	单管长度	m	10	
	内径	m	1.8	
7. 电站厂房与开关站	厂房形式			坝后式
	主厂房尺寸（长×宽×高）	m×m×m	31.6×10.8×19.8	
	水轮机安装高程	m	87.58	
	开关站的形式			室内
	副厂房尺寸（长×宽）	m×m	31.6×8.2	
8. 主要机电设备	水轮机型号			ZD502-LH-100
	台数	台	3	
	额定出力	kW	675	
	额定水头	m	13.74	
	额定流量	m^3/s	5.55	
	发电机型号			SF630-12/1730
	台数	台	3	
	额定容量	kW	630	
	额定电压	kV	10.5	
	额定转速	r/s	500	
	主变压器型号			S11-1600/38.5、S11-800/38.5
	台数	台	2	
	容量	kVA	2 400	

续表 17-1

序号	名称	单位	数量	备注
9. 输电线路	电压	kV	35	
	回路数	回	1	
	输电距离	km	12	

燕山水库电站图纸

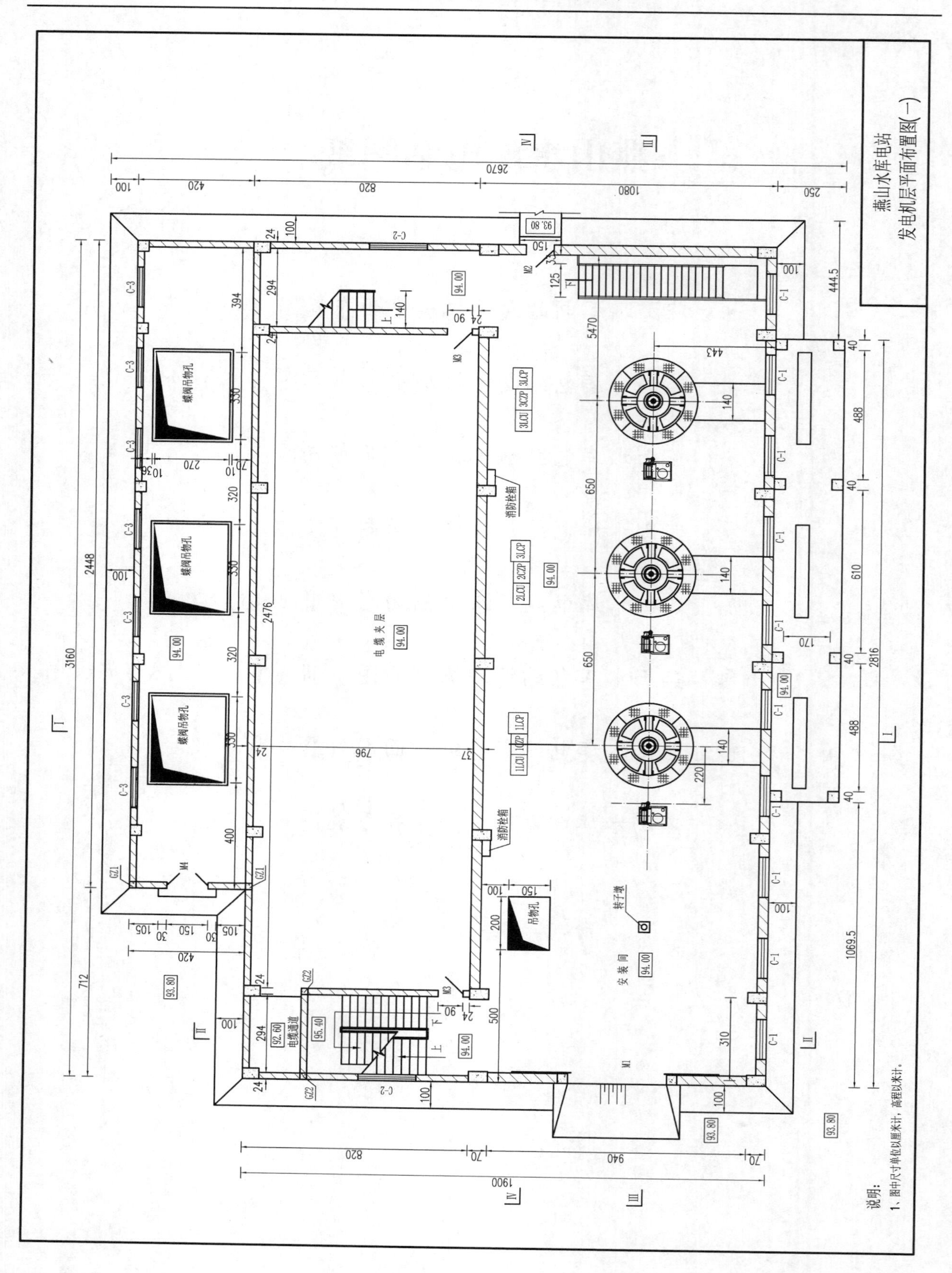
燕山水库电站
发电机层平面布置图(一)
电缆夹层
蝶阀吊物孔
消防栓箱
吊物孔
安装间
电缆通道
说明：
1、图中尺寸单位以厘米计，高程以米计。

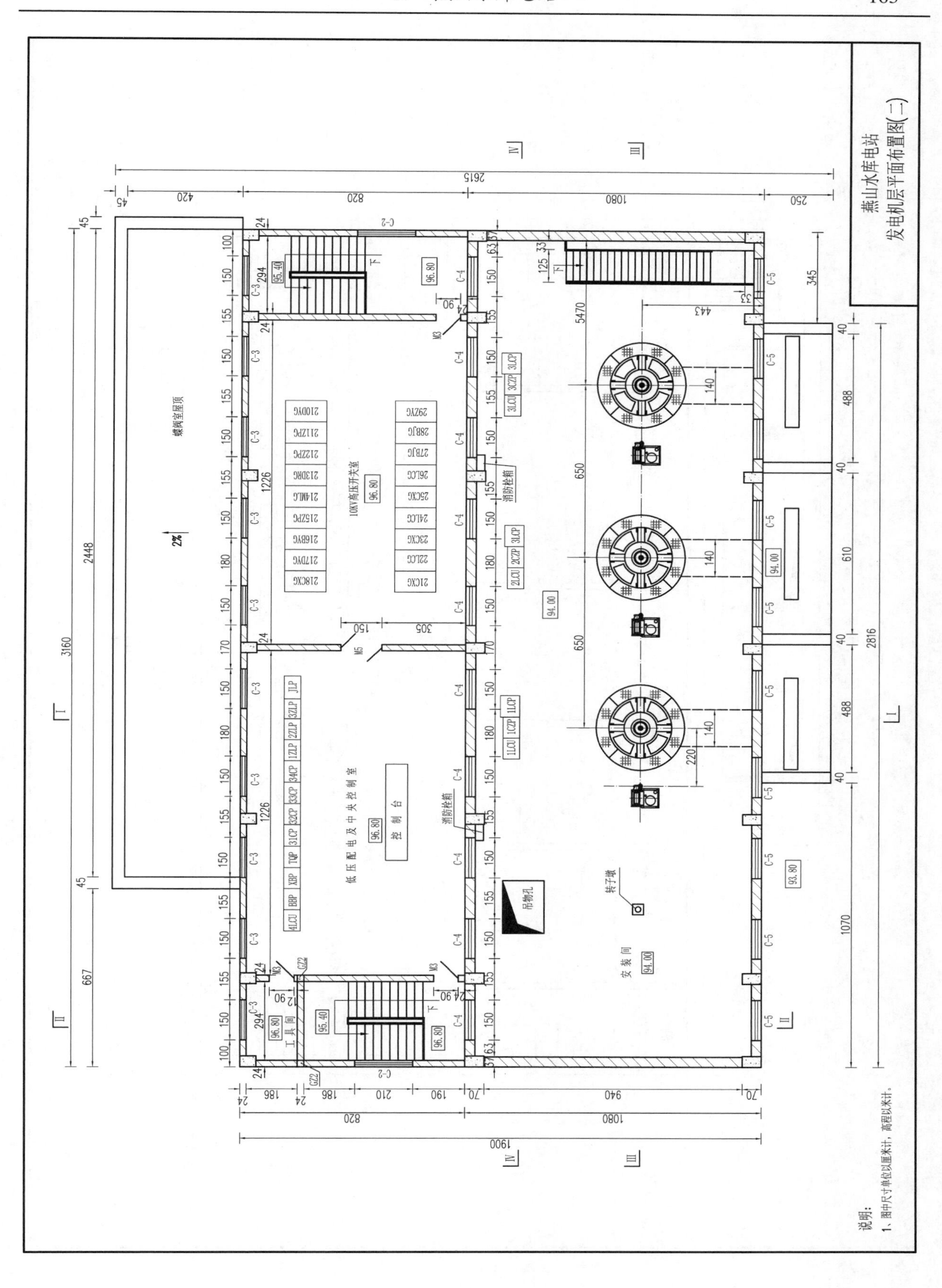
燕山水库电站
发电机层平面布置图(二)
10KV高压开关室
低压配电及中央控制室
控制台
蝶阀室屋顶
吊物孔
转子墩
安装间
工具间
消防栓箱
说明：
1、图中尺寸单位以厘米计，高程以米计。

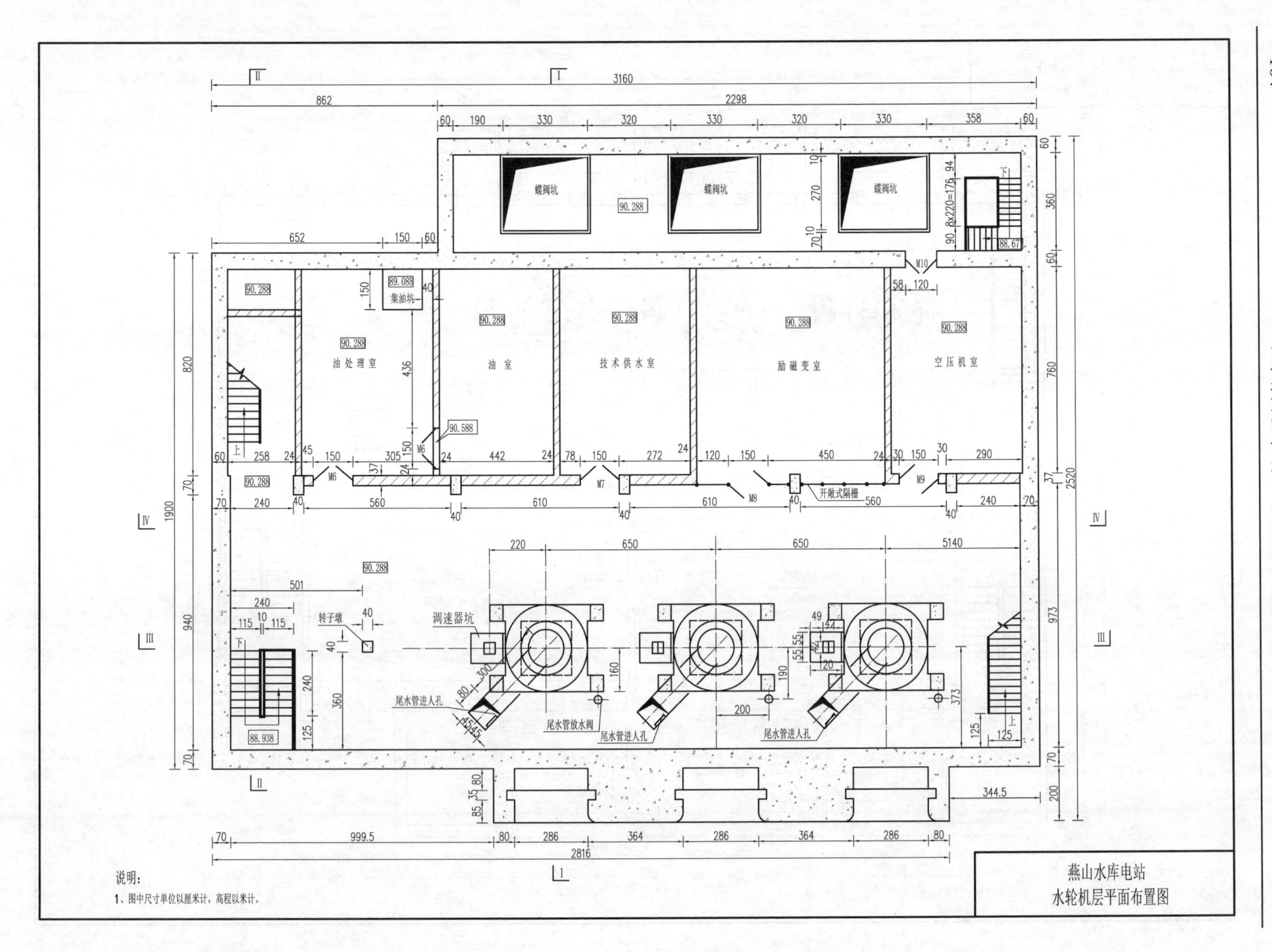

蝶阀坑
蝶阀坑
蝶阀坑
油处理室
集油坑
油室
技术供水室
励磁变室
空压机室
开敞式隔栅
转子墩
调速器坑
尾水管进人孔
尾水管放水阀
尾水管进人孔
尾水管进人孔
说明：
1、图中尺寸单位以厘米计，高程以米计。
燕山水库电站
水轮机层平面布置图

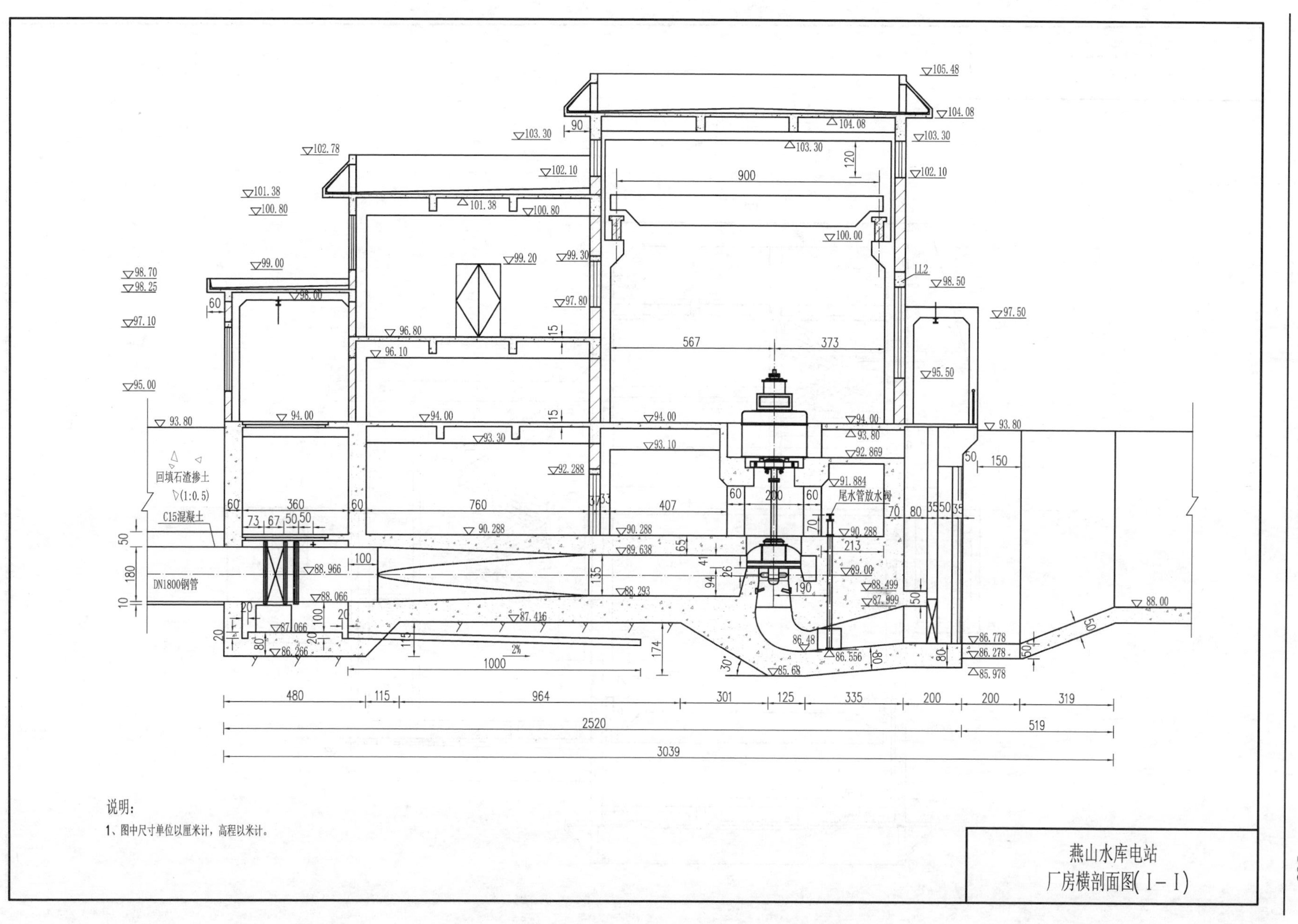
燕山水库电站
厂房横剖面图(Ⅰ-Ⅰ)
尾水管放水阀
回填石渣掺土
(1:0.5)
C15混凝土
DN1800钢管
说明:
1、图中尺寸单位以厘米计，高程以米计。

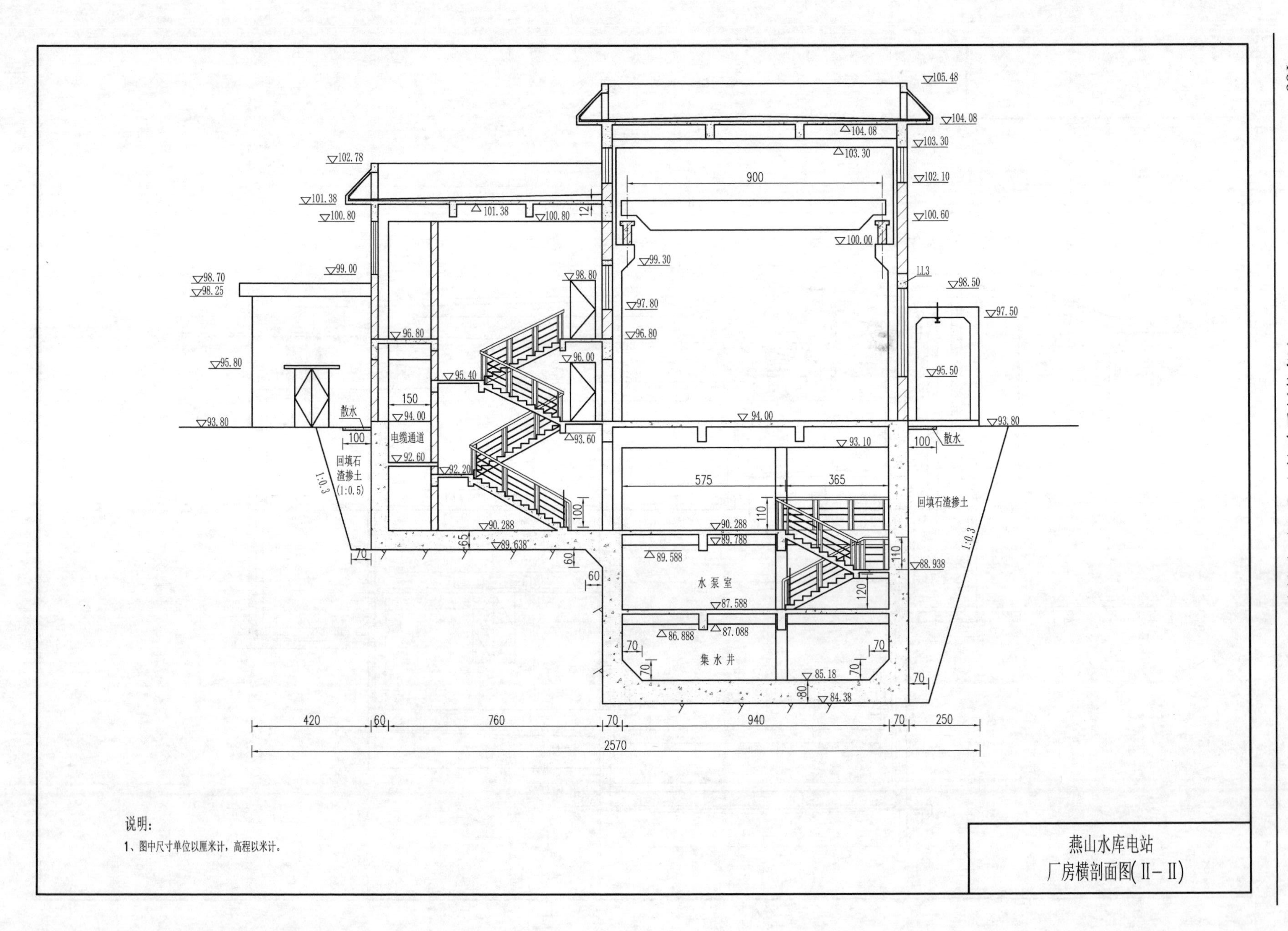
电缆通道
回填石
渣掺土
(1:0.5)
散水
回填石渣掺土
水泵室
集水井
420
60
760
70
940
70
250
2570
说明：
1、图中尺寸单位以厘米计，高程以米计。
燕山水库电站
厂房横剖面图(Ⅱ－Ⅱ)

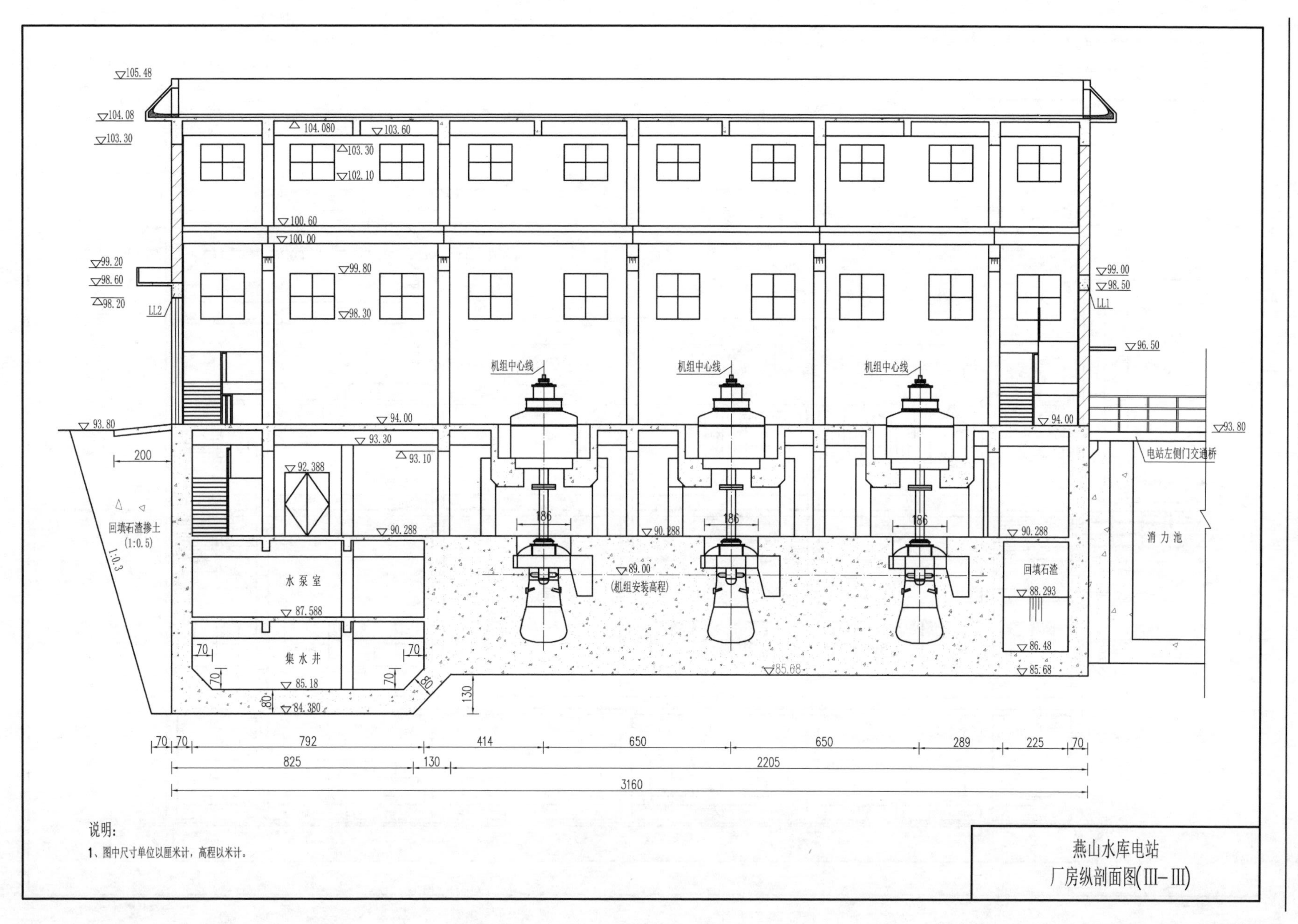

105.48
104.08
103.30
104.080
103.60
103.30
102.10
100.60
100.00
99.20
98.60
98.20
99.80
98.30
99.00
98.50
LL2
LL1
96.50
机组中心线
机组中心线
机组中心线
93.80
94.00
93.30
93.10
94.00
93.80
电站左侧门交通桥
200
92.388
回填石渣掺土
(1:0.5)
1:0.3
90.288
90.288
90.288
186
186
186
消力池
89.00
(机组安装高程)
回填石渣
88.293
水泵室
87.588
86.48
集水井
70
70
70
70
85.18
80
80
130
85.68
85.68
84.380
70
70
792
414
650
650
289
225
70
825
130
2205
3160
说明:
1、图中尺寸单位以厘米计，高程以米计。
燕山水库电站
厂房纵剖面图(III–III)

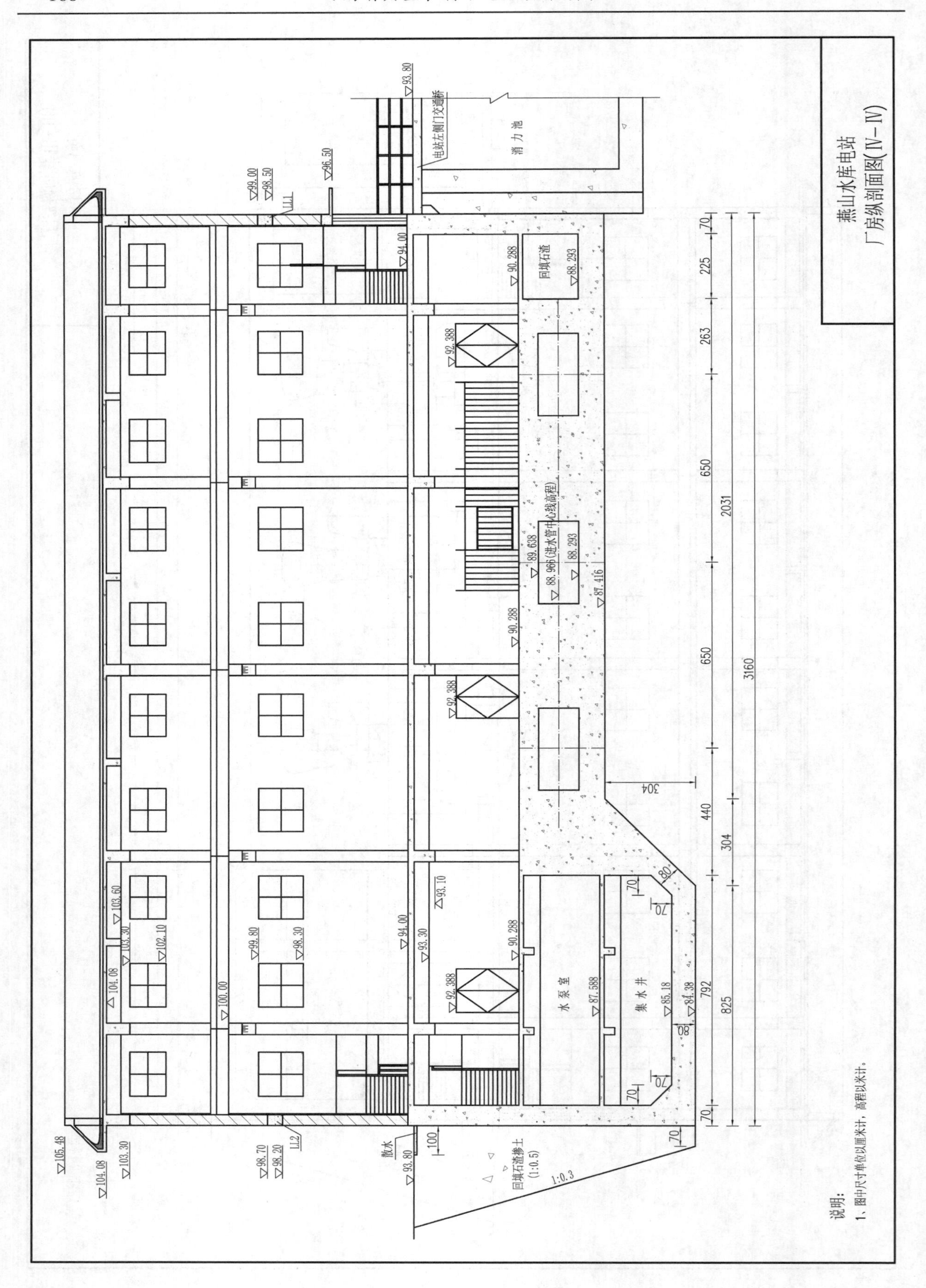
燕山水库电站
厂房纵剖面图(IV－IV)
消力池
电站左侧门交通桥
回填石渣
88.966(进水管中心线高程)
水泵室
集水井
散水
回填石渣掺土
(1:0.5)
1:0.3
说明：
1、图中尺寸单位以厘米计，高程以米计。

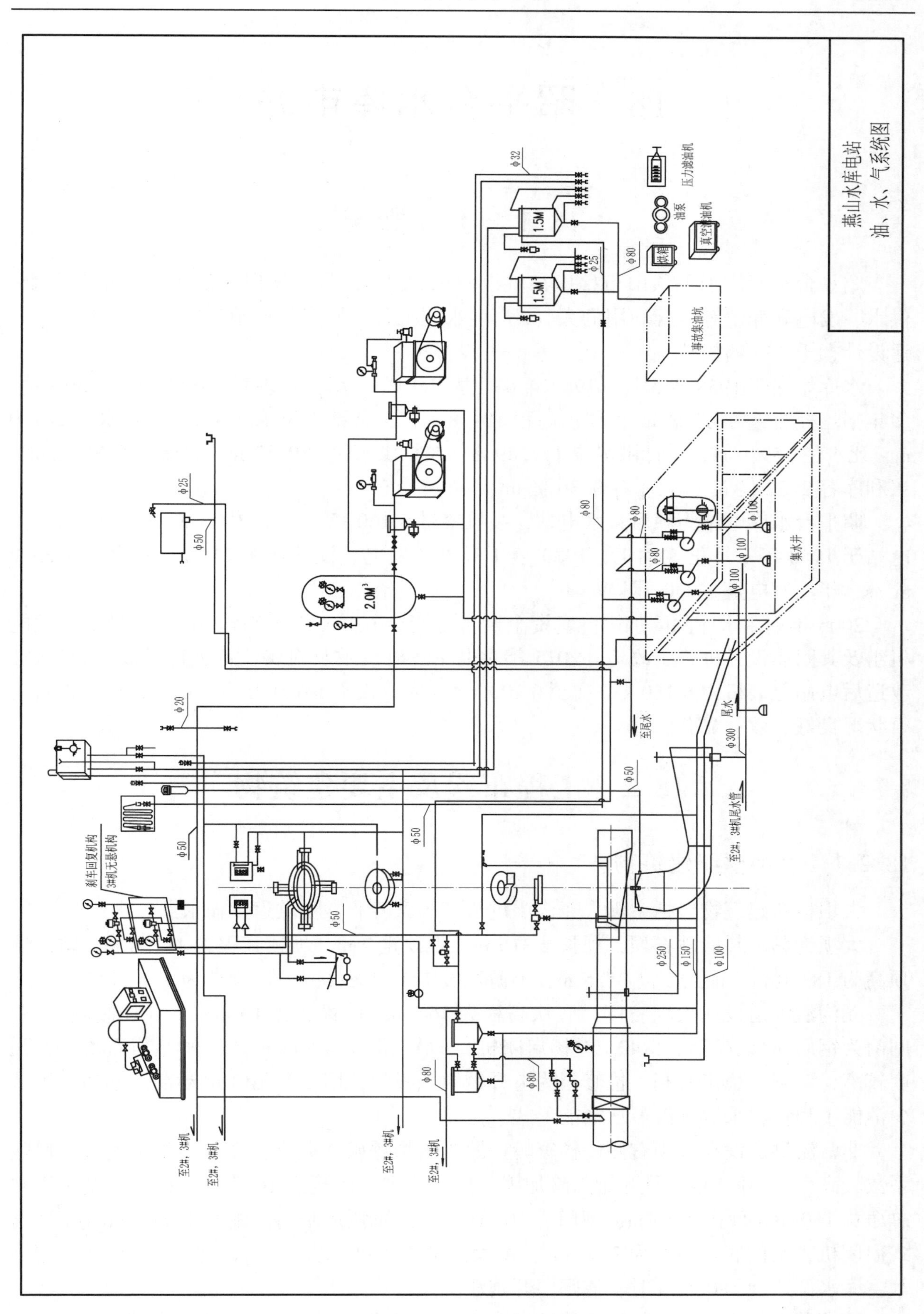

燕山水库电站
油、水、气系统图
压力滤油机
油泵
真空滤油机
烘箱
事故集油坑
集水井
1.5M³
2.0M³
尾水
至尾水
至2#，3#机尾水管
至2#，3#机
刹车回复机构
φ32
φ25
φ80
φ50
φ20
φ100
φ300
φ250
φ150

18　昭平台水库电站

18.1　工程概况

昭平台水库位于平顶山市鲁山县城以西 12.0 km，是一座以防洪为主，结合灌溉、供水、发电和养殖等综合利用的大（2）型水利工程，属多年调节，防洪标准为百年一遇设计、千年一遇校核。

水库始建于 1958 年 5 月，1959 年 6 月基本建成。水库大坝控制流域面积 1 430 km^2，多年平均径流量 6.07 亿 m^3，坝顶高程 181.8 m，正常蓄水位 169.0 m，汛限水位 167.0 m，死水位 159.0 m，设计洪水位 177.89 m，校核洪水位 180.82 m，总库容 6.85 亿 m^3，兴利库容 2.32 亿 m^3，死库容 0.36 亿 m^3。

昭平台水库电站为坝后式水电站，装机容量 6 160 kW（1×1 360 kW+3×1 600 kW）。电站于 1958 年 5 月正式动工，1980 年 4 月投产发电。设计水头 21 m，设计流量 35.2 m^3/s，年均发电量 1 930 万 kW · h。

2005 年利用水库除险加固配套资金及自筹资金 630 多万元对电站 1、2 号水轮发电机组及其附属设备进行了改造。2015 年对电站发电机组及附属设备进行增效扩容改造。改造后电站总装机由 6 160 kW 增至 6 400 kW，完成投资 1 650 万元。目前，全站设备运行状况良好、效益显著。

18.2　工程布置及主要建筑物

18.2.1　大坝枢纽建筑物

大坝枢纽建筑物包括主坝、尧沟溢洪道、杨家岭非常溢洪道及输水洞。

大坝为黏土斜墙砂石坝，坝长 2 315 m，坝顶宽 7 m，坝顶高程为 181.8 m，防浪墙顶高为 183.0 m，最大坝高 35.5 m，上游坝坡 1∶1～1∶3.5，下游坝坡为 1∶1～1∶2.5。

尧沟溢洪道设在大坝右侧，底坎高程为 164 m，设置 5 孔 10 m×11 m 控制闸一座，闸门为钢质弧形（五台 2×40 t 卷扬启闭机），最大泄量 4 245 m^3/s。闸基岩石均一，强度较高，对闸身稳定有利。检修门为滑升钢质插板门，用 2 台 10 t 电动葫芦起吊，为减少消能工程量，采取挑流鼻坎消能形式。

非常溢洪道设在大坝右侧的杨家岭。原为堵坝爆破式泄洪，由于实施难度大，风险系数较高，于 2000 年 8 月开始除险加固、拆除堵坝，改建为 16 孔可调控泄洪闸。该闸总净宽 160 m，每孔宽 10 m，闸门为 10 m×9 m 钢质弧形闸门，配 QHLY-2×630A 液压式启闭机，闸门底板高程为 169.5 m，最大泄量为 9 883 m^3/s，当遇到大于 500 年一遇洪水，库水位达到 180.6 m 时，该闸门开闸泄洪。

输水洞直径 3.5 m，为人字形分岔管，分别连接电站压力管道和非常灌溉洞，输水洞进口底高程 150 m，进口前装有两扇 3.5 m×3.5 m 的钢闸门（弧形），用电动卷扬机控制，在灌溉用水流量较大时，可从非常灌溉洞泄水，其泄水在下游与水电站尾水渠汇合，并进入南北干渠。

18.2.2 电站枢纽建筑物

电站枢纽建筑物包括压力管道、主副厂房、升压站、输电线路。

电站压力管道连接输水洞调压塔出口，其后为现浇混凝土压力岔管，经二次分岔，压力管分成四支洞径 1.75 m 的管子后进入电站厂房。厂房坐西向东，厂房内自北向南分别安装着 1~4 号机组。

主、副厂房均为钢筋混凝土结构。主厂房长 28.32 m、宽 11.1 m、高 15.69 m，为立式结构，分为蜗壳层、水轮机层、发电机层、控制室层。厂房内安装四台 LH275-LJ-120 型水轮机配四台 SF1600-18/2600 型发电机，水轮机安装高程为 145 m；安装间位于厂房北侧；控制室在主厂房的上游侧，长 12.6 m、宽 6 m、高 6.2 m，主要布设有微机综合控制、保护、自动化监控系统、机组励磁系统、厂用动力屏等。控制室北侧为 10 kV 高压室，长 8.6 m、宽 6 m、高 6.2 m，主要布设有四台机组出口开关柜。主厂房南侧为设备检修维护车间，一层为机械设备检修间，二层为电工实验室、电工工具间、厂用仪表间。

升压站紧靠高压室北侧，主变压器为两台，型号为 S11-4000/35Y/D11。机组采用单母线分段结构，两台机组共用一段母线。35 kV 开关站在尾水渠的北面，紧邻进厂公路。开关站尺寸 18 m×12.6 m，开关站中布置有 35 kV 六氟化硫断路器、隔离开关、电压互感器以及避雷器等设备。

输电线路：35 kV 开关站采用单母线分段结构，正常情况下每两台机组公用一段母线。并网输电线路共两回，一回接入鲁山县电业局宗庄 35 kV 变电站，一回接入鲁山县电业局江河 110 kV 变电站。两回线路均采用 LGJ-95 钢芯铝绞线。

18.3 工程特点

昭平台水库电站采用现地级、操作人员工作站两级控制。操作人员可以在中控室工作站或现地控制单元的人机界面触摸屏上发出操作指令“开机或停机”，系统可以按预定的程序完成从开机到并网、从减负荷到解列再到停机的整个操作过程，实现一键开机和一键停机，极大地减轻了工人的劳动强度，提高了设备的运行稳定性和可靠性。

电站主要是利用水库主汛期弃水时或者下游灌溉进行发电，属水资源的再利用，提高了水资源的利用率。

18.4 运行管理

18.4.1 隶属关系与发电量

昭平台水库电站隶属昭平台水库管理局正科级二级机构。电站现有员工 66 人，站长 1 名，支部书记 1 名，副站长 3 名，截至目前已累计完成发电量 5.84 亿 kW·h。

18.4.2　安全管理

昭平台水库电站自建站以来始终坚持“安全第一、预防为主、综合治理”的方针，按照“党政同责，一岗双责，齐抓共管，失职追责”的要求认真落实安全生产责任制，主要领导亲自抓、总负责，分管领导在自己分管领域具体抓落实，各班组负责具体实施和执行，安全责任到人、到岗。坚持“两票三制”和安全生产例会制度，制订了各种应急预案，并组织职工进行模拟演练，严格防范安全生产事故。详细制定100分制目标考核细则，每月、每季度对各个班组、每个人进行目标考核，考核结果与每个人的绩效工资挂钩，奖优罚劣，进一步增强职工的安全责任意识。2017年6月被省厅评定为“安全生产标准化管理二级达标”单位。

18.5　昭平台水库电站工程特性表

表18-1　昭平台水库电站工程特性表

序号	名称	单位	数量	备注
一	水文			
1	坝（闸）址以上流域面积	km^2	1 430	
2	多年平均年径流量	亿 m^3	6.07	
二	工程规模			
3. 水库	校核洪水位	m	180.82	
	设计洪水位	m	177.89	
	正常蓄水位	m	169	
	死水位	m	159	
	正常蓄水位以下库容	亿 m^3	2.68	
	总库容	亿 m^3	6.85	
	调节库容	亿 m^3	2.32	
	死库容	亿 m^3	0.36	
	库容系数		38%	
4. 电站	装机容量	kW	6 400	
	多年平均发电量	万 kW·h	2 712	
	设计引水位	m	167.78	
	发电引水流量	m^3/s	35.2	
	设计水头	m	21	

续表 18-1

序号	名称	单位	数量	备注
三	主要建筑物及设备			
5. 挡水、泄水建筑物	形式			黏土斜墙坝
	坝顶长度	m	2 315	
	最大坝高	m	35. 5	
	泄水形式			溢洪道
	堰顶高程	m	164	
	孔口尺寸	m×m	10×11	
6. 输水建筑物	引水道形式			圆形压力输水洞
	长度	m	249. 2	
	断面尺寸	m	直径 3. 5	
	设计引水流量	m^3/s	144	
	调压井（前池）形式			圆筒式
	压力管道形式	m		钢筋混凝土
	条数	条	1	
	单管长度	m	106. 25	
	内径	m	3. 5	
7. 电站厂房与开关站	厂房形式			
	主厂房尺寸（长×宽×高）	m×m×m	28. 32×11×15. 69	
	水轮机安装高程	m	145	
	开关站的形式			户外
	面积（长×宽）	m×m	25×16	
8. 主要机电设备	水轮机型号			HL275-LJ-120
	台数	台	4	
	额定出力	kW	1 803	
	额定水头	m	21	
	额定流量	m^3/s	8. 81	
	发电机型号			SF1600-18/2600
	台数	台	4	
	额定容量	kW	1 600	
	额定电压	kV	6. 3	

续表 18-1

序号	名称	单位	数量	备注
8. 主要机电设备	额定转速	r/s	500	
	主变压器型号			S11-4000/35Y/D11
	台数	台	2	
	容量	kVA	4 000	
9. 输电线路	电压	kV	35	
	回路数	回	2	
	输电距离	km	22.4	

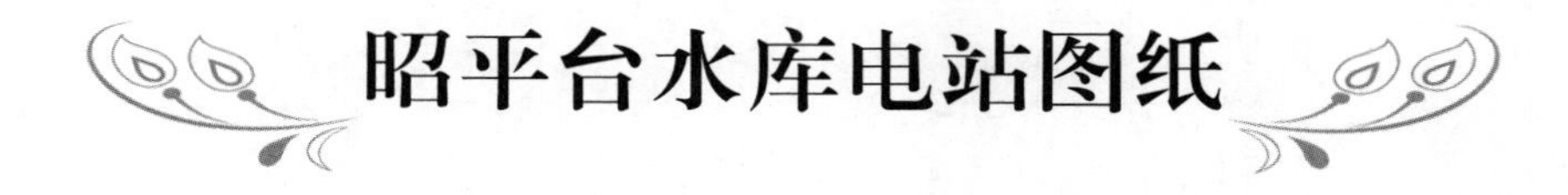

昭平台水库电站图纸

※ 昭平台水库电站发电机层平面布置图

※ 昭平台水库电站厂房纵剖面图

※ 昭平台水库电站厂房横剖面图

※ 昭平台水库电站电气主接线图

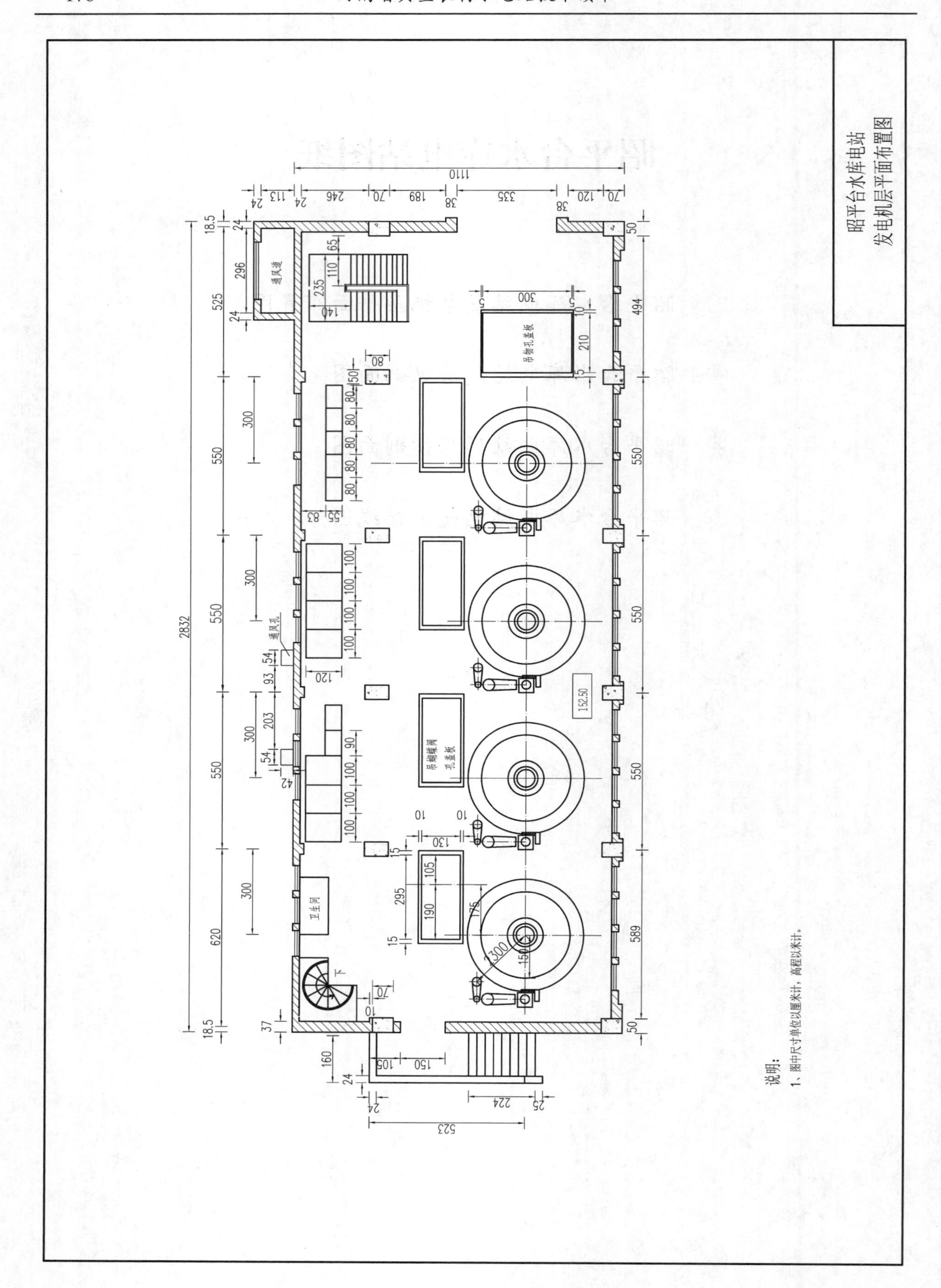
昭平台水库电站
发电机层平面布置图
说明：
1、图中尺寸单位以厘米计，高程以米计。
通风道
吊物孔盖板
通风孔
吊蝴蝶阀孔盖板
卫生间
152.50

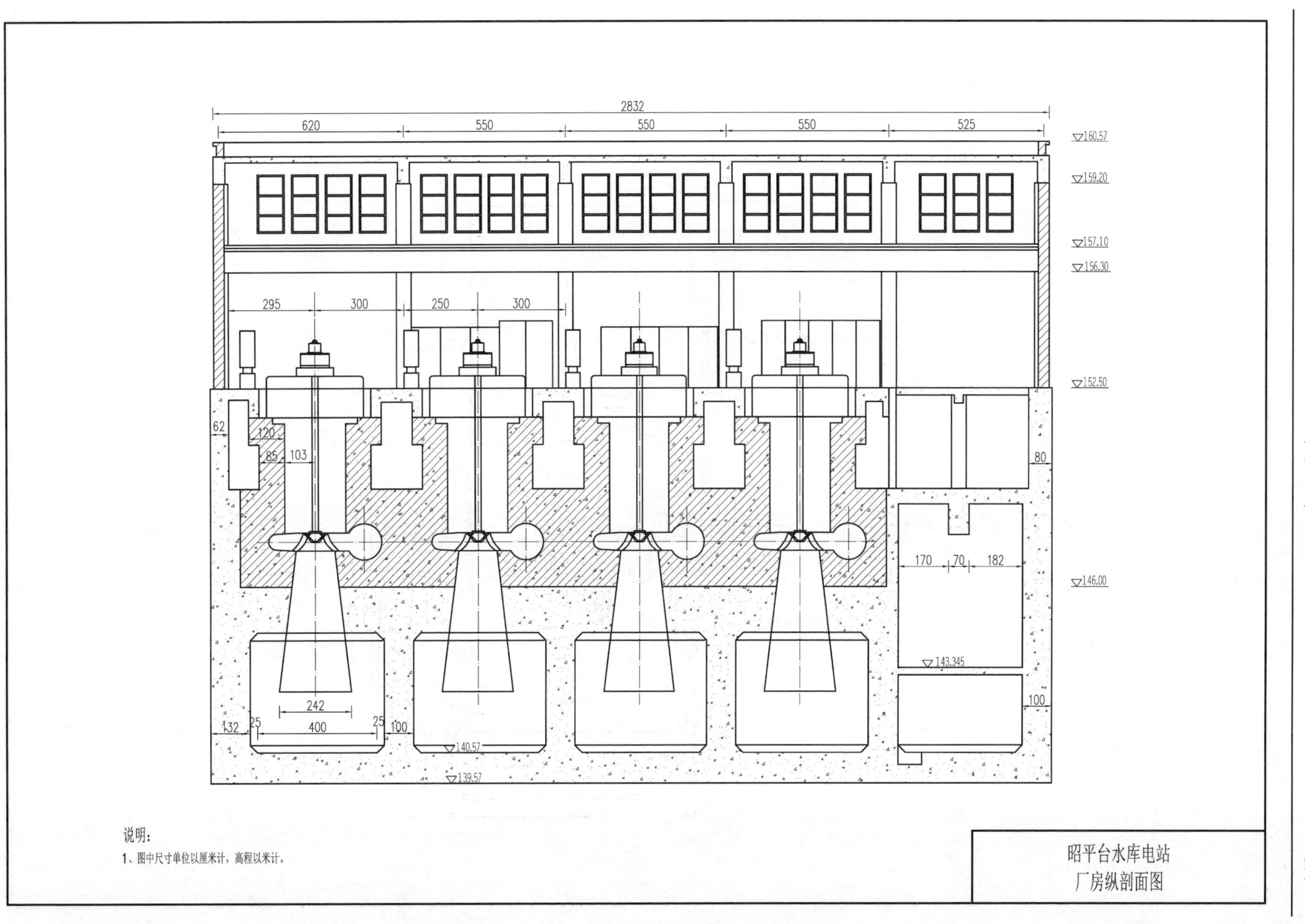
2832
620
550
550
550
525
▽160.57
▽159.20
▽157.10
▽156.30
295
300
250
300
▽152.50
62
120
85
103
80
170
70
182
▽146.00
▽143.345
242
100
132
25
400
25
100
▽140.57
▽139.57
说明：
1、图中尺寸单位以厘米计，高程以米计。
昭平台水库电站
厂房纵剖面图

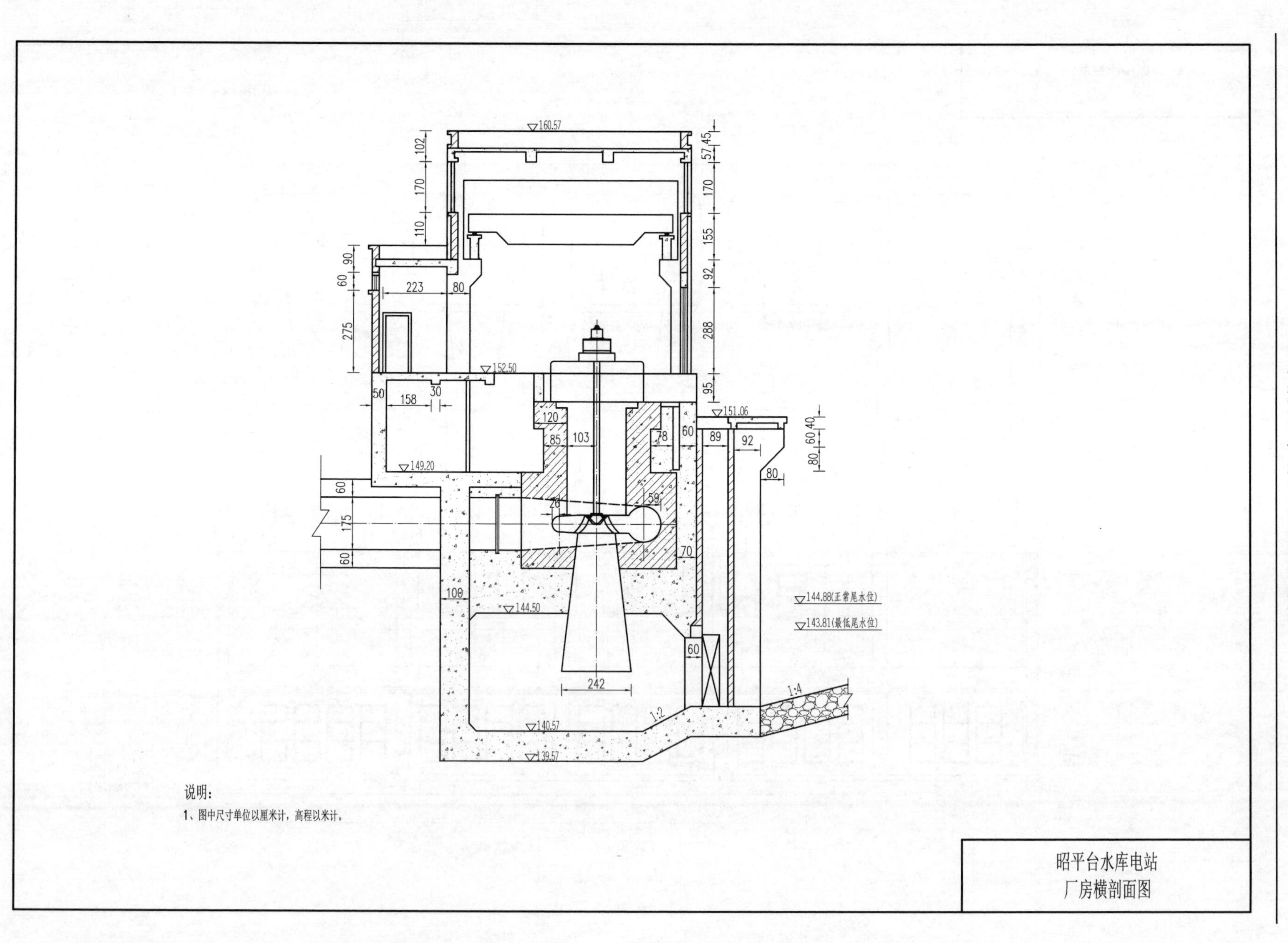
160.57
152.50
151.06
149.20
144.88(正常尾水位)
143.81(最低尾水位)
144.50
140.57
139.57
1:2
1:4
说明：
1、图中尺寸单位以厘米计，高程以米计。
昭平台水库电站
厂房横剖面图

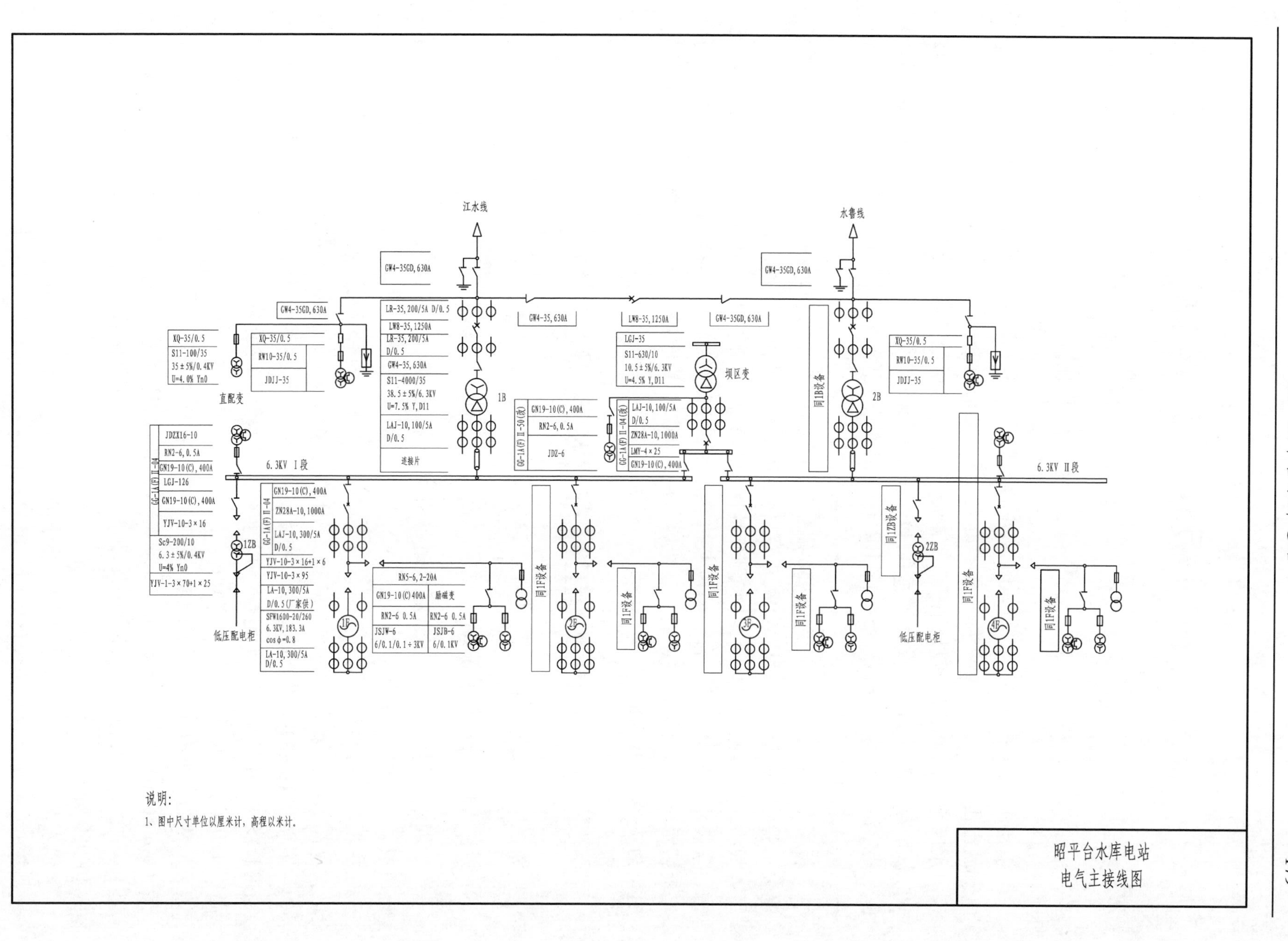
江水线
水鲁线
GW4-35GD, 630A
GW4-35GD, 630A
GW4-35GD, 630A
GW4-35, 630A
LW8-35, 1250A
GW4-35GD, 630A
XQ-35/0.5
S11-100/35
35±5%/0.4KV
U=4.0% Yn0
XQ-35/0.5
RW10-35/0.5
JDJJ-35
直配变
LR-35, 200/5A D/0.5
LW8-35, 1250A
LR-35, 200/5A
D/0.5
GW4-35, 630A
S11-4000/35
38.5±5%/6.3KV
U=7.5% Y, D11
LAJ-10, 100/5A
D/0.5
连接片
1B
LGJ-35
S11-630/10
10.5±5%/6.3KV
U=4.5% Y, D11
坝区变
GN19-10(C), 400A
RN2-6, 0.5A
JDZ-6
GG-1A(F) II-50(改)
LAJ-10, 100/5A
D/0.5
ZN28A-10, 1000A
LMY-4×25
GN19-10(C), 400A
GG-1A(F) II-04(改)
同1B设备
2B
XQ-35/0.5
RW10-35/0.5
JDJJ-35
JDZX16-10
RN2-6, 0.5A
GN19-10(C), 400A
LGJ-126
GN19-10(C), 400A
YJV-10-3×16
GG-1A(F) II-04
Sc9-200/10
6.3±5%/0.4KV
U=4% Yn0
YJV-1-3×70+1×25
6.3KV I段
6.3KV II段
1ZB
低压配电柜
GN19-10(C), 400A
ZN28A-10, 1000A
LAJ-10, 300/5A
D/0.5
YJV-10-3×16+1×6
YJV-10-3×95
LA-10, 300/5A
D/0.5(厂家供)
SFW1600-20/260
6.3KV, 183.3A
cosφ=0.8
LA-10, 300/5A
D/0.5
GG-1A(F) II-04
RN5-6, 2-20A
GN19-10(C) 400A
励磁变
RN2-6 0.5A
RN2-6 0.5A
JSJW-6
6/0.1/0.1÷3KV
JSJB-6
6/0.1KV
1F
2F
3F
4F
同1F设备
同1F设备
同1F设备
同1F设备
同1F设备
同1F设备
同1ZB设备
2ZB
低压配电柜
说明：
1、图中尺寸单位以厘米计，高程以米计。
昭平台水库电站
电气主接线图

19　板桥水库电站

19.1　工程概况

板桥水库位于驻马店市西40 km处的泌阳县，是一座以防洪为主，兼有灌溉、发电、城市供水、水产养殖等综合效益的大（2）型水利枢纽工程。

水库坝址以上控制流域面积768 km，多年平均年径流量2.8亿m^3，坝顶高程120 m，总库容6.75亿m^3。设计洪水位117.5 m，校核洪水位119.35 m，兴利水位111.5 m，设计汛限水位110 m，死水位101.04 m；调节库容3.63亿m^3，兴利库容2.56亿m^3，死库容0.2亿m^3。

板桥水库始建于1951年，1956年扩建加固，1975年垮坝，1993年6月通过国家复建竣工验收。复建后的板桥水库，防洪标准按千年一遇洪水设计，万年一遇校核。

板桥水库电站位于坝下输水洞节制闸出口右侧，混凝土坝南端，为坝后引水式电站。安装水轮发电机组4台、原总装机容量3 200 kW，设计年发电量380万kW。2014年板桥水电站增效扩容改造后，装机容量由4×800 kW增容至4×1 000 kW，改造后年发电量为733万kW·h。

19.2　工程布置及主要建筑物

水库工程等别为Ⅰ等，主要由大坝、输水洞、溢洪道及电站组成。

19.2.1　大坝枢纽建筑物

大坝由主坝、副坝、正常溢洪道（混凝土溢流坝）、非常溢洪道、输水洞及引水系统组成。

主坝坝型由两部分组成：两岸为土坝，河床中心为混凝土溢流坝。坝顶高程120 m，最大坝高50 m，坝顶长2 298.67 m，坝顶宽：土坝8 m，混凝土坝8.5 m。

副坝在主坝的南端丘陵地带，为壤土均质坝，坝顶高程121.0 m，最大坝高4.5 m，坝顶长度1 101.7 m，坝顶顶宽8 m。非常溢洪堰位于南副坝南端，为壤土均质坝，堰顶高程120.0 m，宽5 m，坝长320 m。

正常溢洪堰（混凝土溢流坝）位于主坝南端处、河床混凝土坝段，堰上设有一个底孔（6 m×6 m）和八个表孔（14 m×14 m），底孔堰顶高程93 m，净宽6 m，表孔堰顶高程104 m，净宽112 m，上设弧形钢闸门，由2×50 t固定式卷扬式启闭机启闭，最大泄量14 950 m^3/s。

输水洞位于南主坝下，为钢筋混凝土有压隧洞，洞长53.66 m，洞径3.2 m，进口底坎高程92.99 m，进口设检修闸门，由固定卷扬启闭机启动。出口设钢弧形闸门，由螺杆启闭机启动，供发电、灌溉使用。

引水系统包括主岔管、引水主管、支岔管及厂房内压力钢管，总长136.7 m，设计内水压力为30 m水柱。电站设计水头12.6 m，最大水头19.6 m，最小水头6 m，装机4台，总容量4 000 kW，发电引用流量32 m^3/s，年发电量500万kW·h。

19.2.2　电站枢纽建筑物

电站枢纽建筑物包括主副厂房、升压站、输电线路、尾水渠等。

主副厂房为钢筋混凝土结构。主厂房长38.92 m、宽13.6 m、高18.7 m，总建筑面积529.31 m^2。厂房内为立式结构，分为水轮机层和发电机层，发电机高程98.78 m，水轮机层高程95.4 m。厂房内安装四台ZD502-LH-120（$\varphi=10°$）型水轮机，配四台SF1000-16/2150型发电机，安装间位于厂房右侧，长7.5 m，宽与主厂房一致；副厂房位于主厂房北侧，分别布设可控硅励磁变压器、电压互感器，电工实验室、电工工具间、厂用仪表盘和厂用变压器，电工仪表室、高压开关柜室、中控室和交接班室。

升压站紧靠厂房，主变压器为两台，型号为S11-2500/35 Y/D11 38.5+5%/6.3 kV，变压器左侧布置一开关站，开关站面积7.5 m×13.6 m，开关站中布置有35 kV油开关、隔离开关、电压互感器及避雷器等设备。

电站尾水经节制闸消力池汇合后入总干渠。

19.3　工程特点

板桥水库采用现地级、操作员工作站、集中控制中心三级控制，可以实现在集中控制中心对电站机组启停操作和主要设备的监控，可达到少人值班、无人值守。

电站利用灌溉供水发电，属水资源的二次利用，提高水资源的利用率。

19.4　运行管理

19.4.1　人员配备

板桥水库电站隶属板桥水库管理局正科级二级机构。电站现有员工45人，站长1名（兼支部书记），副站长2名。

19.4.2　改造情况

2015年对电站的水轮发电机组及附属设备进行增效扩容改造。改造后电站单机容量由800 kW增容至1 000 kW，总装机容量达到4 000 kW，共完成投资1 399.05万元。目前，运行良好，效果显著，截至目前已累计完成发电量8 577万kW·h。

19.4.3　安全生产运行管理情况

板桥水库电站自投产以来，按照“高标准、严要求、保安全、促发展”的目标，坚持“安全第一、预防为主、综合治理”的方针，紧紧围绕安全生产、经济运行，不断完善安全生产管理体系，成立以站长为组长的安全生产领导小组，制定各级人员安全生产责任制，认真落实以安全生产责任制为核心的安全生产规章制度，制订和完善三级安全目标及实现安全目标的保证措施，有效形成了安全生产的激励和约束机制。2017 年 5 月被省水利厅评定为“安全生产标准化管理二级达标”单位。

19.5 板桥水库电站工程特性表

表 19-1 板桥水库电站工程特性表

序号	项目名称	单位	指标	备注
一	水文特征			
	水库控制流域面积	km^2	768	
	多年平均降水量	mm	1 000	
	多年平均径流量	亿 m^3	2.8	
二	水库枢纽			
1	库容			
	总库容	亿 m^3	6.75	
	兴利库容	亿 m^3	2.56	
	死库容	亿 m^3	0.2	
2	库水位			
	校核洪水位	m	119.35	
	汛限水位	m	110	设计
	兴利水位	m	111.5	正常高水位
	死水位	m	101.04	
3	坝体			
	坝顶高程	m	120	坝高 50.5 m
	坝长	m	3 720	
三	电站厂房			
	主厂房	m×m	38.92×13.6	长×宽
	安装间	m×m	7.5×13.6	长×宽
	水轮机层高程	m	95.4	
	发电机层楼板高程	m	98.78	

续表 19-1

序号	项目名称	单位	指标	备注
四	主要机电设备			
1	水轮机			
	ZD502-LH-120（$\varphi=10°$）	台	4	ZD560-LH-120
	额定水头	m	13.5	
	额定流量	m^3/s	8.942	
	额定出力	kW	1 075	
	额定转速	r/min	428.6	
	飞逸转速	r/min	870	
2	发电机			
	SF1000-14/2150	台	4	SF800-14/2150
	发电机出力	kW	1 000	
	额定电压	V	6 300	
	额定电流	A	114.6	
	发电机额定转速	r/min	428.6	
	发电机飞逸转速	r/min	870	
	发电机功率因数		0.8	
3	调速器			
	YWT-1000	套	4	YDT-1000
4	变压器			
	S11-2500/35 Y/D11 38.5±5%/6.3 kV	台	2	

板桥水库电站图纸

❊ 板桥水库电站发电机层平面图

❊ 板桥水库电站厂房横剖面图

❊ 板桥水库电站电气主接线图

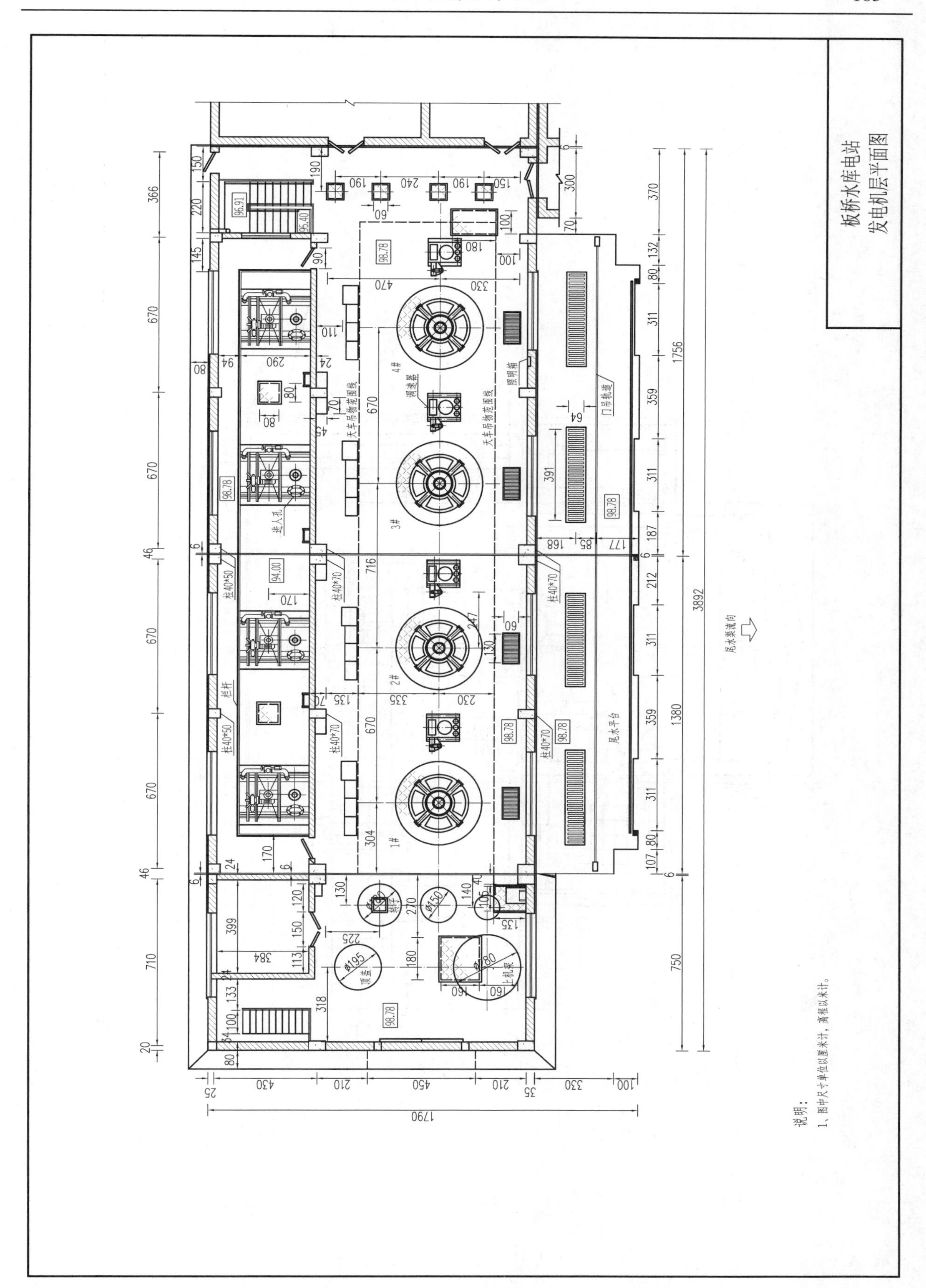
板桥水库电站
发电机层平面图
说明：
1、图中尺寸单位以厘米计，高程以米计。
尾水渠流向
尾水平台
门吊轨道
天车吊物范围线
调速器
进人孔
栏杆
柱40*50
柱40*70
上机架
顶盖
1#
2#
3#
4#
3892
1790
1756
1380
750

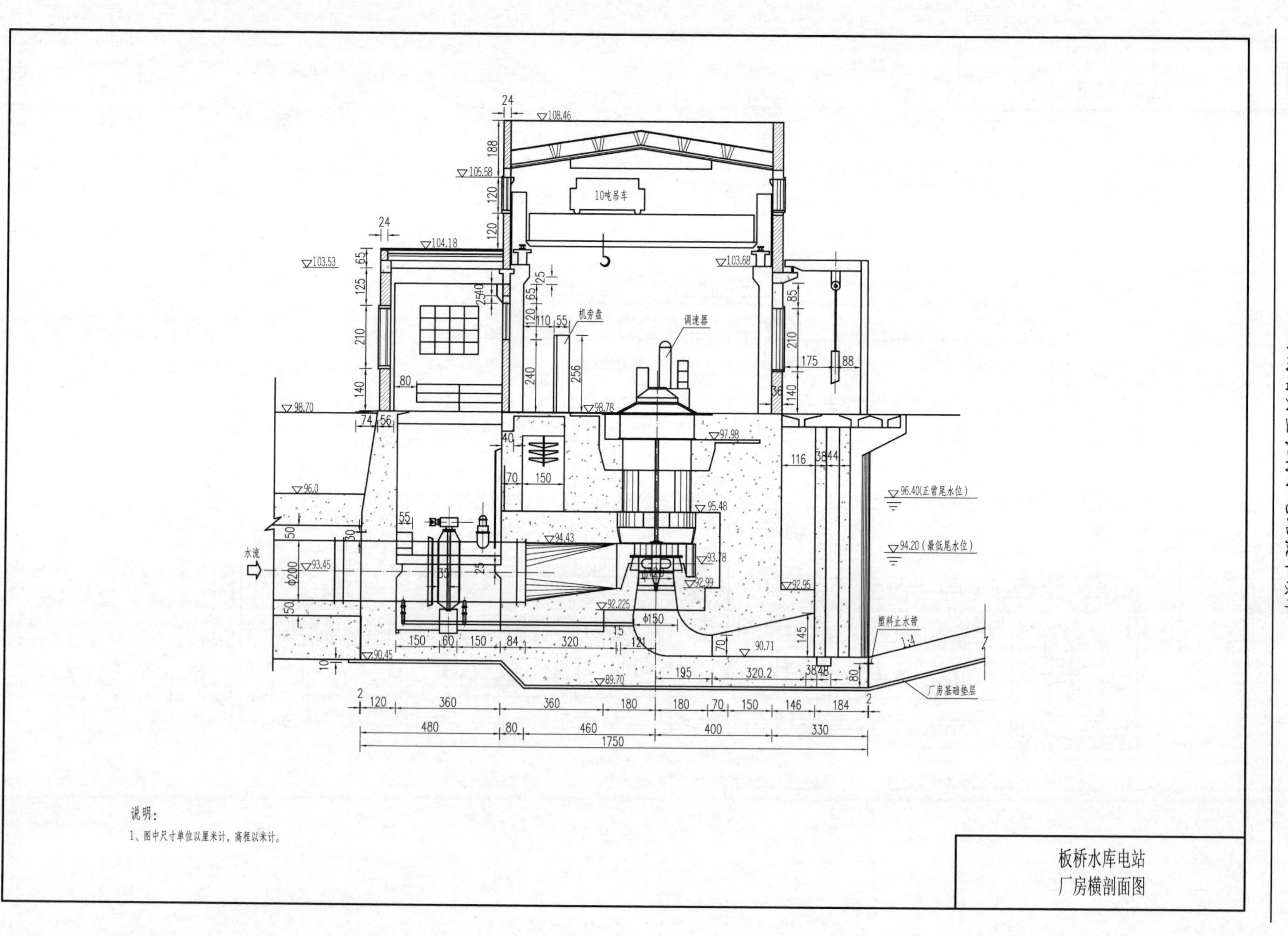
10吨吊车
机旁盘
调速器
水流
96.40(正常尾水位)
94.20(最低尾水位)
塑料止水带
厂房基础垫层
说明：
1、图中尺寸单位以厘米计，高程以米计。
板桥水库电站
厂房横剖面图

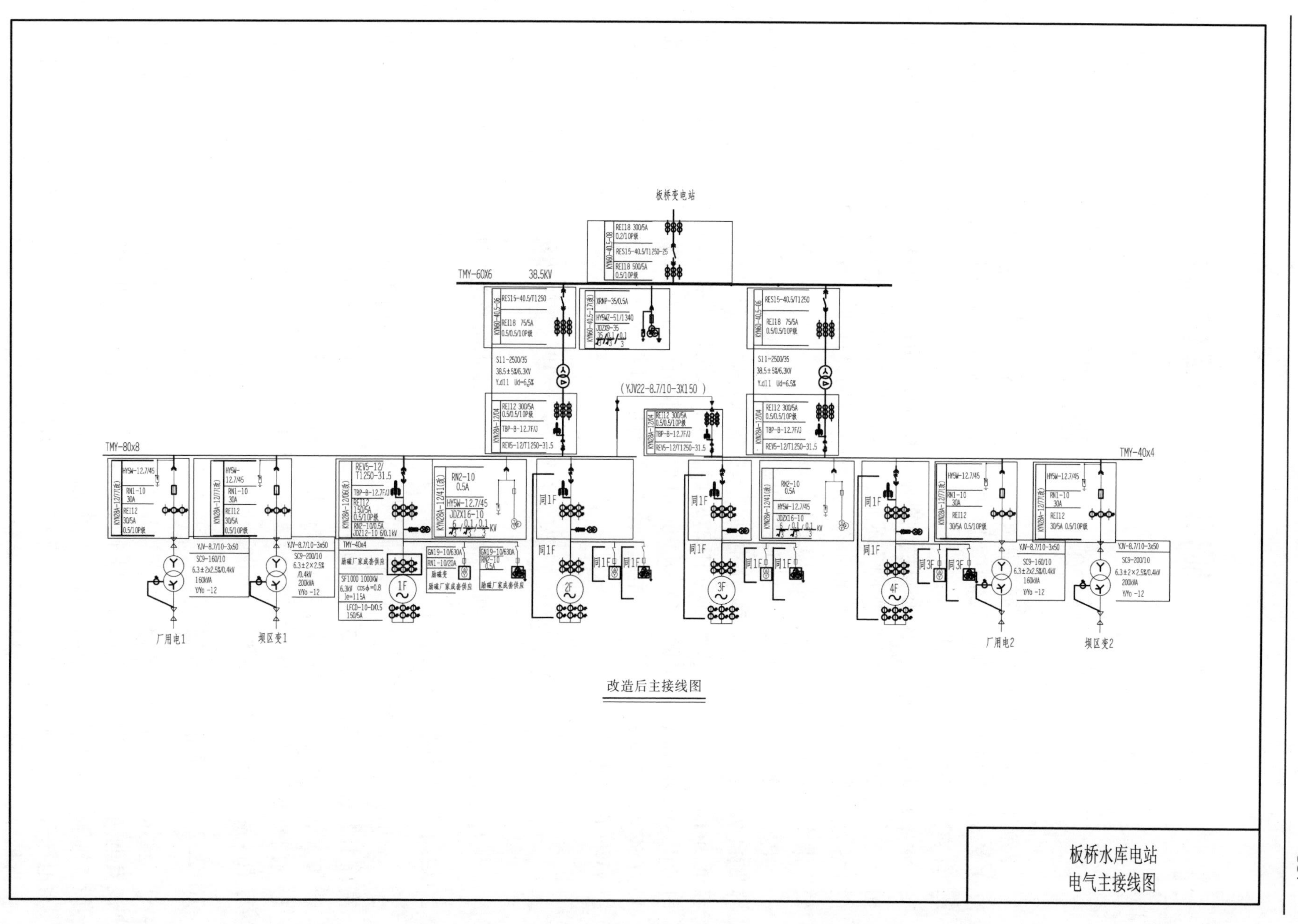
板桥变电站
TMY-60X6
38.5KV
TMY-80x8
TMY-40x4
(YJV22-8.7/10-3X150)
厂用电1
坝区变1
厂用电2
坝区变2
板桥水库电站
电气主接线图

改造后主接线图

20　鸭河口水库电站

20.1　工程概况

鸭河口水库坝址位于河南省南阳市南召县鸭河村的鸭河入白河汇合处，是长江流域汉江支流唐白河水系白河上游的一座以防洪、灌溉为主，兼顾工业及城市供水，结合发电等综合利用的大（1）型水库。

水库始建于1958年，1960年拦洪蓄水。控制流域面积3 030 km^2，多年平均径流量10.9亿m^3，2012年水库除险加固完成后，大坝加宽加高，坝顶高程183.60 m、汛限水位175.70 m、正常蓄水位177.00 m不变，千年一遇设计洪水位为179.84 m，万年一遇校核洪水位为181.50 m，总库容13.39亿m^3。

电站共两座，分设在大坝左右岸，均为坝后式，共装水轮发电机组5台，原总装机容量11 720 kW。2014年鸭河口水电站增效扩容改造后，左岸电站由2×1 360 kW机组增容至2×1 600 kW，水轮机型号为HL275-LJ-120，发电机型号为SF1600-18/2600；右岸电站由3×3 000 kW机组增容至3×3 600 kW，水轮机型号为HL275-LJ-180，发电机型号为SF3600-28/3300，左右岸电站总装机容量达到14 000 kW。设计年发电量4 448.41万kW·h。

20.2　工程布置及主要建筑物

水库工程等别为Ⅰ等，主要由大坝、溢洪道、输水洞及电站四部分组成。

20.2.1　大坝枢纽建筑物

大坝为黏土心墙砂壳坝。上游坝坡1∶2.5~1∶3，下游坝坡1∶2.5~1∶2.7，坝顶高程183.60 m，最大坝高34 m，坝顶长3 219 m，主坝长1 400 m，坝顶宽8 m。1#溢洪道和2#溢洪道设在大坝右岸，各为四孔开敞溢流堰，分别为12 m×9 m和12 m×12 m弧形闸门控制。1#溢洪道堰顶高程170.5 m，设计最大泄量3 591 m^3/s。2#溢洪道堰顶高程166 m，设计最大泄量5 215 m^3/s。

20.2.2　电站枢纽建筑物

输水洞分置于大坝两侧，为深埋压力管道，左岸洞径3.5 m，右岸洞径5 m，为灌溉发电两用输水洞，进口部分由进水口闸门、操纵室及交通桥组成，洞身包括进口渐变段、圆洞、分岔段、出口渐变段及发电支洞。出口部分包括出口操纵室、出口闸门及消力池部分。左岸电站发电支洞由直径1.75 m的2个支管接至厂房，右岸电站发电支洞由直径2.50 m的3个支管接至厂房。

左岸水电站位于左岸山凹内，左输水道右侧与该输水道出口操纵室相邻。由发电支洞、发电厂房、升压开关站、配电装置、油库及油处理室、机修车间和尾水渠等建筑物组成。厂房为地面式，纵轴与坝轴平行，总长 19.87 m，宽 13.87 m，基础岩层高程为 147.8 m，房顶高程 165.07 m，相对高为 17.27 m。发电机层高程 156.5 m。水轮机层高程为 153.0 m，蝶阀室和水泵室高程为 149.69 m，厂房大门设在右侧山墙，与外面有公路连通，厂区地面高程 156.5 m。中央控制室位于厂房下游右侧，地面高程 157.0 m。配电装置设在右岸坝坡开挖场地，高程 169.3 m；机修间设在开关站与山坡之间的进厂公路旁。电站尾水渠接尾水管出来的反坡收缩渐变段后，即开始转弯沿山沟地势引出河岸经台地通向白河。

电气主接线为两台机组的扩大单元接线，发电机电压等级 10 kV。升压站紧靠主厂房山坡平台，主变压器为一台，型号为 S11－5 000/37，配变一台，型号为 S11－2 500/10.5，35 kV 开关站沿右山坡脚布置，开关站面积 16 m×8 m，开关站中布置有 35 kV KYN61－40.5 型高压开关柜 5 面。35 kV 开关站共两条出线，一条是通过编号为鸭联 2 的开关同右岸水电站联络的鸭联线（架空线路 LGJ－70 钢芯铝绞线）连接，另一条是通过编号为鸭太 1 的开关同 35 kV 太山庙变电站联络的鸭太线连接（架空线路，目前该线路暂未通电运行）。

右岸电站位于右输水道出口操纵室左侧，由主厂房、副厂房、开关站等组成，所占场地均是开挖山丘而来。电站主厂房长 28.5 m、宽 12.28 m、高 23.32 m，主厂房有蜗壳层、水轮机层、发电机层等，蜗壳层蝶阀室的地面高程为 146.85 m，水轮机层地面高程为 151.15 m，发电机层地面高程为 154.95 m，主厂房顶部高程为 165.84 m，厂房基础开挖高程为 142.52 m。厂房内 1#、2#、3#机从左到右排列，中心距为 8.5 m，由尾水管基础到屋顶的主厂房总高度为 23.32 m；副厂房在主厂房上游侧，与主厂房相连，长 28.49 m、宽 6 m，地面高程为 154.95 m，与发电机层平。副厂房地下室地面高程为 151.45 m，副厂房上层地面高程为 159.45 m，房顶高程为 163.05 m，在副厂房 154.95 m 高程处布置了中央控制室、开关室、简易检修室。副厂房的地下室是母线电缆室，左端设置两台低压空压机和气罐，右端设通风机一台，水泵室设在蜗壳层 3#机上游侧，地面高程 146.0 m，副厂房上层布置了通讯室、电工实验室、仪表室、检修值班室、储藏室等；主变压器及 35 kV 高压开关站布置在厂房上游侧，利用副厂房背面回填场地建成，设计地面高程为 154.8 m，室内净长 20.53 m、宽 6.10 m，开关站内共设 9 块开关柜，布置成一字形排列。

电气主接线为 3 台机组的扩大单元结线，发电机电压等级 6.3 kV。升压站紧靠副厂房上游，主变压器为两台，型号分别为 S11－10000/37、S11－5000/37，配变两台，型号为 S11－5000/10.5、S9－5000/35。35 kV 室内开关站共布置 9 面 KYN61－40.5 型高压柜，共有两条出线，一条是通过编号为鸭联 1 的开关同左岸水电站联络的鸭联线（架空线路 LGJ－95 钢芯铝绞线）连接，另一条是通过编号为路辛鸭 T1 的开关同 35 kV 辛庄变电站联络的路辛鸭 T 线连接系统并网。

20.3　工程特点

鸭河口水库采用现地级、操作员工作站（厂房中央控制室）、集中控制（信息）中心三级控制，可以实现在集中控制中心对左岸、右岸两电站机组启停操作和主要设备的监控，可达到少人值班、无人值守。

两座电站都是利用灌溉供水发电，属水资源的二次利用，提高水资源的利用率。

20.4　运行管理

鸭河口水库电站隶属鸭河口水库工程管理局，科级事业单位。现有在职职工共 68 人，站长 1 人，副站长 3 人。

电站下设办公室、安全办、技术办、左右岸发电车间、检修车间及其 12 个生产班组。左右岸两车间均采用“四值三班倒”的方式。

20.4.1　生产人员培训情况

电站投运初期，运行人员对新设备了解较少，人员与设备处于磨合阶段，为保证安全生产，及时发现设备隐患，不发生事故，电站组织开展人员强化培训工作：

（1）由现场调试和消缺的设备厂家对运行人员开展培训工作。

（2）设备投运初期组织人员现场了解熟悉设备，并在 2015 年 5 月组织电站全体运行人员对新《运行规程》进行学习，并由电站技术办管理人员对运行人员进行指导讲解。

（3）2015 年 12 月组织部分值长及主值到长沙华自集体通过自动化培训班学习。截至目前电站生产人员综合素质已达到保证电站安全生产的要求。

20.4.2　安全生产运行管理情况

保证作业人员具备相应资格的作业安全要求，按要求考取相应的资格证书，使运维人员进网许可证达到 100%，相应起重设备操作证持证率达到 100%、电气割焊操作证持证率达到 100%，安全管理人员持证率达到 100%，同时定期对相关资格证进行复审；定期对生产人员进行安全规程培训考试，安规考试合格作为上岗的基本条件；定期对安全用具和电气设备进行定检和预防性试验；增效扩容改造后期，电站就积极着手进行农村水电站安全生产标准化建设工作，于 2016 年 6 月通过了河南省水利厅组织的安全生产标准化二级单位的审定。

20.5　鸭河口水库电站工程特性表

表 20-1　鸭河口水库电站工程特性表

序号	名称	单位	指标	备注
一	水文			
1	白河流域总面积	km^2	12 270	
2	多年平均降水量	mm	847	全流域

续表 20-1

序号	名称	单位	指标	备注
3	多年平均径流量	亿 m^3	10. 9	坝址处
4	多年平均流量	m^3/s	34. 56	坝址处
二	水库枢纽			
1	控制流域面积	km^2	3 030	
2	坝体			
	坝顶高程	m	183. 6	
	坝顶长度/宽度	m	3 219/8	
3	库水位			
	校核洪水位	m	181. 5	
	设计洪水位	m	179. 84	
	汛限水位	m	175. 7	
	兴利水位	m	177	
	死水位	m	160	
4	库容			
	总库容	亿 m^3	13. 39	
	兴利库容	亿 m^3	7. 62	
	防洪库容	亿 m^3	2. 95	
	死库容	亿 m^3	0. 7	
5	左岸输水洞			
	洞径×长度	m×m	3. 5×127. 5	
	允许泄流量	m^3/s	25	
6	右岸输水洞			
	进口洞底高程	m	155. 0	
	出口洞底高程	m	149. 5	
	洞径×长度	m×m	5. 0×118. 5	
	设计最大泄流量	m^3/s	54. 0	
7	1#溢洪道			
	堰顶高程	m	170. 5	
	闸净宽	m	48. 0	
	孔口	孔	4	单宽 12 m

续表 20-1

序号	名称	单位	指标	备注
	校核洪水溢流量	m^3/s	3 591	
8	2#溢洪道			
	堰顶高程	m	166.0	
	闸净宽	m	48.0	
	校核洪水溢流量	m^3/s	5 215	
三	电站枢纽			
1	左岸电站			
	长×宽×高	m×m×m	19.87×11.67×8.07	
	水轮机层高程	m	153	
	发电机层高程	m	156.5	
	装机高程	m	151.5	
	发电最低水位	m	166	
2	右岸电站			
	长×宽×高	m×m×m	28.5×12.28×10.22	
	水轮机层高程	m	151.15	
	发电机层高程	m	154.95	
	装机高程	m	149.15	
	发电最低水位	m	166	
四	左岸电站主要机电设备			
1	水轮机			
	HL275-LJ-120（待定）	台	2	
	额定出力	kW	1 685	
	额定流量	m^3/s	8.61	
	最大水头	m	30	
	最小水头	m	16	
	额定水头	m	21.5	
	额定转速	r/min	333.3	
2	发电机			
	SF1600-18/2600	台	2	
	额定出力	kW	1 600	

续表 20-1

序号	名称	单位	指标	备注
	额定电压	V	10 500	
	额定转速	r/min	333. 3	
	功率因数		0. 8	
3	35 kV 变压器			
	S11-5 000/35，Y/D11 38. 5±5%/10. 5 kV	台	1	
4	调速器			
	YWT-1800	台	2	
五	右岸电站主要机电设备			
1	水轮机			
	HL275-LJ-180（待定）	台	3	
	额定出力	kW	3 773	
	额定水头	m	21	
	最大水头	m	31. 5	
	最小水头	m	16	
	额定流量	m^3/s	19. 67	
	额定转速	r/min	214. 3	
2	发电机			
	SF3600-28/3300	台	3	
	额定功率	kVA	3 600	
	额定电压	V	6 300	
	额定转速	r/min	214. 3	
	功率因数		0. 8	
3	35 kV 变压器			
	S11-10000/35，Y/D1 138. 5±5%/6. 3 kV	台	1	
	S11-5000/35，Y/D11 38. 5±5%/6. 3 kV	台	1	
4	调速器			
	YWT-3500	台	3	

鸭河口水库电站图纸

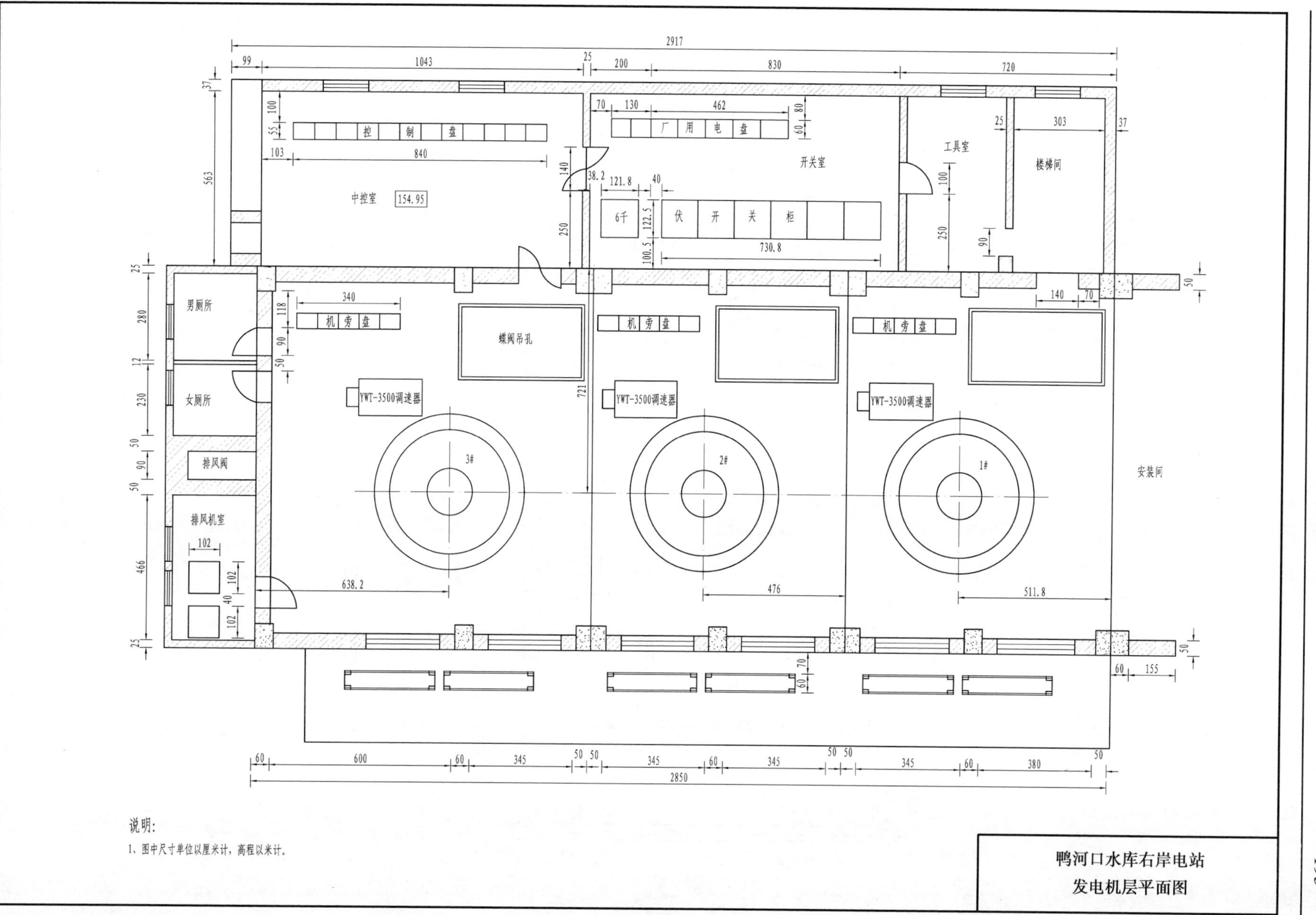

鸭河口水库右岸电站
发电机层平面图

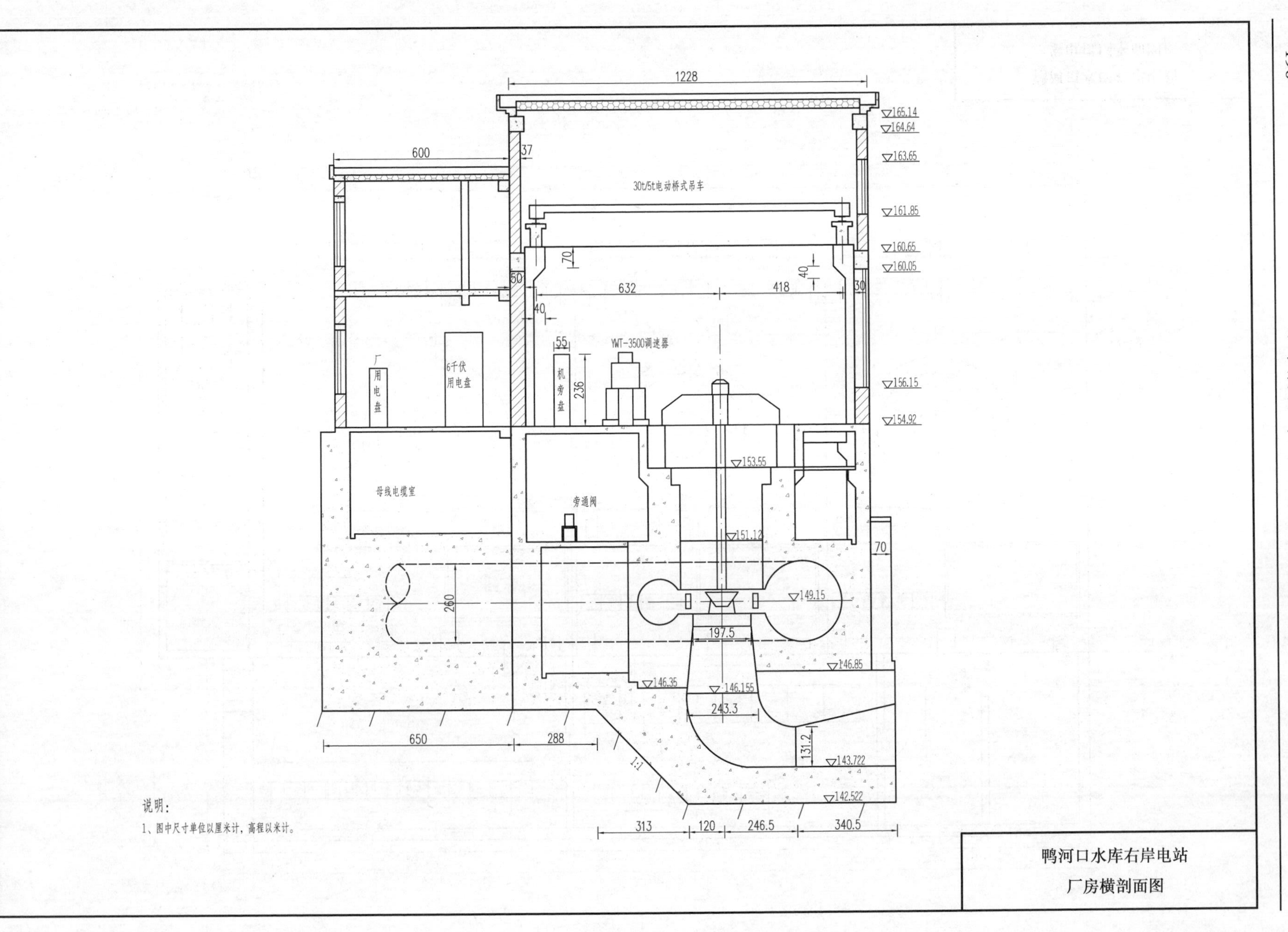
1228
600
37
▽165.14
▽164.64
▽163.65
30t/5t电动桥式吊车
▽161.85
▽160.65
▽160.05
70
40
50
632
418
30
40
55
YWT-3500调速器
厂用电盘
6千伏用电盘
机旁盘
236
▽156.15
▽154.92
▽153.55
母线电缆室
旁通阀
▽151.12
70
260
▽149.15
197.5
▽146.85
▽146.35
▽146.155
243.3
131.2
▽143.722
▽142.522
1:1
650
288
313
120
246.5
340.5
说明：
1、图中尺寸单位以厘米计，高程以米计。
鸭河口水库右岸电站
厂房横剖面图

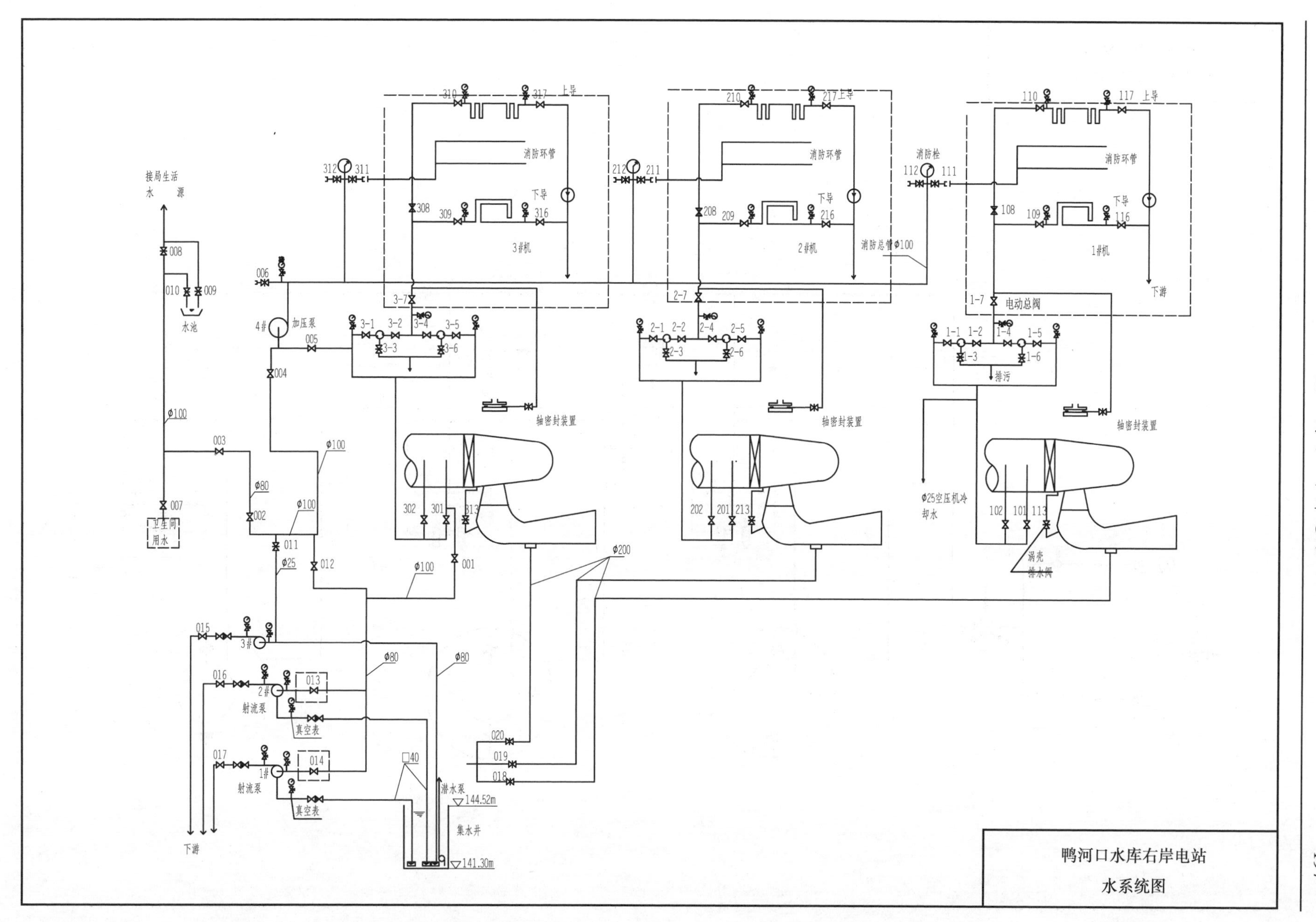
鸭河口水库右岸电站
水系统图
1#机
2#机
3#机
消防环管
上导
下导
下游
轴密封装置
电动总阀
排污
φ25空压机冷却水
消防栓
消防总管φ100
涡壳排水阀
加压泵
4#
3#
2#
1#
射流泵
真空表
潜水泵
集水井
▽144.52m
▽141.30m
水池
接局生活水源
卫生间用水
φ200
φ100
φ80
φ25
□40

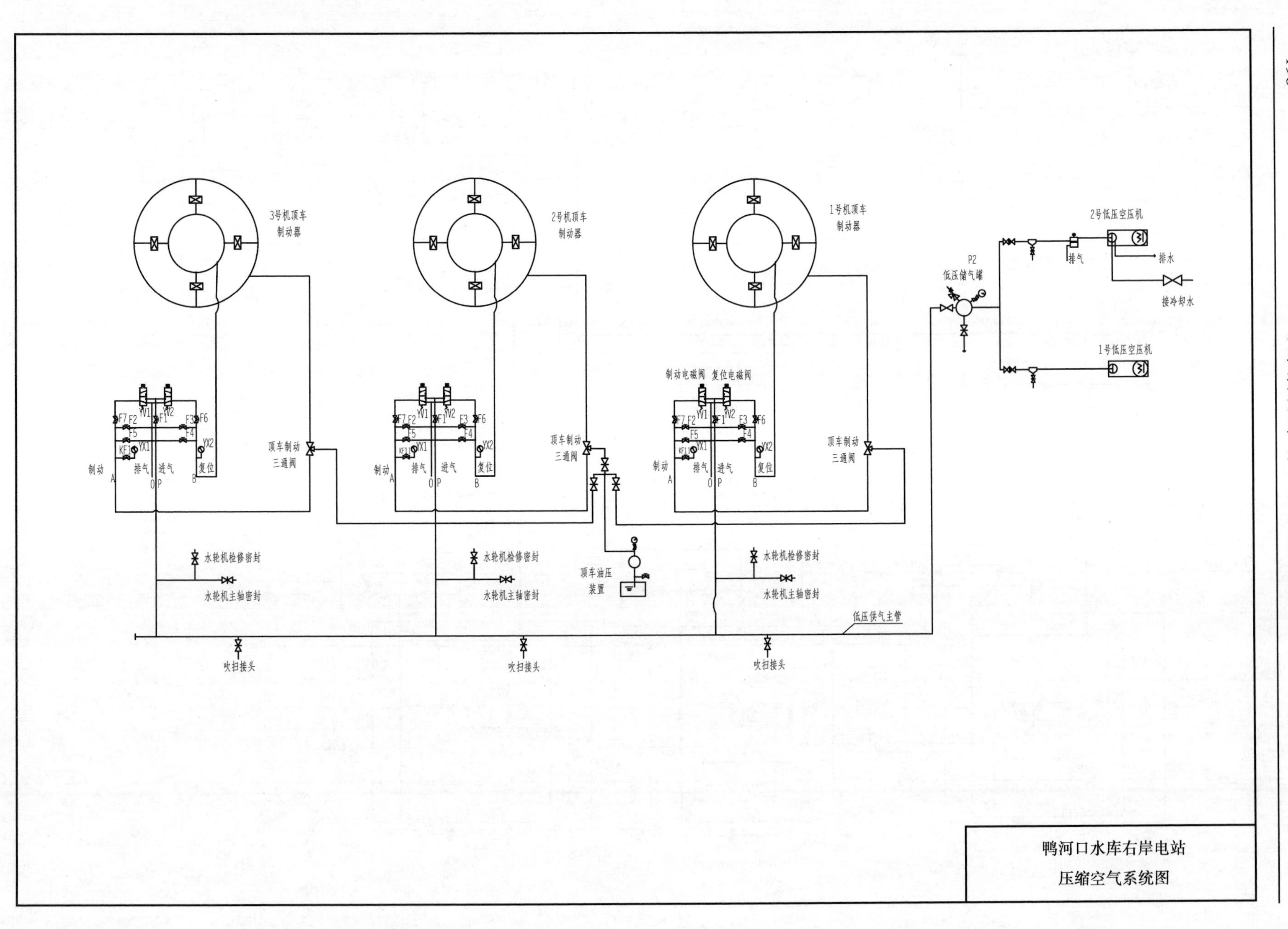
3号机顶车
制动器
2号机顶车
制动器
1号机顶车
制动器
2号低压空压机
1号低压空压机
P2
低压储气罐
排气
排水
接冷却水
制动电磁阀
复位电磁阀
YV1
YV2
F1
F2
F3
F4
F5
F6
F7
YX1
YX2
KF1
制动
排气
进气
复位
A
O
P
B
顶车制动
三通阀
顶车油压
装置
水轮机检修密封
水轮机主轴密封
低压供气主管
吹扫接头
鸭河口水库右岸电站
压缩空气系统图

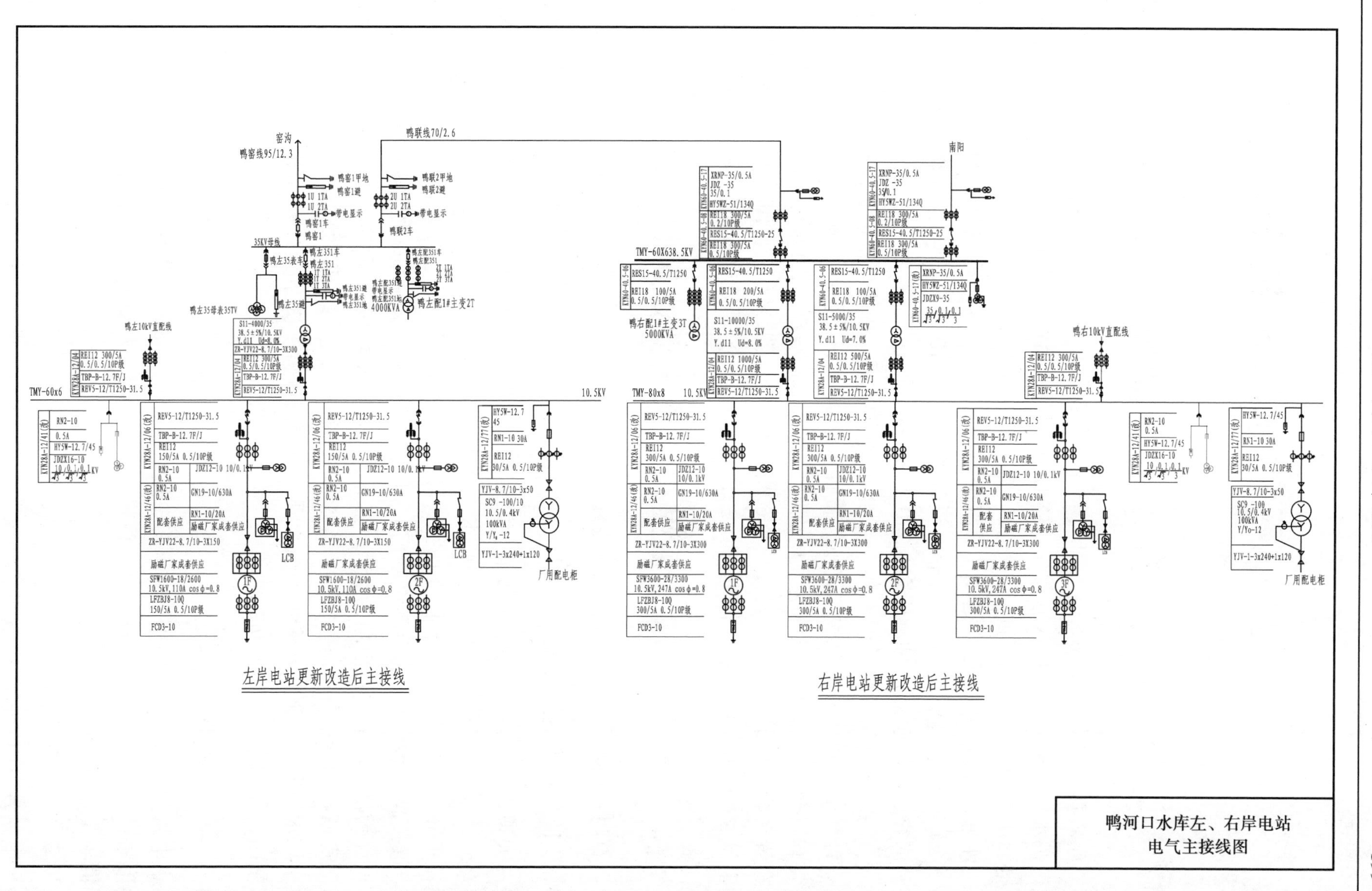
窑沟
鸭窑线95/12.3
鸭联线70/2.6
南阳
35KV母线
鸭左35母表35TV
鸭左配1#主变2T
4000KVA
鸭右配1#主变3T
5000KVA
鸭左10kV直配线
鸭右10kV直配线
TMY-60x6
TMY-60X638.5KV
TMY-80x8
10.5KV
LCB
厂用配电柜
左岸电站更新改造后主接线
右岸电站更新改造后主接线
鸭河口水库左、右岸电站
电气主接线图

21 石门水库电站

21.1 工程概况

西峡县石门水利水电枢纽工程位于丹江支流老灌河下游，是集防洪、灌溉、发电、城镇供水、水产养殖、山区旅游为一体的综合利用工程，也是河南省第三批电气化县骨干电源工程。

水库于 1998 年 4 月开始动工，2003 年 11 月竣工。水库大坝控制流域面积 2 580 km^2，多年平均径流量 6.635 亿 m^3，设计总库容 8 910 万 m^3，其中死库容 1 800 万 m^3，兴利库容 3 400 万 m^3，调洪库容 3 710 万 m^3。

石门水库电站系坝后引水式（混合式）水电站，站址位于河道左岸。电站于 1998 年 4 月开工，2001 年 8 月竣工发电，设计水头 29.5 m，设计引水流量 39.3 m^3/s。厂房内装有三台 3 200 kW 立式水轮发电机组，设计保证率 85%，保证出力 1 470 kW。升压站布置在副厂房上游侧，安装有三台 5 000 kVA 变压器，年利用小时数 3 840 h，年设计发电量 3 000 万 kW · h，上网电价 0.331 元/（kW · h），发电效益良好。

21.2 工程布置及主要建筑物

石门水利水电枢纽工程由大坝枢纽和电站枢纽两部分组成。

21.2.1 大坝枢纽工程

大坝为浆砌石重力坝，主要建筑物有左右两岸挡水坝段，中间溢流坝段。坝顶总长 347.5 m，坝顶高程 297.00 m，迎水面设有防浪墙，最大坝高 58.5 m。挡水坝段长 204.50 m，上游设有混凝土防渗面板，坡度 1∶0.2，下游坡度 1∶0.7。溢流坝段长 143 m，堰顶高程 288 m，其上不设闸门，但设有交通桥。溢流面采用幂函数曲线形式，下游设计为挑流消能，挑射角为 25°，上下游坡同挡水坝段。坝体内设有纵向灌浆排水和纵向交通观测廊道各一条，另设 4 条横向交通观测廊道，坝体每 16 m 设一条横缝。在左岸挡水坝段设有泄洪洞和电站引水洞，引水洞进口依次布置有拦污栅、事故闸门和工作闸门，采用卷扬式启闭机操控。

21.2.2 电站枢纽工程

电站主要建筑物由引水道、厂房、尾水渠、升压站及办公室生活区等组成。由于受地形条件限制，建筑物比较集中，总体布置上实现了避免相互干扰，既节省了开挖量又降低了工程造价。

21.2.2.1 压力引水道

电站发电引水设计流量为 39.3 m^3/s，采用联合供水方式。压力引水道由主管、岔管和支管组成。主管为钢筋混凝土结构，总长 122.85 m，它在坝下游左岸山体里开挖的隧洞内现浇钢筋混凝土压力管而成。岔管和支管采用钢管外包混凝土结构。

现浇混凝土压力管总长 122.85 m，断面为圆形结构，内径为 3.5 m，过水流速 4.09 m/s，管壁厚 40~48 cm，管壁内侧设有钢板衬，防止管身裂缝渗水，混凝土采用 C30。管道上、下两端均设有 M5 浆砌石镇墩，宽 6 m，壁厚 1 m，管上部镇墩回填 1 m 土层并夯实。该压力管在坝体内部与坝内引水管相连，管道中心线高程为 267.25 m，后紧接上镇墩，在镇墩处向左岸山体内转弯与隧洞相连，空间实际转角为 36.88°。

隧洞长 96.48 m，由 22.18 m 的斜洞和 72.30 m 的平洞组成，其中平洞进出口中心线高程分别为 248.165 m、247.165 m，隧洞断面呈圆形结构，内径为 4.5 m，内部有现浇混凝土压力管，设有钢板衬。其中，斜洞段内侧设有 6 mm 钢板衬，外侧采用 C30 钢筋混凝土衬砌，厚 48 cm，并做回填灌浆；平洞段内侧设有 8 mm 钢板衬，外侧采用 C30 钢筋混凝土衬砌，厚 40 cm，并做回填灌浆。

在压力管之后布置有分岔管，分岔角为 55°，主管内径 3.5 m，设计引水流量为 39.3 m^3/s。支管自主管分岔后，渐变成内径为 2 m 的圆形断面。1#、2#、3#机支管长分别为 9.85 m、6.7 m、9 m。当通过机组设计引水流量 13.1 m^3/s 时，支管内的平均流速为 4.17 m/s。岔管和支管均采用钢结构，壁厚分别为 18 mm 和 14 mm，在分岔交缝处设置有加劲梁。钢管外面包有 80 cm 厚混凝土，起到镇固作用。岔管和支管中心线高程均为 267.165 m，与水轮机安装高程同高。

21.2.2.2 电站厂房

电站厂房分为主厂房、安装间和副厂房三部分。

主厂房面南偏西向布置，长 27.75 m，宽 13.30 m，从基础最低到墙顶总高 23.2 m。其中，发电机层以下深 11.14 m 为钢筋混凝土结构，从下到上依次有厂房底板、蜗壳层、水轮机层、发电机层。厂房内安装了三台 HLD74-LJ-142 型水轮机，配三台 SF3200-20/3250 型发电机，机组间距为 8 m，在机组右上侧布置了 PSWT-3000 型调速器。另装有一台 32/5 t 电动桥式吊车，吊车柱间距为 5.5 m。厂房内主要通道设在下游侧，左右端都设有楼梯，通向水轮机层，在不检修蝶阀期间，水轮机层上、下侧也可以作为通道。

安装间位于主厂房左侧，长 9.85 m、宽 13.30 m。总高度与主厂房相同。安装间楼板以下深 11.14 m，为钢筋混凝土结构，从下到上依次有集水井、泵室层、水轮机层。安装间地面设有检修发电机的转子坑，为了便于变压器进厂利用桥吊进行检修，安装间前后都设有大门。汽车可直接通过安装间开到厂后，在楼板上游侧还设有 1.8 m×1.8 m 的吊物孔，方便起吊气罐和空压机等设备。

副厂房位于主厂房的上游，长 27.75 m、宽 6.9 m、高 10.53 m，共分为上、下两层，下层为电缆层，采用钢筋混凝土结构，底板高程为 249.115 m，主要布置有电缆和 6.3 kV 开关柜、蝶阀油压装置等设备。上层为砖混结构，楼板与发电机层同高，厚 15 cm，从左到右依次布置有楼梯间、中控室和 35 kV 高压开关室。安装有各种控制表盘、微机控制台和 7 面高压开关柜。

21.2.2.3　其他附属建筑物

主厂房下游为尾水平台，长 21.89 m、宽 3 m，高程为 248.9 m。上设有三个尾水闸孔和起吊排架，由于尾水闸门使用机会较少，三台机共用一扇钢筋混凝土闸门，一台 15 t 的电动葫芦。尾水管出口为尾水池，以 2.0 m 平顺段接 1∶6倒坡与尾水渠底相连，为了减少尾水渠、进厂公路的开挖量，尾水池和尾水渠转向河道一侧，尾水渠全长约 50 m，断面采用矩形，宽 9 m，坡降 1/800，正常水深为 2.3 m。

升压站在副厂房上游，长 31.75 m、宽 11 m。设计地面高程为 253.6 m，布置了三台 5 000 kVA 主变，距室内高压开关柜较近。检修时可以通过主厂房上右侧大门推进安装间，利用桥式吊车起吊检修。

进厂公路沿尾水渠旁山坡进厂，并与办公生活区相连。

由于主副厂房发电机层以下为钢筋混凝土结构，因此此部位采用了厂房挡水防洪。副厂房上游升压站右端设置 M7.5 浆砌石挡水墙，断面为梯形，墙顶高程 253.6 m，其迎水面用混凝土抹面防渗，墙上游与山体基岩相连接，下游与副厂房水下墙相连接。主厂房下游防洪墙结构与形式同上游墙。

21.3　工程特点

21.3.1　压力引水道

电站压力引水道采取有压隧洞结构形式，利用山体围岩和混凝土结构联合承担水头压力，减少设置调压井，减少了工程量，节约了投资。采用联合供水方式，压力引水道由主管、岔管和支管组成。主管为钢筋混凝土结构，岔管和支管均采用钢结构，在分岔交缝处设置有加劲梁，钢管外还包有混凝土，起到了镇固作用。根据规范调保计算验证，该引水系统不需要设置调压室。

21.3.2　电站厂区高边坡

电站枢纽在老灌河左岸开挖修建而成，厂区四周边坡高，施工过程中，边坡开挖设置了三级马道，清理破碎岩体，对断层处掏挖清理后，用混凝土塞或混凝土灌浆方法处理，最后在坡面上挂钢丝网喷锚支护，有效解决高边坡稳定安全问题。

21.3.3　泄洪洞与发电洞的调度运行

由于坝体泄洪洞和发电引水洞均在老灌河左岸，且两者布置较近，泄洪洞长期大流量泄水会冲刷左岸山坡，造成发电隧洞围岩单位弹性抗力系数降低，受力条件不好，所以在运行时，泄洪洞不能频繁开启，只有在冲沙时开启，这样对下游左岸山体冲刷影响小，有利于压力隧洞安全。

21.3.4　电气主接线

电站装设三台单机容量 3 200 kW 的立式水轮发电机组。站内设 6.3 kV 和 35 kV 两个电压等级，采用发电机变压器组单元接线，为使发电机检修试验时与变压器隔离，在发电机出口侧设隔离开关。35 kV 升压侧采用单母线的接线方式，一回出线。

为提高厂用电的可靠性和不间断性，本站设两台厂用变，容量均为 250 kVA，一台接 35 kV 母线，一台由西五线 10 kV 提供，两台厂变的低压侧均采用交流接触器的特殊接线方式，相互闭锁，以免造成非同期并列运行，并可互为备用。

21. 3. 5　电站控制保护。

电站实现无人值班（少人值守）模式，按“计算机综合自动化系统为主，简易常规控制为辅”进行系统设备配置。电站的日常运行完全由计算机综合自动化系统实现，简易常规系统作为综合自动化系统的后备。

电站 35 kV 线路接入电网后，利用电力载波通信与系统通信，同时与电信部门建立中继联络通信，站内设置了程控电话，方便联络。

21. 4　运行管理

21. 4. 1　隶属关系与发电量

石门水电站隶属西峡县龙雨水电有限责任公司。电站有员工 40 人，其中站长 1 名，技术部主任 1 名。截至目前已累计完成发电量 4. 3 亿 kW · h。

21. 4. 2　安全生产运行管理

电站坚持“安全第一、预防为主、综合治理”的方针，建立起了较完备的安全保证体系和安全监督体系，形成了一系列较为完善的安全管理机制，制定了一系列行之有效的规章制度和管理办法，塑造了独具特色且丰富多彩的企业安全文化，有力促进了电站的安全运行，从 2015 年以来每年定期开展安全生产月和安全教育讲座等活动。同时电站实行现场各类物件定置管理，设备设施清洁清扫工作得到加强，现场设置各类安全标识，逐步实现现场安全可视化管理。随着现场安全管理工作的不断深入开展，现场安全环境得到改善，隐患整改率得到提高，员工逐渐养成良好的工作习惯，促进了安全管理水平的提升。

21. 5　石门水库电站工程特性表

表 21-1　石门水库电站工程特性表

序号	名称	单位	数量（输水洞电站）	数量（灌溉洞电站）
一	水文			
1	坝（闸）址以上流域面积	km^2	2 580	
2	多年平均年径流量	亿 m^3	6. 635	

续表 21-1

序号	名称	单位	数量（输水洞电站）	数量（灌溉洞电站）
二	工程规模			
3. 水库	校核洪水位	m	297.3	
	设计洪水位	m	293.96	
	正常蓄水位	m	288	
	死水位	m	273.8	
	正常蓄水位以下库容	亿 m^3	0.52	
	总库容	亿 m^3	0.91	
	调节库容	亿 m^3	0.39	
	死库容	亿 m^3	0.18	
	库容系数			
4. 电站	装机容量	kW	9 600	
	多年平均发电量	万 kW · h	2 860	
	设计引水位	m	288	
	发电引水流量	m^3/s	39.3	
	设计水头	m	29.5	
5. 挡水泄水建筑物	形式		浆砌石重力坝	
	坝顶长度	m	347.5	
	最大坝高	m	58	
	泄水形式		泄洪洞、溢流面	
	堰顶高程	m	297.8	
	孔口尺寸	m×m	4×4	
6. 输水建筑物	引水道形式		压力管道	
	长度	m	298	
	断面尺寸	m×m	3×4	
	设计引水流量	m^3/s	39.3	
	调压井（前池）形式			
	压力管道形式	m	圆形混凝土衬隧洞	
	条数	条	1	
	单管长度	m	220	
	内径	m	3	

续表 21-1

序号	名称	单位	数量（输水洞电站）	数量（灌溉洞电站）
7. 电站厂房与开关站	厂房形式		框架结构	
	主厂房尺寸（长×宽×高）	m×m×m	37×12×9.8	
	水轮机高程	m	248.965	
	开关的形式		室内柜式	户外高架
	面积	m^2	98.8	
8. 主要机电设备	水轮机型号		HLD74—LJ—142	
	台数	台	3	
	额定出力	kW	3 200	
	额定水头	m	29.5	
	额定流量	m^3/s	13.1	
	发电机型号			SF3200—20/3250
	台数	台	3	
	额定容量	kW	3 200	
	额定电压	kV	6.3	
	额定转速	r/s	300	
	主变压器型号		S9-5000/35	
	台数	台	3	
	容量	kVA	5 000	
	二次控制保护设备		微机保护	微机保护
9. 输电线路	电压	kV	35	
	回路数	回	1	
	输电距离	km	12	

石门水库电站图纸

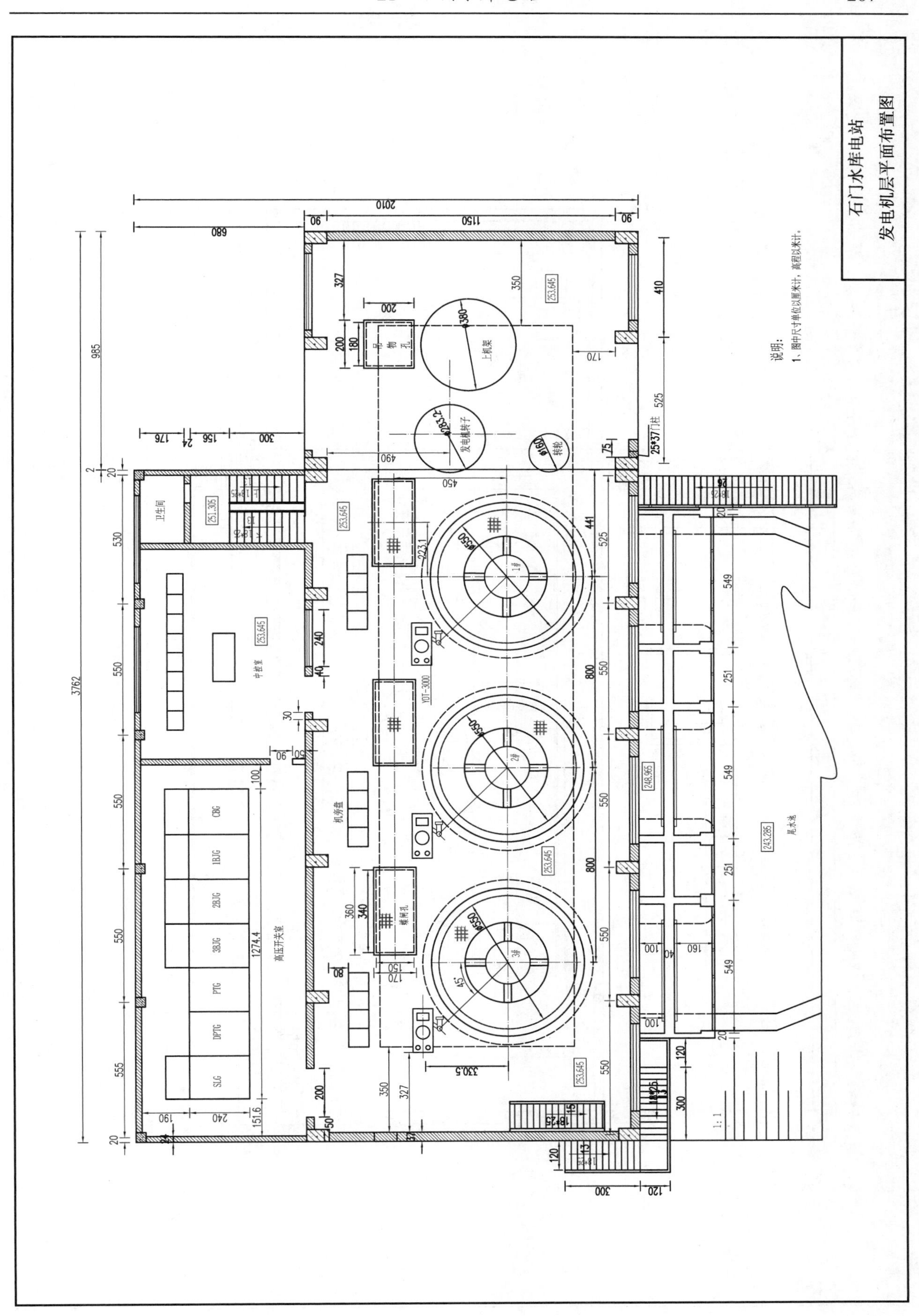
石门水库电站
发电机层平面布置图
说明:
1、图中尺寸单位以厘米计，高程以米计。
中控室
高压开关室
机旁盘
卫生间
吊物孔
上机架
发电机转子
转轮
蝶阀孔
尾水池
YDT-3000
CBG
1BJG
2BJG
3BJG
PTG
DPTG
SLG
2010
3762
253.645
251.305
248.965
243.285

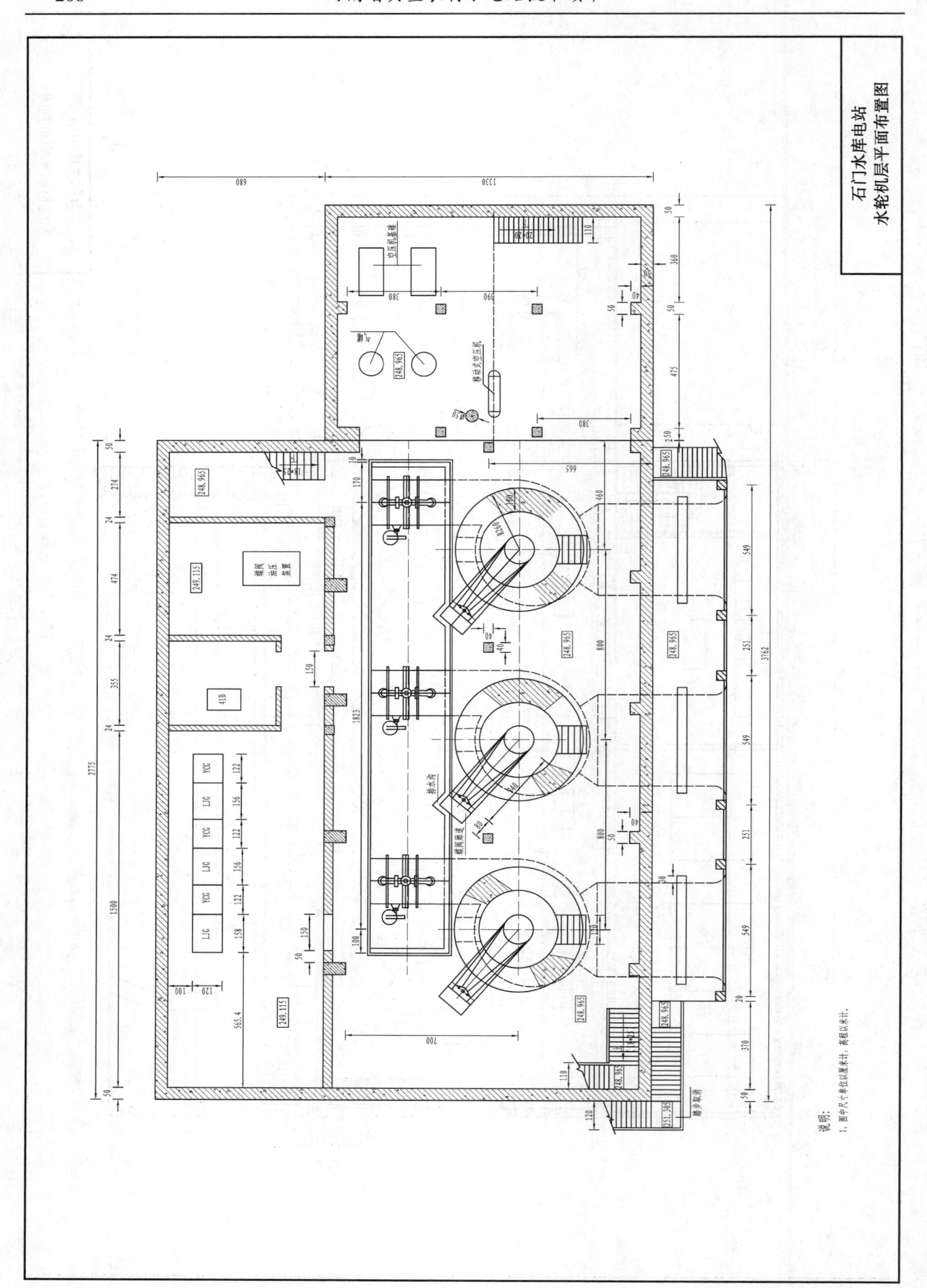
石门水库电站
水轮机层平面布置图

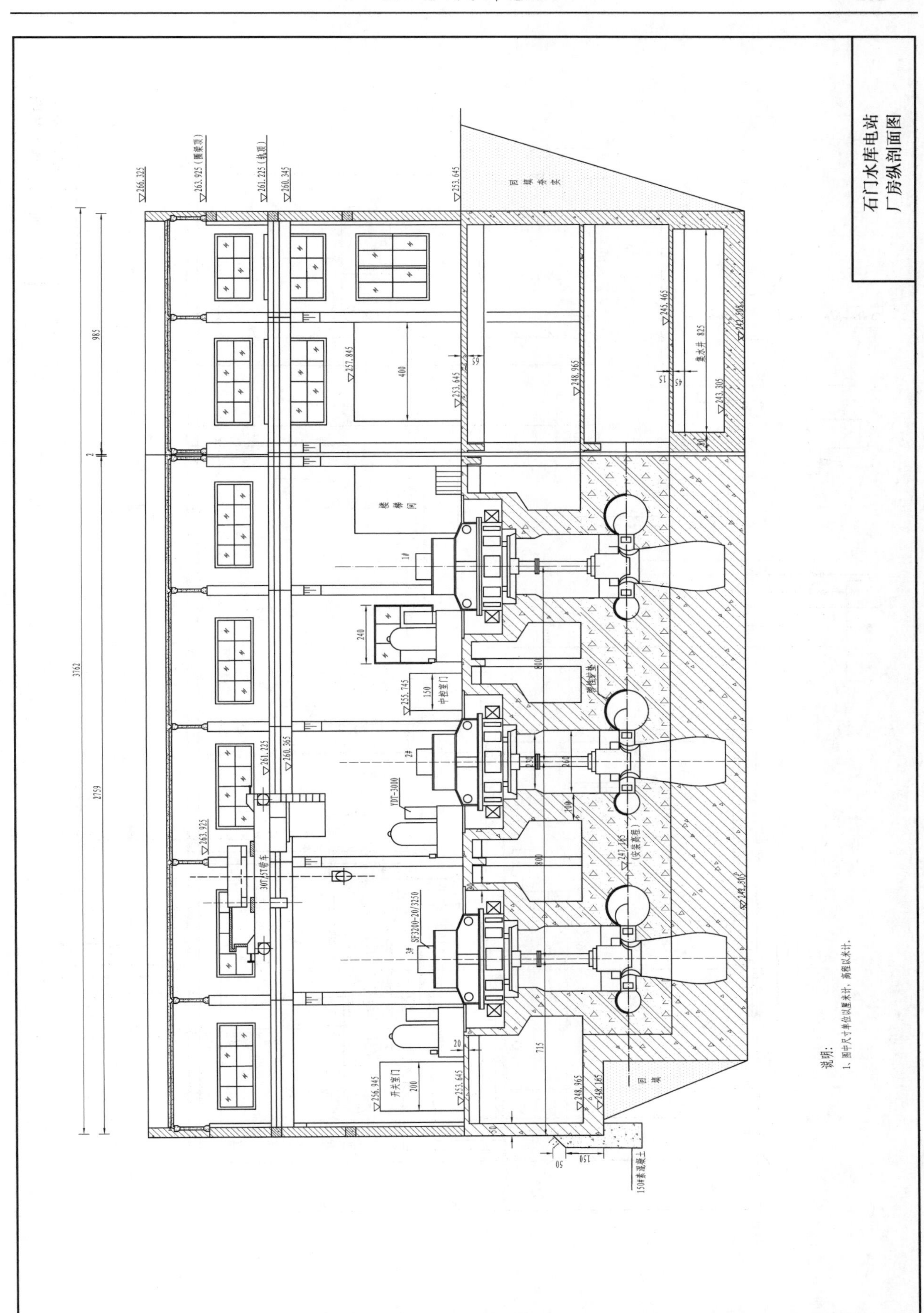
石门水库电站
厂房纵剖面图
说明：
1. 图中尺寸单位以厘米计，高程以米计。
SF3200-20/3250
YDT-3000
中控室门
开关室门
集水井
1#
2#
3#
3762
2759
985

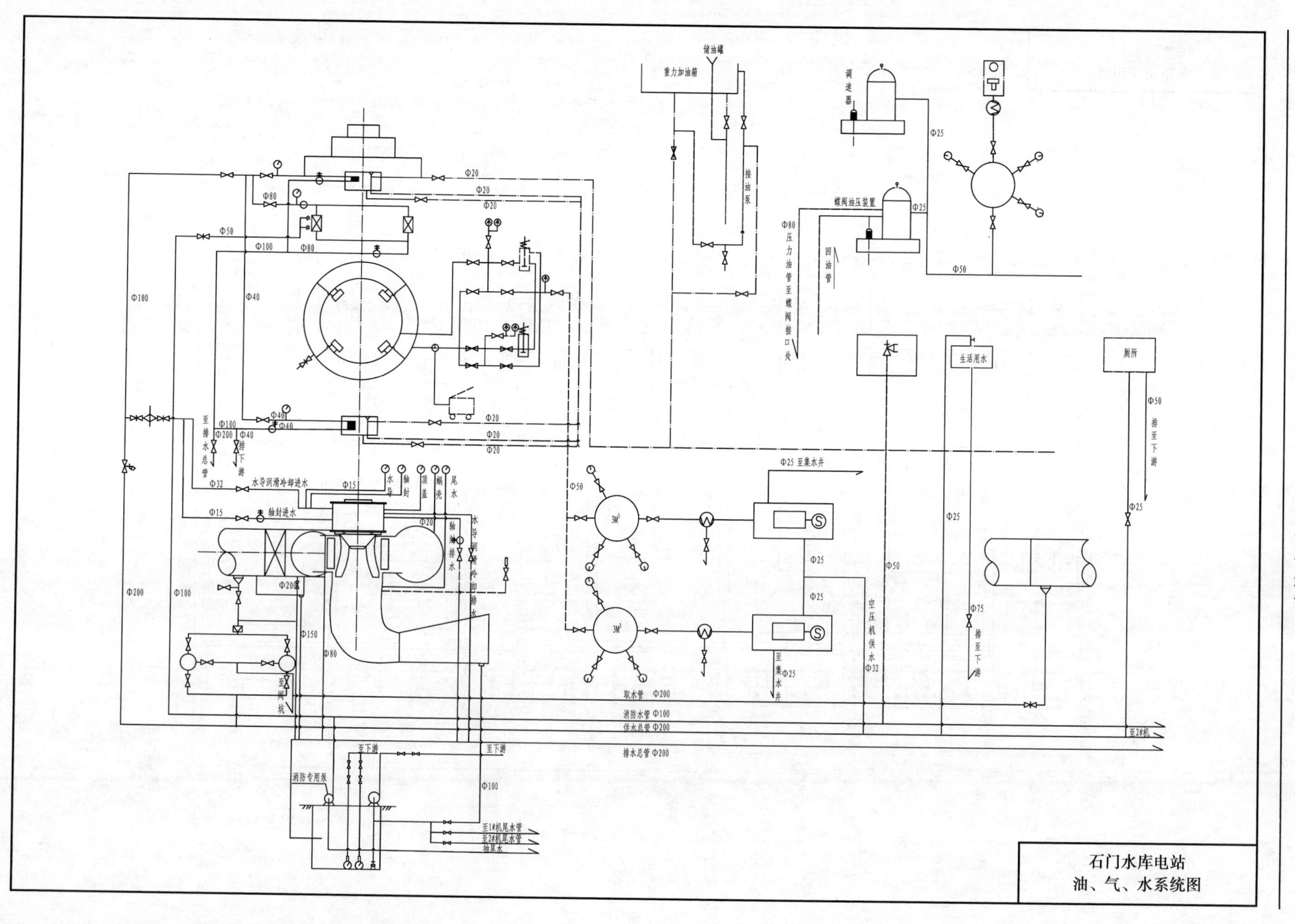

石门水库电站
油、气、水系统图

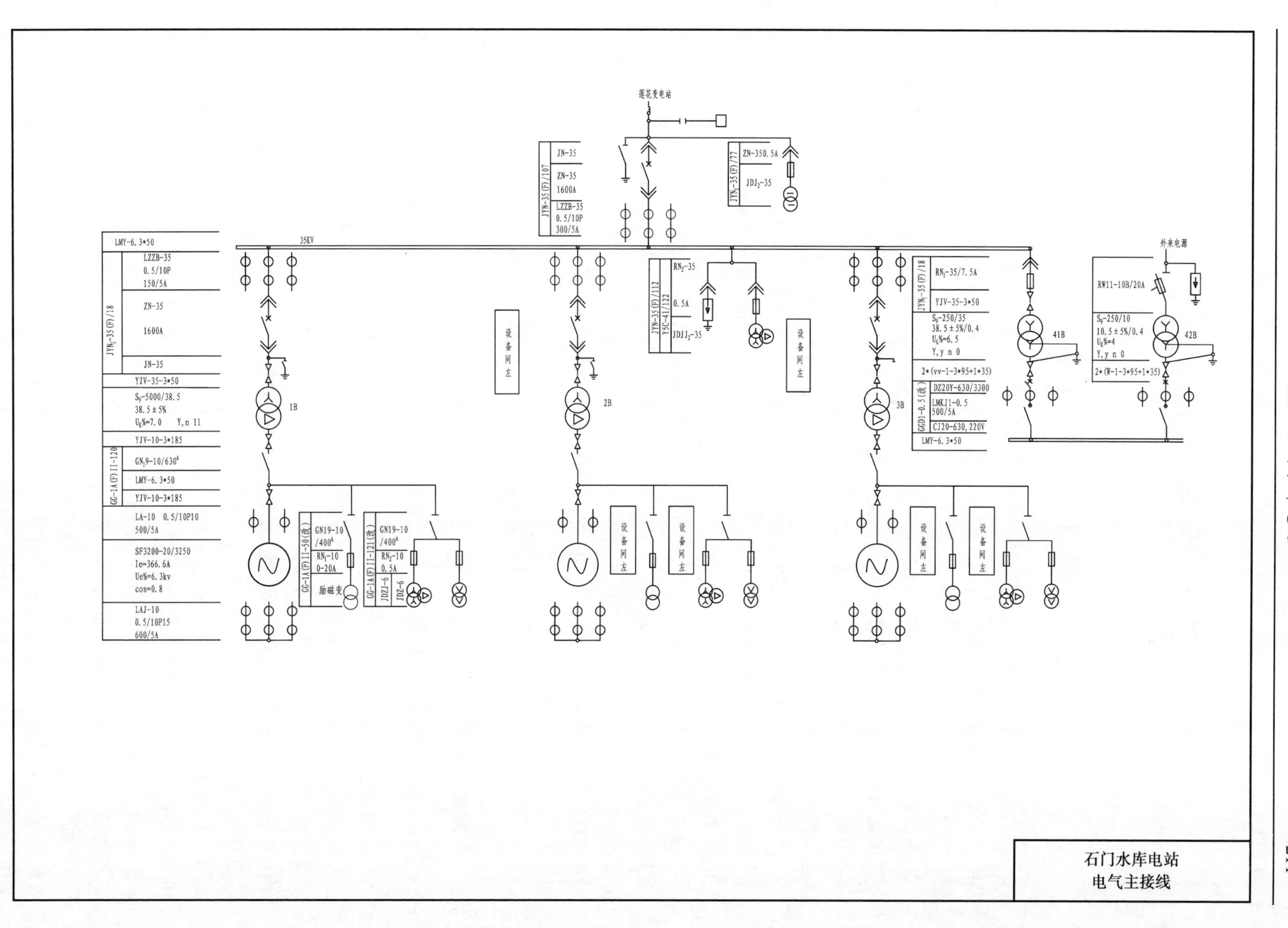
莲花变电站
JN-35
ZN-35
1600A
LZZB-35
0.5/10P
300/5A
JYN-35(F)/107
ZN-350.5A
JDJ2-35
JYN1-35(F)/77
35KV
LMY-6.3*50
LZZB-35
0.5/10P
150/5A
ZN-35
1600A
JN-35
JYN1-35(F)/18
YJV-35-3*50
S9-5000/38.5
38.5±5%
Uk%=7.0　Y,n 11
YJV-10-3*185
GN19-10/630A
LMY-6.3*50
YJV-10-3*185
GG-1A(F)II-120
LA-10　0.5/10P10
500/5A
SF3200-20/3250
Ie=366.6A
Ue%=6.3kv
cos=0.8
LAJ-10
0.5/10P15
600/5A
1B
2B
3B
设备间左
RN2-35
0.5A
JDJJ2-35
JYN-35(F)/112
Y5C-41/122
GN19-10
/400A
RN1-10
0-20A
励磁变
GG-1A(F)II-50(改)
GN19-10
/400A
RN2-10
0.5A
JDZJ-6
JDZ-6
GG-1A(F)II-121(改)
RN1-35/7.5A
YJV-35-3*50
JYN1-35(F)/18
S9-250/35
38.5±5%/0.4
Uk%=6.5
Y,y n 0
2*(vv-1-3*95+1*35)
DZ20Y-630/3300
LMKJ1-0.5
500/5A
CJ20-630,220V
GGD1-0.5(改)
LMY-6.3*50
41B
外来电源
RW11-10B/20A
S9-250/10
10.5±5%/0.4
Uk%=4
Y,y n 0
2*(W-1-3*95+1*35)
42B
石门水库电站
电气主接线

22 南湾水库电站

22.1 工程概况

南湾水库地处淮河支流浉河上游、信阳市西南 8.5 km，是以防洪为主，结合灌溉、发电、养鱼、供水及旅游等综合利用的大型水利枢纽工程，也是我国最早建成的大型治淮工程之一。

南湾水库始建于 1952 年，建成于 1955 年。水库控制流域面积 1 100 km^2，多年平均径流量 4.89 亿 m^3。水库为多年调节，设计洪水位 108.9 m，校核洪水位 112.8 m，汛限水位 106.2 m、兴利水位 102.6 m，死水位 88.0 m。设计坝顶高程 114.1 m。设计总库容 13.55 亿 m^3，其中调洪库容 10.3 亿 m^3，兴利库容 6.31 亿 m^3，死库容 0.42 亿 m^3。

南湾水库电站位于大坝东端下游坡角处，属坝后式水电站。电站工程于 1958 年动工，1959 年投产，总装机容量 5 440 kW（4×1 360 kW），设计水头 20 m，设计多年平均发电量 1 800 万 kW·h。

1992 年对四台水轮发电机组进行了局部改造。2011 年、2012 年更新改造两台发电机、四台蝴蝶阀、35 kV 开关站、自动化监控系统等，电站总装机容量由 5 440 kV 提高至 6 400 kW。现在正在进行南湾水库水电站增效扩容改造工程，改造后总装机容量将达到 6 800 kV，自动化程度、工作环境、发电效益将会有很大提高。

22.2 工程布置及主要建筑物

南湾水库枢纽主要建筑物有大坝枢纽和电站枢纽。

22.2.1 大坝枢纽建筑物

大坝枢纽建筑物主要有大坝、泄洪洞、输水道及溢洪道。

大坝东接贤山，西接蜈蚣岭，拦腰截断浉河。坝型为黏土心墙砂壳坝，坐落在断层发育的浅变质片岩上。坝顶高程 114.1 m，最大坝高 39.17 m，坝顶长度 853.0 m，坝顶宽度 8.0 m。坝基为黏土截水槽防渗。黏土心墙坡率为 1.2，坝壳坡率：上游为 1∶2.5、1∶3和 1∶4三级，下游为 1∶2.5、1∶3二级。大坝抗震烈度为Ⅶ度，因坝址为地震区，筑坝砂料大都为中细砂，需做防止砂料因受震而发生液化的处理。泄洪洞进口底板高程 88 m，事故闸门为 5 m×5 m 平板闸门，闸室宽度 8 m，闸室长度 14 m，出口底板高程 78 m，工作闸门为 4 m×4 m 弧形闸门，闸室宽度 7 m，闸室长度 12 m，洞身总长 402.7 m，最大泄量 234 m^3/s，底流消能方式，消力池长度 36 m，消力池深度 3.5 m。输水道为圆形有压洞，内径 3.5 m，长 236 m，纵坡 0.42%。进口段长 12 m，底板高程 78.12 m，最大输水量 114 m^3/s。从输水道左侧距进口 189 m 处分出内径 3 m、洞身长 15 m 支洞，经调压塔和压力钢管后进入发电厂房。溢洪道堰顶高程 98.6 m，堰顶净宽 24.0 m，堰上有

2 扇 12 m×9 m 弧形闸门控制，最大泄量 2 030 m^3/s。

22.2.2　电站枢纽建筑物

南湾水库电站位于大坝东端下游坡脚处，工程由引水发电支洞、调压塔、压力管道、厂房、开关站、尾水渠等部分组成。

引水发电支洞以 60°夹角与输水道相交，长 15 m，内径 3.0 m，为钢筋混凝土衬砌；调压塔为阻抗形式的钢筋混凝土结构，以三通与引水发电洞和压力管道相通。塔内径 9 m，壁厚 1.4 m，塔高 35.24 m；压力管道为埋入式钢筋混凝土结构，内为钢板衬护。主管直径 3.0 m，上与调压塔相通，在镇墩以下分为内径 1.75 m 的四个支管进入发电厂房，以明设钢管分别与蝶阀相接。

主副厂房为地面式的钢筋混凝土砌砖混合结构，长宽分别为 28.32 m 和 14.02 m，基础岩面高程 66.69 m，厂房顶面高程为 87.22 m。从下至上分为尾水层、水轮机层和发电机层三层，发电机层高程为 79.78 m，水轮机层高程为 76.32 m。主厂房内装有 4 台立式水轮发电机组，原机组型号为 PO-K-3-BM-126 型水轮机，配 TS-252/30-20 发电机，设计水头 20 m，设计流量 8.44 m^3/s（单机），单机容量 1 360 kW；经 1992 年、1999 年对四台发电机进行了局部改造，单机容量增至 1 600 kW，设计流量 9.8 m^3/s（单机），现总装机容量为 6 400 kW（4×1 600 kW）。经“十三五”增效扩容改造工程后，总装机容量将达到 6 800 kW（4×1 700 kW）。另装有 10 t 手动桥式起重机 1 台及其他附属设备。副厂房位于主厂房上游，分别布置有高压室、屏柜室等，中控室布置在主厂房右端部。厂房外布置有油处理室、机修间及办公房。

开关站位于厂房北侧，站内布置有两台 4 000 kVA 主变压器，两条 35 kV 上网输电线路等相应电气开关设备，两条上网线路互为备用，分别为南湾至松树坦 35 kV 输电线路及南湾至五里墩 35 kV 输电线路。

尾水渠总长 77 m。尾水池长 16 m，底坡为 1∶4倒坡，高程为 86.4 m 抬升至 90.4 m，底宽由 20 m 缩至 7 m，两侧边墙自 1∶0渐变至 1∶2，系浆砌石衬护；中间段为平底渠，两侧边坡为 1∶2，系干砌块石衬护，在尾水渠末端又以倒坡与输水道相接。

22.3　工程特点

南湾水库电站为坝后式电站，常规布局，为充分利用水资源，电站是结合防洪、灌溉发电的。由于电站引水发电洞较长，结构上增加了调压塔设施以满足电站甩负荷调节保证要求，这在河南省小水电站中还不多见。

电站采用先进的微机监控自动化控制保护系统，运行操作准确方便，可达到无人值班、少人值守，在电网中可起到调峰作用，发电效率高。

水电站的泄水为下游河道提供生态用水，确保了河流生态环境良好，同时电站枢纽与大坝融为一体，既美化了水库环境，又发挥了综合经济效益。

22.4 运行管理

22.4.1 隶属关系

南湾水库电站隶属南湾水库管理局正科级二级机构。电站现有员工 79 人，站长 1 名（兼支部书记），副站长 3 名，工会主席 1 名。下辖办公室、发电厂、供电部、生技股、财务股等部门。

22.4.2 安全生产运行管理

南湾水库电站在南湾水库管理局的直接领导下，始终坚持以“安全第一、预防为主、综合治理”的方针为指导，以安全生产为基础，进一步加强基础管理工作建设，进一步认清形势，强化责任，落实措施，夯实基础，积极开展各项安全生产管理工作，制定各级人员安全生产责任制，认真落实以安全生产责任制为核心的安全生产规章制度，推动安全生产形势持续稳定，为电站科学发展新跨越提供安全保障。

22.5 南湾水库电站工程特性表

表 22-1 南湾水库电站工程特性表

序号	名称	单位	数量	备注
一	水文			
1	坝（闸）址以上流域面积	km^2	1 100	
2	多年平均年径流量	亿 m^3	4.89	
二	工程规模			
3. 水库	校核洪水位	m	110.56	万年一遇
	设计洪水位	m	108.89	千年一遇
	正常蓄水位	m	103	
	死水位	m	88	
	正常蓄水位以下库容	亿 m^3	6.73	
	总库容	亿 m^3	13.55	
	调节库容	亿 m^3	6.31	
	死库容	亿 m^3	0.42	
	库容系数		1.29	

续表 22-1

序号	名称	单位	数量	备注
4. 电站	装机容量	kW	6 800	
	多年平均发电量	万 kW · h	1 800	
	设计引水位	m	78. 12	
	发电引水流量	m^3/s	39. 72	
	设计水头	m	20	
三	主要建筑物及设备			
5. 挡水、泄水建筑物	形式			黏土心墙砂壳坝
	坝顶长度	m	816	
	最大坝高	m	114. 17	
	泄水形式			泄洪洞、溢洪道、输水道
	堰顶高程	m	98. 6	
	孔口尺寸			
6. 输水建筑物	引水道形式			圆形压力管道
	长度	m	15	
	断面尺寸	m	φ3	
	设计引水流量	m^3/s	108	
	调压井（前池）形式			
	压力管道形式	m		压力钢管
	条数	条	4	
	单管长度	m	1.55、8.50、13.95、19.48	
	内径	m	1. 75	
7. 电站厂房与开关站	厂房形式			坝后式
	主厂房尺寸（长×宽×高）	m×m×m	28. 32×11. 1×8. 07	
	发电机层高程	m	79. 785	
	开关的形式			室内柜式
	面积（长×宽）	m×m	8×5	

续表 22-1

序号	名称	单位	数量	备注
8. 主要机电设备	水轮机型号			HL275-LJ-126
	台数	台	4	
	额定出力	kW	1 700×4	
	额定水头	m	20	
	额定流量	m^3/s	9.93	
	发电机型号			SF1700-200/2600
	台数	台	4	
	额定容量	kW	1 700×4	
	额定电压	kV	6.3	
	额定转速	r/s	300	
	主变压器型号			S11-5000/35
	台数	台	2	
	容量	kVA	5 000×2	
	二次控制保护设备			微机保护
9. 输电线路	电压	kV	35	
	回路数	回	2	
	输电距离	km	7.8	

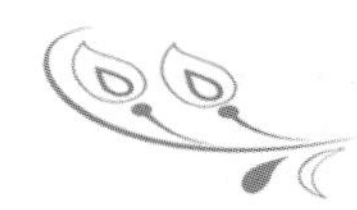

南湾水库电站图纸

❊　南湾水库电站发电机层布置图

❊　南湾水库电站厂房纵剖面图

❊　南湾水库电站厂房横剖面图

❊　南湾水库电站电气主接线图

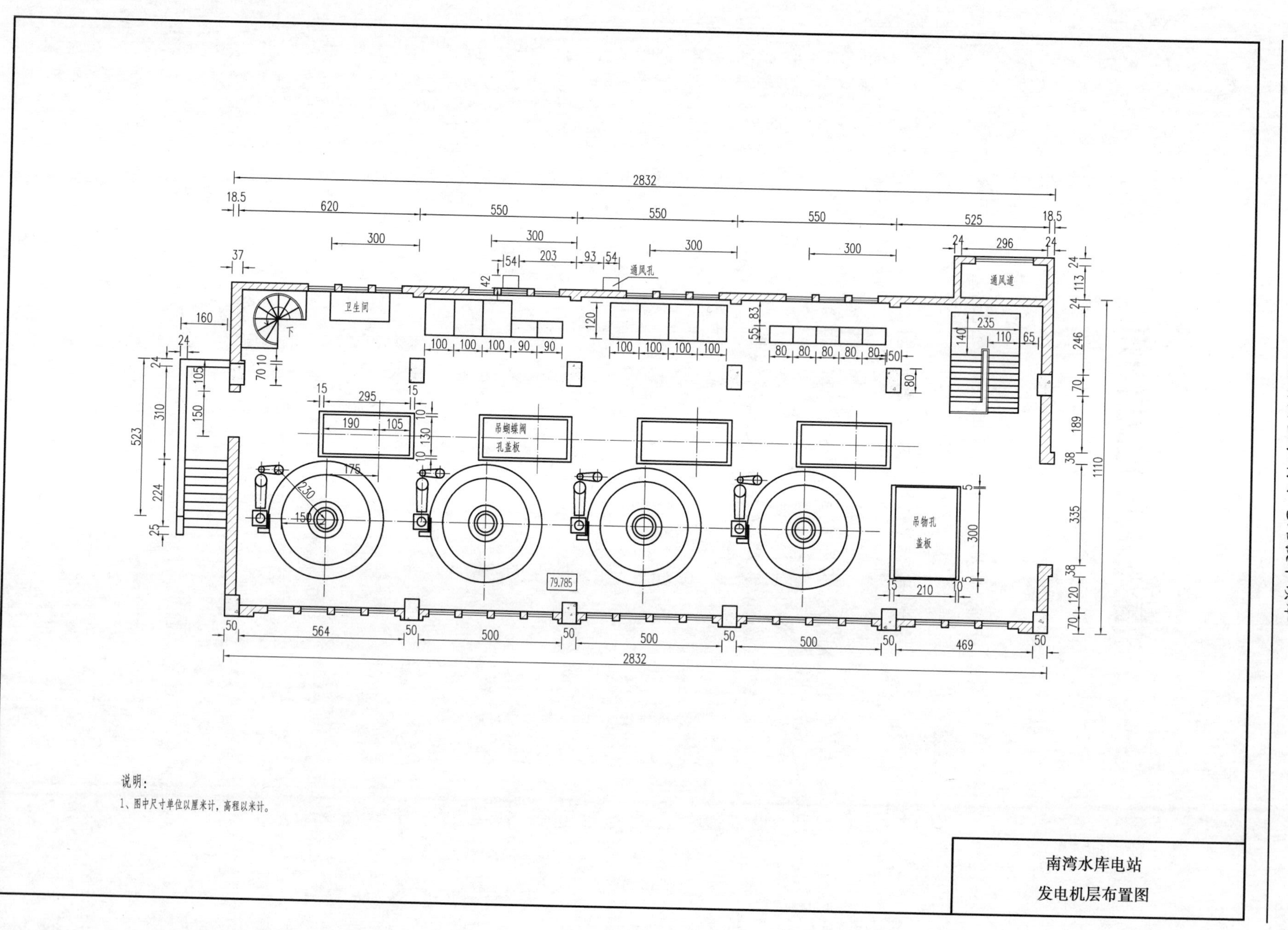
通风道
通风孔
卫生间
下
吊蝴蝶阀
孔盖板
吊物孔
盖板
79.785
说明：
1、图中尺寸单位以厘米计，高程以米计。
南湾水库电站
发电机层布置图

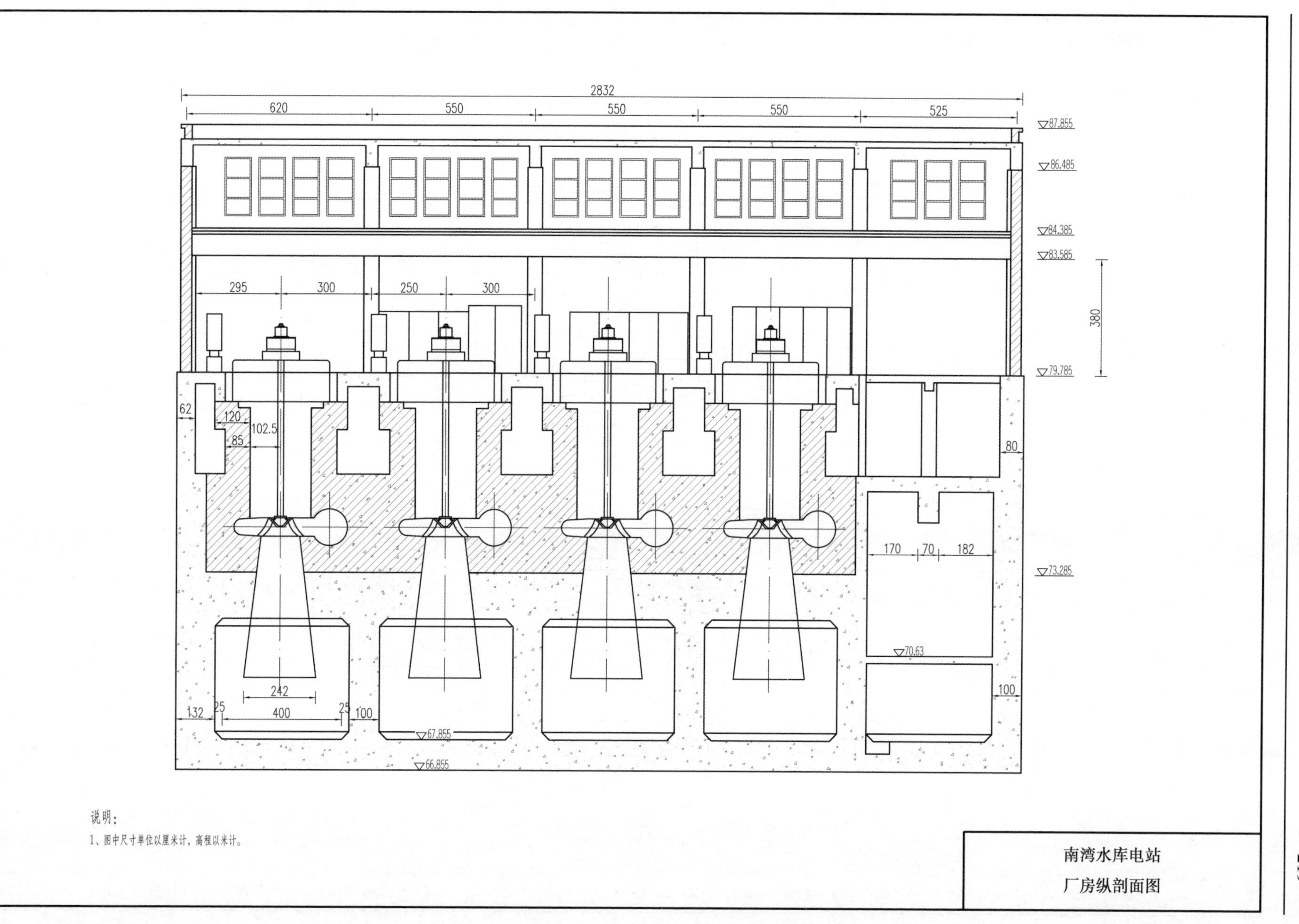
2832
620
550
550
550
525
▽87.855
▽86.485
▽84.385
▽83.585
380
▽79.785
295
300
250
300
62
120
102.5
85
80
170
70
182
▽73.285
▽70.63
242
132
25
400
25
100
100
▽67.855
▽66.855
说明：
1、图中尺寸单位以厘米计，高程以米计。
南湾水库电站
厂房纵剖面图

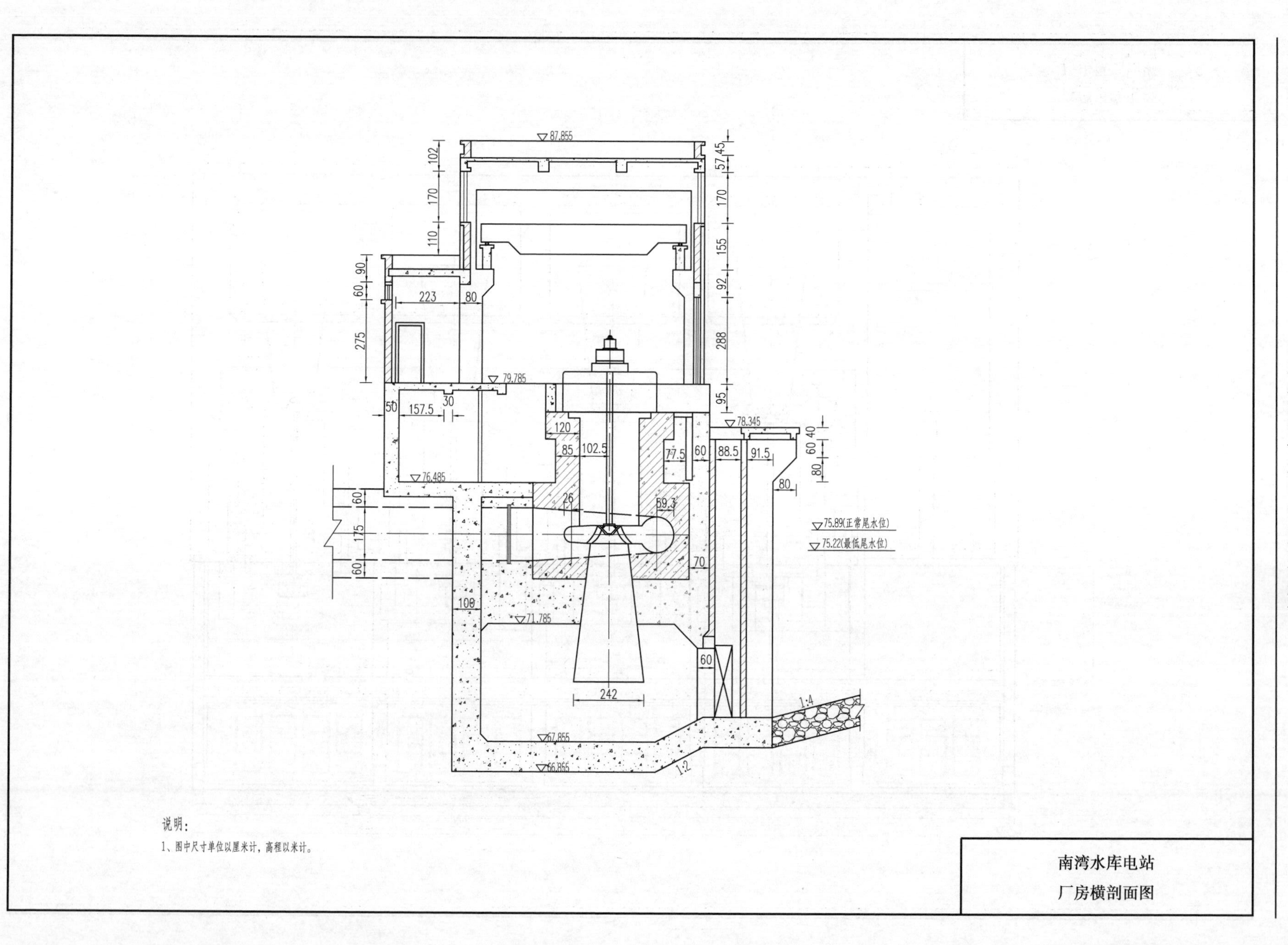
▽87.855
▽79.785
▽78.345
▽76.485
▽75.89(正常尾水位)
▽75.22(最低尾水位)
▽71.785
▽67.855
▽66.855
1:4
1:2
说明：
1、图中尺寸单位以厘米计，高程以米计。
南湾水库电站
厂房横剖面图

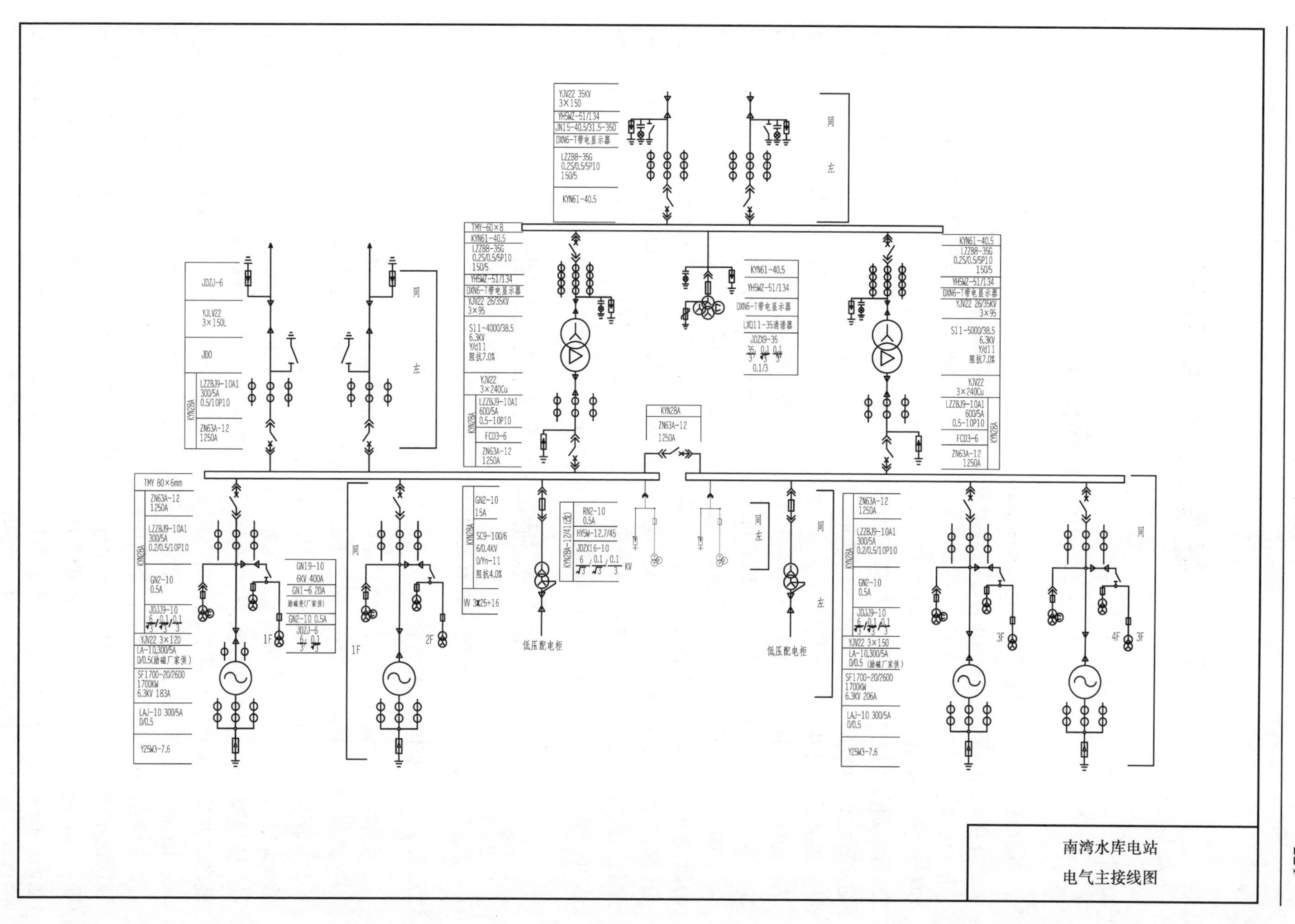
YJV22 35KV 3×150
YH5WZ-51/134
JN15-40.5/31.5-350
DXN6-T带电显示器
LZZB8-35G 0.2S/0.5/5P10 150/5
KYN61-40.5
同
左
TMY-60×8
KYN61-40.5
LZZB8-35G 0.2S/0.5/5P10 150/5
YH5WZ-51/134
DXN6-T带电显示器
YJV22 26/35KV 3×95
S11-4000/38.5 6.3KV Y/d11 阻抗7.0%
YJV22 3×240Cu
LZZBJ9-10A1 600/5A 0.5-10P10
FCD3-6
ZN63A-12 1250A
KYN28A
KYN61-40.5
YH5WZ-51/134
DXN6-T带电显示器
LXQ11-35消谐器
JDZX9-35
S11-5000/38.5 6.3KV Y/d11 阻抗7.0%
JDZJ-6
YJLV22 3×150L
JDO
LZZBJ9-10A1 300/5A 0.5/10P10
ZN63A-12 1250A
TMY 80×6mm
LZZBJ9-10A1 300/5A 0.2/0.5/10P10
GN2-10 0.5A
JDJJ9-10
YJV22 3×120
LA-10,300/5A D/0.5(励磁厂家供)
SF1700-20/2600 1700KW 6.3KV 183A
LAJ-10 300/5A D/0.5
Y25W3-7.6
GN19-10 6KV 400A
GN1-6 20A
励磁变(厂家供)
GN2-10 0.5A
JDZJ-6
1F
2F
GN2-10 15A
SC9-100/6 6/0.4KV D/Yn-11 阻抗4.0%
W 3X25+16
RN2-10 0.5A
HY5W-12.7/45
JDZX16-10
KYN28A-12/41(Z)
KV
低压配电柜
YJV22 3×150
LA-10,300/5A D/0.5 (励磁厂家供)
SF1700-20/2600 1700KW 6.3KV 206A
3F
4F
南湾水库电站
电气主接线图

23 鲇鱼山水库电站

23.1 工程概况

鲇鱼山水库位于商城县城南 4 km 灌河干流上，是一座以防洪、灌溉为主，结合供水、发电和养殖等综合利用的大（2）型多年调节水利枢纽工程。

水库始建于 1970 年 3 月，1973 年 12 月竣工。大坝控制流域面积 924 km^2，多年平均径流量 5.94 亿 m^3，坝顶高程 115.37 m，总库容 9.16 亿 m^3，设计汛限水位 106 m，设计洪水位 111.27 m，相应库容 7.34 亿 m^3，兴利水位 106.87 m，相应库容 5.1 亿 m^3，正常蓄水位 105.87 m，死水位 83.87 m，死库容 0.15 亿 m^3。

鲇鱼山水库电站为坝后式。电站由灌溉发电引水支洞、发电厂房、尾水渠、变电站、输电线路组成。电站于 1970 年 3 月开工，1979 年 12 月投产发电。1#机设计水头 24.5 m，2#、3#、4#机设计水头 22.5 m，设计流量 67.3 m^3/s，总装机容量 10 600 kW。

2014 年对鲇鱼山水库电站进行了增效扩容改造，改造项目主要包括水轮发电机组及附属设备、蝶阀及供水管道、二次设备监控及工业电视系统、继电保护、直流电源及计量，水机调速器及自控元件、35 kV 线路改造等。项目总投资 2 765.05 万元。改造后电站总装机容量达到 12 800 kW，发电量由 2 200 万 kW · h 提高到 3 000 万 kW · h，增幅达 36.3%。目前，发电机组运行良好，效果显著。

23.2 工程布置及主要建筑物

鲇鱼山水库枢纽主要建筑物有大坝枢纽和电站枢纽。

23.2.1 大坝枢纽建筑物

大坝枢纽建筑物主要有主坝、副坝、泄洪洞、灌溉发电洞及溢洪道。

鲇鱼山水库坝址处河床高程 77 m，河床覆盖 7~9 m 厚的砂卵石层，其下基岩为微风化花岗岩。大坝为黏土心墙砂壳坝，上游坝坡为 1 : 2.0、1 : 2.5、1 : 3.0 三级，下游坝坡为 1 : 2.0、1 : 2.5 两级，坝顶高程 115.37 m，最大坝高 38.5 m，坝顶长 1 475.6 m，坝顶宽 7 m。副坝 27 座，左岸 9 座，右岸 18 座，全长 3 908.5 m，为河南省内副坝最多的水库。泄洪洞与灌溉发电洞两洞合一，泄洪洞全长 88 m，进口闸门底部高程 78 m，出口闸门底部高程 77.5 m，泄洪洞和主坝轴线正交。泄洪洞采用坝下埋管，直径 6 m，混凝土洞壁厚 1.4~1.5 m，断面中线以下部分嵌入岩石。出口闸室后接明渠，设计最大泄水能力 590 m^3/s。灌溉发电洞在泄洪洞中部设岔管引水。经发电后放水进入灌溉渠。溢洪道位于左岸肖家湾、杨家湾两丛分水岭处，距主坝左坝头 400 m，闸身控制段地面高程 112~115 m，上下游为自然山冲，上通水库内，下游直达灌河，水流顺直，地形良好。基础为斑状花岗岩，上部为强风化岩，下部在 95 m 高程为新鲜岩石，岩质坚硬。设4孔11 m×12 m闸门，上有胸墙，底板高程97 m，闸墩厚2.5 m，两岸为衡重式边墩，闸宽55.5 m，最高水位113.4 m时，最大泄洪流量4 910 m^3/s。采用挑流鼻坎消能。

23.2.2 电站枢纽建筑物

鲇鱼山水库电站枢纽建筑主要有引水洞、主副厂房、尾水渠、升压站、输电线路。

灌溉发电洞与泄洪洞合一，设灌溉发电引水支洞，与主坝正交在桩号0+280处，由泄洪洞桩号0+134.5向右以30°角分出，到32.242 m处，洞径由6 m渐变至2.6 m，然后以梳齿式分4根支管，直达电站厂房。引水支管为钢筋混凝土结构，在出口（与蝴蝶阀联接）处，用钢管衬护，管道内径：1#机1.75 m，其余2#、3#、4#机均为2.6 m，各支管道与泄洪洞中心线平行，相互间距8.8 m。

电站主副厂房为地面式钢筋混凝土与砖混结构。主厂房宽12.22 m，副厂房宽6.363 m，主副厂房长均为46.2 m，基础高程72.37 m，顶部高程96.07 m，净高23.70 m，厂房分为发电机、水轮机、蝴蝶阀及排水廊道、水泵、集水井等几层。发电机层地面高程84.6 m，水轮机层地面高程为80.9 m，蝴蝶阀层地面高程78.25 m，排水廊道高程76 m，水泵间高程76.6 m，集水井井底高程73.37 m。主厂房装4台悬吊式发电机组，1#水轮机HL123-LJ-120配套SF2000-20/2600发电机，2#、3#、4#水轮机HL123-LJ-180配套SF3600-32/3300发电机，每台机组均配调速器，每台机组上游侧分别有机组自动化屏（LCU屏）、可控硅励磁屏、制动屏及测温屏。主厂房顶设有30/5 t天车1台，跨度为10.5 m。副厂房与主厂房地面高程相等，自左至右设有工具室、修理实验室、配电室、主控室、值班室和通讯室等。

尾水渠长180 m，两岸为浆砌石和干砌石护坡，左岸渠堤顶部高程82 m，右岸渠堤顶部高程84.5 m，在180 m处与泄洪洞尾水汇流后进入灌河。

升压站位于厂房东侧，地面高程84.5 m，面积6 m×30 m，布置升压变压器两台，每台容量8 000 kVA。

电站通过35 kV电压等级线路送至商城县七里岗变电站并入信阳市电网。

23.3 工程特点

鲇鱼山水库电站在河南省农村水电单站装机容量排到第三位，工程采用常规布置建设，运行控制为现地级、操作员工作站、集中控制中心三级控制，可以实现在集中控制中心对电站机组启停操作和主要设备的监控，可达到无人值班、少人值守。电站是利用灌溉及汛期泄水时发电，提高了水资源的利用率。

23.4 运行管理

23.4.1 隶属关系与发电量

鲇鱼山水库电站隶属鲇鱼山水库管理局正科级二级机构。电站现有员工89人，站长 1 名（兼支部书记）、副站长 3 名，截至目前已累计完成发电量 9.02 亿 kW · h。

23.4.2　安全生产运行管理

鲇鱼山水库电站自投产以来，按照“高标准、严要求、保安全、促发展”的目标，坚持“安全第一、预防为主、综合治理”的方针，紧紧围绕安全生产、经济运行，不断完善安全生产管理体系，成立以站长为组长的安全生产领导小组，制定各级人员安全生产责任制，认真落实以安全生产责任制为核心的安全生产规章制度，制订和完善三级安全目标及实现安全目标的保证措施，有效形成了安全生产的激励和约束机制。2016 年 6 月被省水利厅评定为“安全生产标准化管理二级达标”单位。

23.5　鲇鱼山水库电站工程特性表

表 23-1　鲇鱼山水库电站工程特性表

序号	名称	单位	数量（输水洞电站）	备注
一	水文			
1	坝（闸）址以上流域面积	km^2	924	
2	多年平均年径流量	亿 m^3	5.94	
二	工程规模			
3. 水库	校核洪水位	m	114.37	
	设计洪水位	m	111.27	
	正常蓄水位	m	105.87	
	死水位	m	83.87	
	正常蓄水位以下库容	亿 m^3	4.68	
	总库容	亿 m^3	9.16	
	调节库容	亿 m^3	5.1	
	死库容	亿 m^3	0.15	
	库容系数		0.87	
4. 电站	装机容量	kW	12 800	
	多年平均发电量	万 kW · h	2 200	
	设计引水位	m	101.7（$1^{\#}$机）	99.7（$2^{\#}$、$3^{\#}$、$4^{\#}$机）
	发电引水流量	m^3/s	8.8（$1^{\#}$机）	19.5（$2^{\#}$、$3^{\#}$、$4^{\#}$机）
	设计水头	m	24.5（$1^{\#}$机）	22.5（$2^{\#}$、$3^{\#}$、$4^{\#}$机）

续表 23-1

序号	名称	单位	数量（输水洞电站）	备注
三	主要建筑物及设备			
5. 挡水、泄水建筑物	形式			黏土心墙砂壳坝
	坝顶长度	m	1 424	
	最大坝高	m	38.5	
	泄水形式			泄洪洞、溢洪道
	堰顶高程	m		
	孔口尺寸	m		
6. 输水建筑物	引水道形式			图形压力管道
	长度	m	88	
	断面尺寸	m	ϕ6.0	
	设计引水流量	m^3/s	590	
	调压井（前池）形式			
	压力管道形式	m		圆形混凝土
	条数	条	4	
	单管长度	m	56	
	内径	m	1.7（1#机）	2.6（2#、3#、4#机）
7. 电站厂房与开关站	厂房形式			坝后式
	主厂房尺寸（长×宽×高）	m×m×m	46.2×12.2×23.7	
	水轮机安装高程	m	78.8	
	开关的形式			室内柜式、室外高架
	面积（长×宽）	m×m	8×8	

续表 23-1

序号	名称	单位	数量（输水洞电站）	备注
8. 主要机电设备	水轮机型号		HL123-LJ-120（1#机）	HL123-LJ-180（2#、3#、4#机）
	台数	台	1	3
	额定出力	kW	2 000（1#机）	3×3 600（2#、3#、4#机）
	额定水头	m	24. 5（1#机）	22. 5（2#、3#、4#机）
	额定流量	m^3/s	8. 8（1#机）	19. 5（2#、3#、4#机）
	发电机型号		SF2000-20/2600（1#机）	SF3600-32/3300（2#、3#、4#机）
	台数	台	1	3
	额定容量	千瓦	2 000	3×3 600（2#、3#、4#机）
	额定电压	kV	6. 3	6. 3
	额定转速	r/s	300（1#机）	187（2#、3#、4#机）
	主变压器型号		S11-8000/38. 5	S9-8000/38. 5
	台数	台	1	1
	容量	kVA	8 000	8 000
	二次控制保护设备			微机保护
9. 输电线路	电压	kV	35	
	回路数	回	1	
	输电距离	km	3	

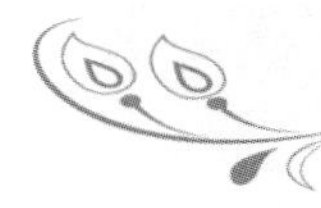

鲇鱼山水库电站图纸

❊　鲇鱼山水库电站发电机层平面布置图

❊　鲇鱼山水库电站水轮机层平面布置图

❊　鲇鱼山水库电站厂房横剖面图

❊　鲇鱼山水库电站电气主接线图

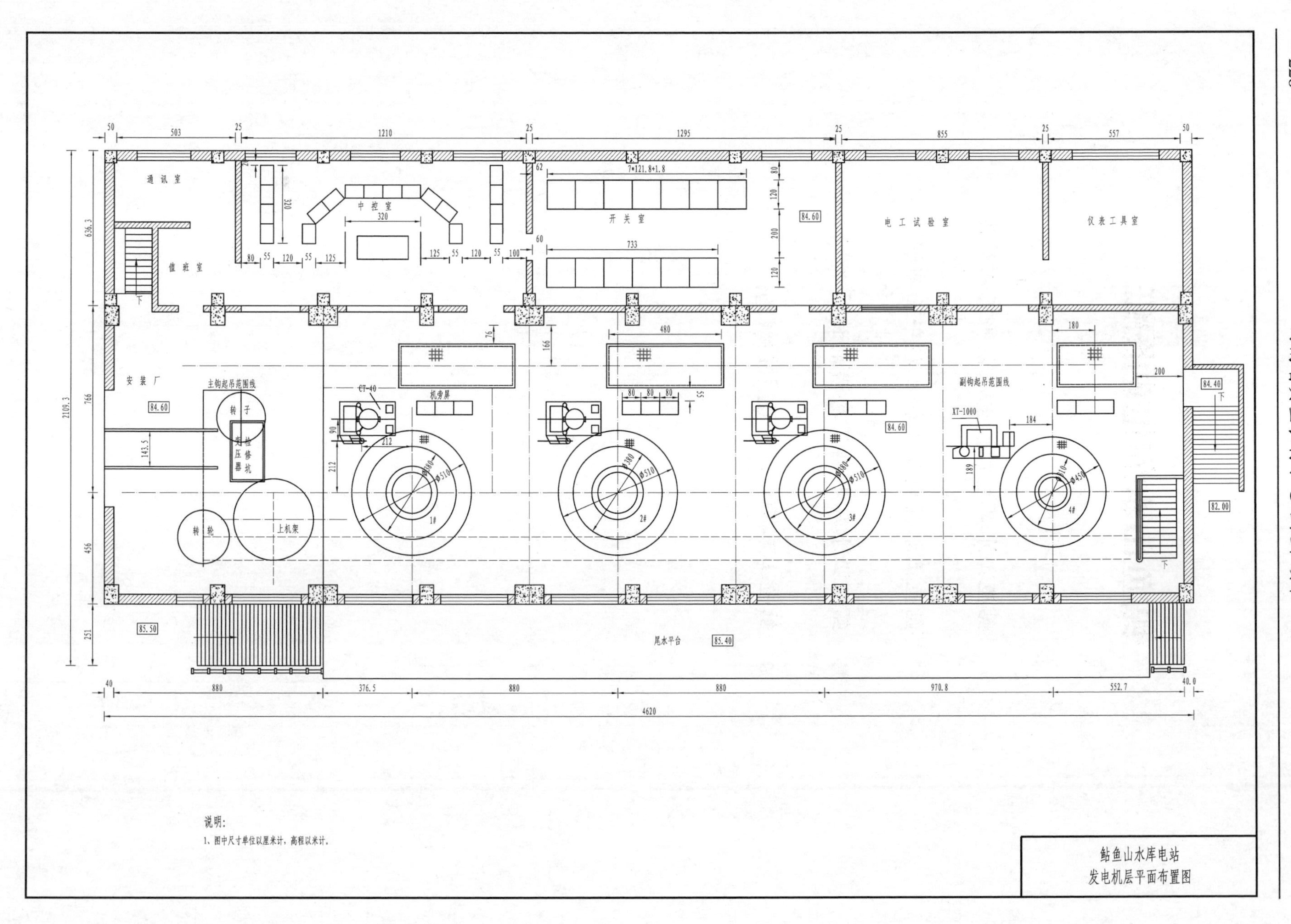
通讯室
值班室
中控室
开关室
电工试验室
仪表工具室
安装厂
主钩起吊范围线
副钩起吊范围线
转子
转轮
上机架
机旁屏
尾水平台
CT-40
XT-1000
1#
2#
3#
4#
84.60
84.40
82.00
85.50
85.40
说明：
1、图中尺寸单位以厘米计，高程以米计。
鲇鱼山水库电站
发电机层平面布置图

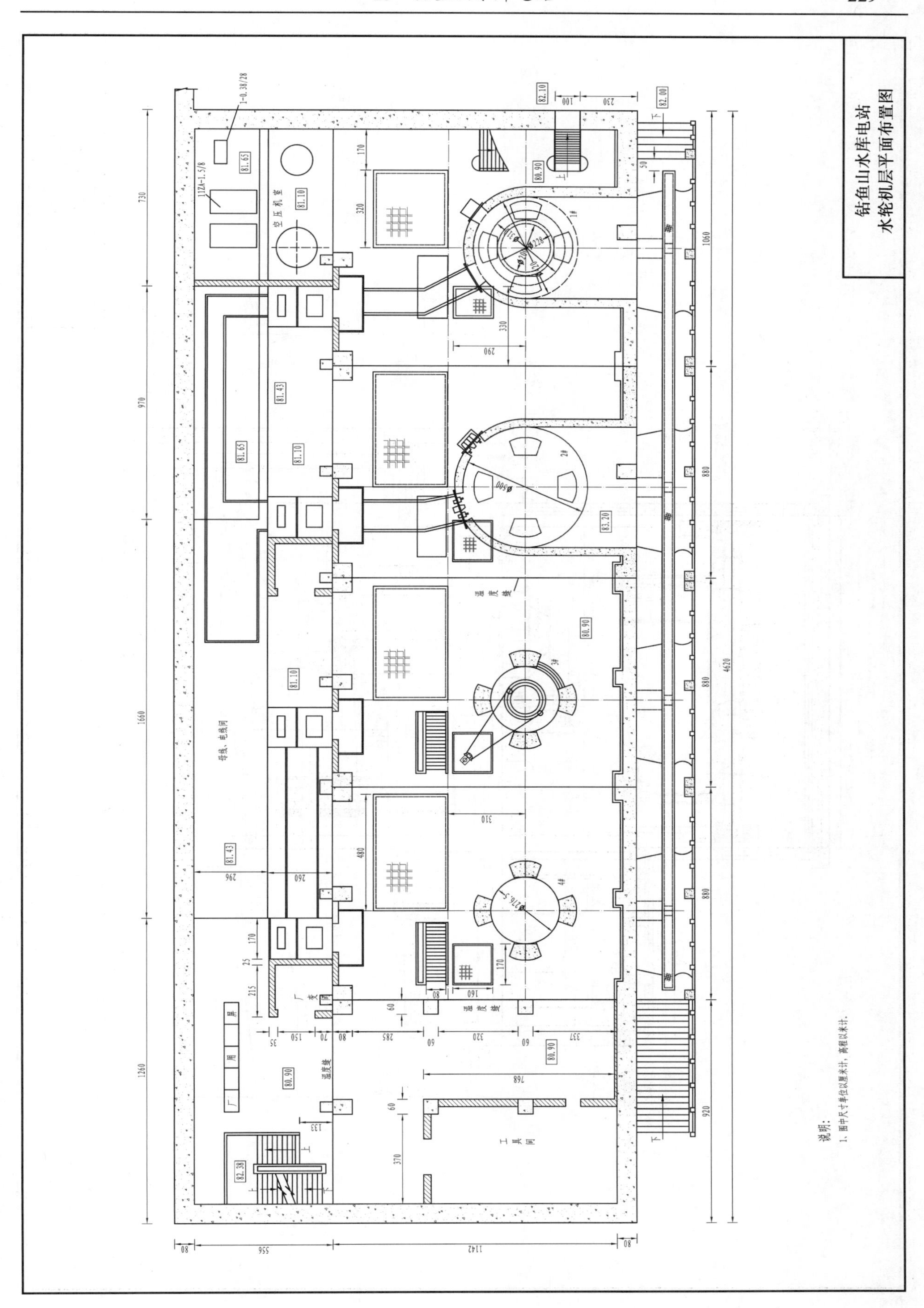
钻鱼山水库电站
水轮机层平面布置图
说明：
1. 图中尺寸单位以厘米计，高程以米计。

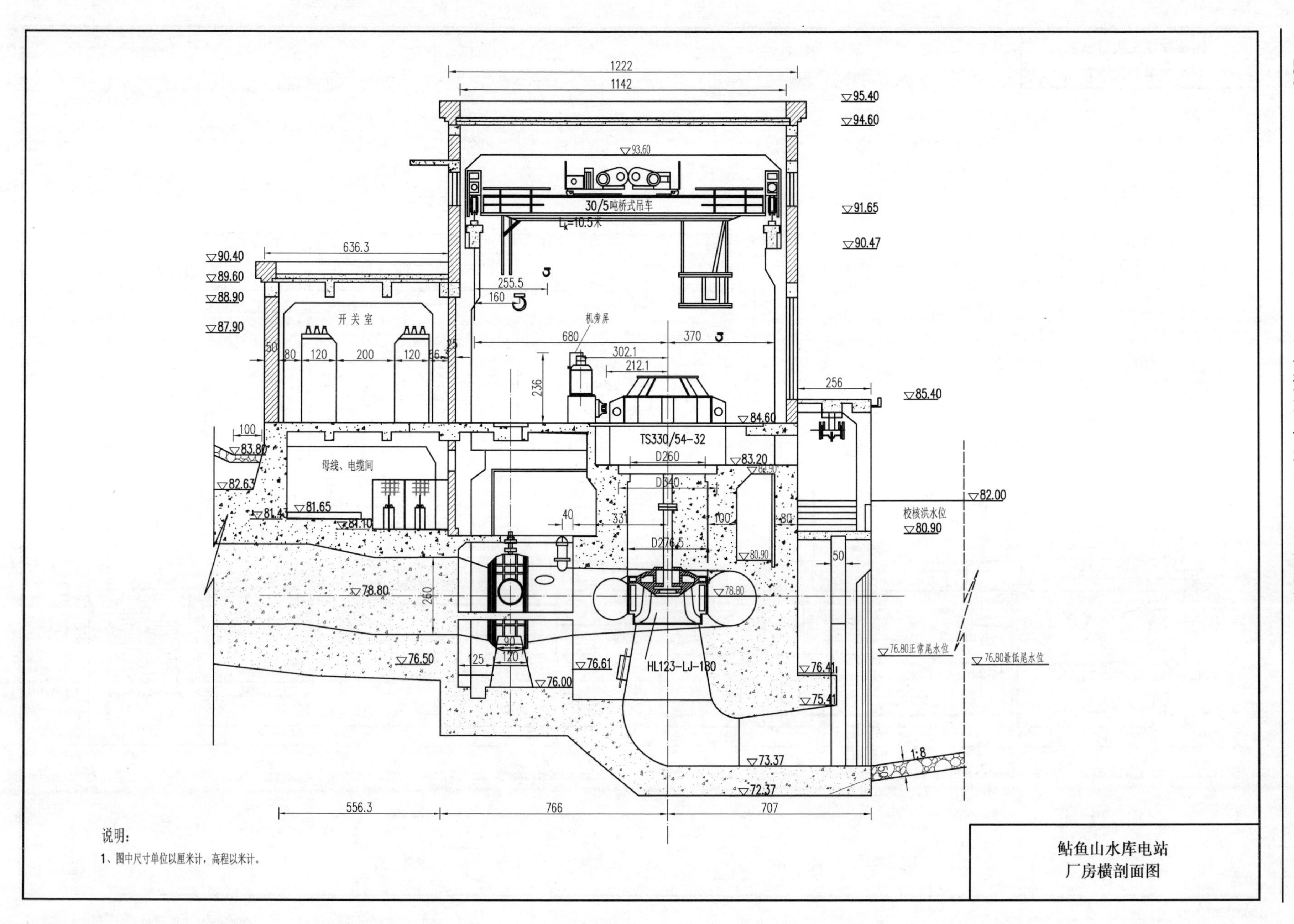

说明：
1、图中尺寸单位以厘米计，高程以米计。

鲇鱼山水库电站
厂房横剖面图

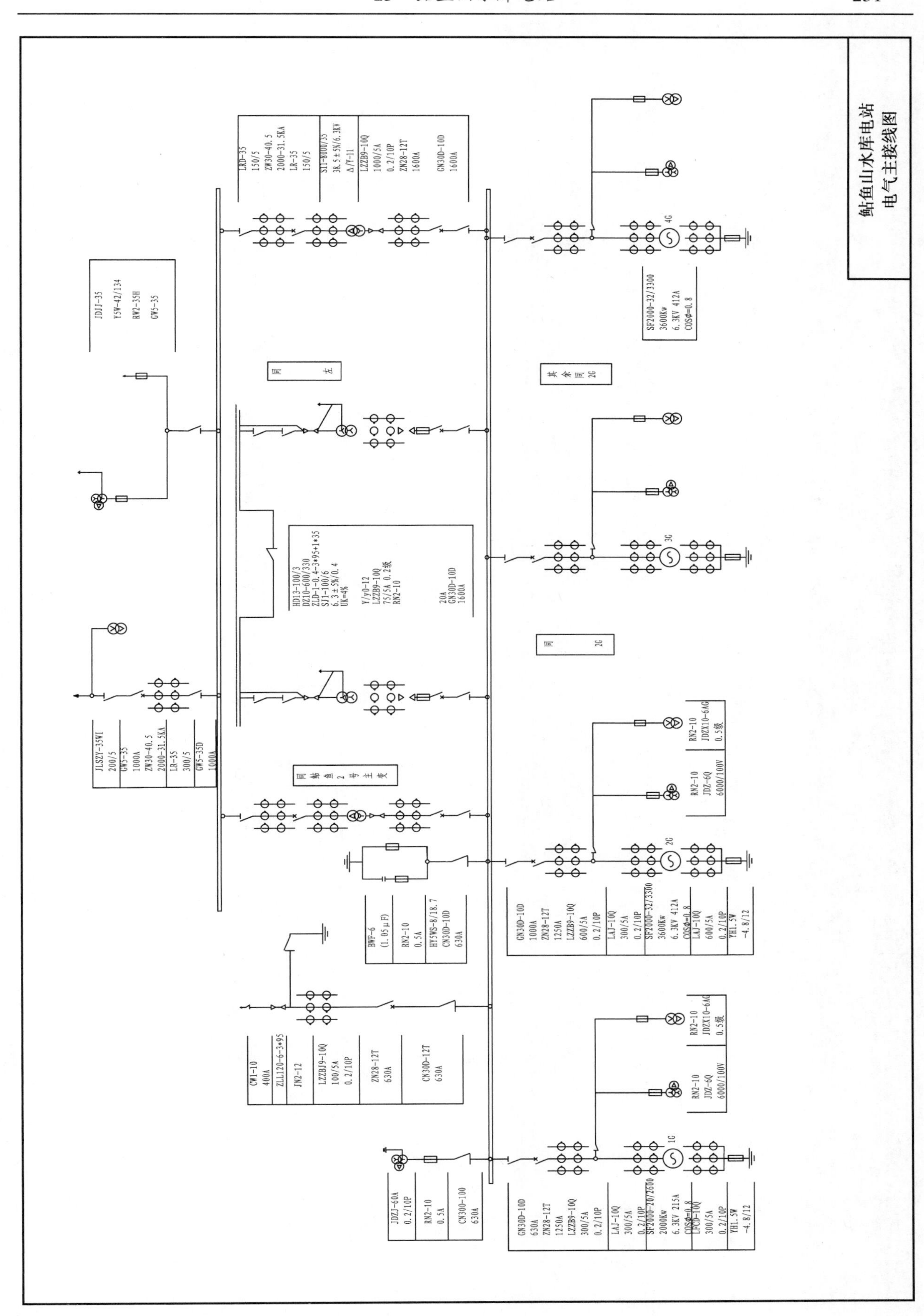
鲇鱼山水库电站
电气主接线图